建筑节能

Energy Efficiency in Buildings

45

涂逢祥　主编

中国建筑工业出版社

图书在版编目（CIP）数据

建筑节能.45/涂逢祥主编.—北京：中国建筑工业
出版社，2006
ISBN 7-112-08115-7

Ⅰ.建... Ⅱ.涂... Ⅲ.建筑—节能 Ⅳ.TU111.4

中国版本图书馆 CIP 数据核字（2006）第 014728 号

责任编辑：刘爱灵　张莉英
责任设计：董建平
责任校对：张树梅　王金珠

建筑节能
Energy Efficiency in Buildings
45
涂逢祥　主编
*
中国建筑工业出版社出版、发行（北京西郊百万庄）
新 华 书 店 经 销
北京永峥印刷有限责任公司制版
北京建筑工业印刷厂印刷
*
开本：787×1092 毫米　1/16　印张：13½　字数：329 千字
2006 年 4 月第一版　2006 年 4 月第一次印刷
印数：1—2500 册　定价：23.00 元
ISBN 7-112-08115-7
(14069)

版权所有　翻印必究
如有印装质量问题，可寄本社退换
（邮政编码 100037）

本社网址：http://www.cabp.com.cn
网上书店：http://www.china-building.com.cn

主编单位
中国建筑业协会建筑节能专业委员会
北京绿之都建筑节能环保技术研究所

主　编
涂逢祥

副主编
郎四维　白胜芳

编　委
林海燕　冯　雅　方修睦　任　俊

编辑部通讯地址：100076 北京市南苑新华路一号
电　　　话：010—67992220—291，322
传　　　真：010—67962505
电 子 信 箱：fxtu@public.bta.net.cn

目 录

建筑节能政策与策略

国务院关于做好建设节约型社会近期重点工作的通知 …………… 国务院 (1)
建设部关于新建居住建筑严格执行节能设计标准的通知 ………… 建设部 (7)
建设部关于认真做好《公共建筑节能设计标准》宣贯、实施及监督
工作的通知 …………………………………………………………… 建设部 (10)
建设部关于发展节能省地型住宅和公共建筑的指导意见 ………… 建设部 (12)
上海市建筑节能管理办法 ………………………………… 上海市人民政府 (16)
山西省人民政府关于加强建筑节能工作的意见 ………… 山西省人民政府 (19)
应对能源资源环境挑战 共同促进可持续发展 …………………… 汪光焘 (24)
建筑节能 刻不容缓 ………………………………………………… 郑一军 (26)
建筑节能形势与政策建议 …………………………………………… 涂逢祥 (31)

节能建筑实践

科技部节能示范楼 ……………………………………… 科技部节能示范楼 (45)
锋尚新型节能技术的构成与分析 …………………………………… 史 勇 (50)
Moma 国际公寓探索中国绿色建筑之路 …………………………… 陈 音 (57)
安亭新镇建筑节能技术 ……………………………………………… 李 漫 (62)
深圳市居住建筑节能设计实践 …………………………………… 马晓雯等 (71)
建筑管理与能源匹配中的建筑节能 ……………………………… 彭姣等 (78)
贯彻北京市《公共建筑节能设计标准》的几个要点 …………… 陶驷骥 (81)
北京市锅炉供热基础情况调查分析 …… 北京市市政管理委员会供热办公室等 (86)
严寒地区居住建筑实施节能65%的分析 ………………………… 李志杰等 (92)
广州地区居住建筑几种节能措施的节能效果分析 ……………… 马晓雯 (97)
西安市住宅围护结构节能状况分析 ……………………………… 朱玉梅等 (104)
重庆居住建筑热工性能及其热环境 ……………………………… 唐鸣放等 (108)
西安建筑科技大学图书馆夏季热环境分析 ……………………… 葛翠玉等 (114)
黄土高原绿色窑洞民居建筑研究 ………………………………… 刘加平等 (119)
丹麦区域供热收费体系 ………………………………… 丹麦区域供热委员会 (128)

外墙外保温技术

外墙外保温技术与分析 ……………………………………………… 钱美丽 (134)
锋尚新型组合外保温隔热技术的应用 ……………………………… 史 勇 (142)

欧文斯科宁保温隔热系统在建筑围护结构中的应用分析 …………… 张瀛洲等（149）
　　连续使用重型结构建筑外保温和内保温动态热性能分析 ………… 王嘉琪等（153）
　　BT 型密实混凝土外墙外保温（装饰）板 ………………………………… 赵一兴（159）

窗与幕墙节能技术

　　铝合金断热窗的改进设计与节能分析 ……………………………………… 曾晓武（162）
　　节能 65% 后建筑外窗的配置建议 ………………………………………… 崔希骏等（167）
　　论幕墙设计 ………………………………………………………………… 谢士涛等（176）
　　门窗幕墙节能任重道远 …………………………………………………… 谢士涛（181）
　　铝门窗幕墙行业的竞争力分析与对策 …………………………………… 谢士涛（183）

建筑节能进展

　　《建筑节能》第 33~45 册总目录 ………………………………………………（199）

Contents

Tactics and Policies on Energy Efficiency in Buildings

Notice about Important Work in the Near Future
for Building Energy Efficiency Society ················ The State Council (1)

Notice about Implement Building Energy Efficiency Design Standard Strictly
for New Residential Buildings ················ Ministry of Construction (7)

Notice about Propaganda, Implement and Supervision for "Design Standard of
Energy Efficiency for Public Buildings" ················ Ministry of Construction (10)

Guideline about Developing Residential Buildings and Public Buildings
for Energy Efficiency and Saving Land ················ Ministry of Construction (12)

Managing Method to Energy Efficiency in Buildings in Shanghai
················ Shanghai Municipal Government (16)

Working Idea for Strengthening Energy Efficiency in Buildings in Shanxi Province
················ People's Government of Shanxi Province (19)

Facing the Challenge of Energy, Natural Resources & Environment
Promoting the Sustainable Development Together ················ Wang Guangtao (24)

Energy Efficiency in Buildings Can't Be Delayed ················ Zheng Yijun (26)

Situation and Policy Suggestion on Energy Efficiency in Buildings ······ Tu Fengxiang (31)

Application on Energy Efficiency in Buildings

Energy Efficient Pilot Building of Science and Technology Ministry ······ Project Team (45)

Analysis and Constitution of New Technology on Energy Efficient Building of
FengShang International Apartment Building, Beijing ················ Shi Yong (50)

Moma International Apartment Building Explored the Road

of Green Building in China ··· Chen Yin (57)

Technique on Energy Efficient Buildings in New Anting Town ················ Li Man (62)

Design on Energy Efficient Residential Buildings in Shenzhen ······ Ma Xiaowen et al (71)

Technique in Building Management with Energy Matching
in Energy Efficient Buildings ··· Peng Jiao et al (78)

Some Important Points on Carrying out the *Design Standard
for Energy Efficient of Public Buildings in Beijing* ······························· Tao Siji (81)

Research and Analysis on Basic Situation about Central Heating System in Beijing
············ Heating Management Office of Beijing Municipal Administration Committee (86)

Analysis on 65% of Energy Efficiency in Residential Buildings
in the Severe Cold Zone in China ··· Li Zhijie et al (92)

Analysis on Several Energy Efficient Method and Effect
about Residential Buildings in Guangzhou ··· Ma Xiaowen (97)

Analysis on the Current Situation about the Envelop
of Residential Buildings in Xian ·· Zhu Yumei (104)

Thermal Performance and Environment in Residential Buildings
in Chongqing ··· Tang Mingfang et al (108)

Analysis in the Hot Summer Environmental Situation in the Library
in Xian Architecture Science &Technology University ···················· Ge Cuiyu et al (114)

Research on the Green Residential Cave Dwelling in Loess Plateau
·· Liu Jiaping et al (119)

Billing System of Directional Heating In Demark ··· (128)

Technique on Exterior Wall Insulation

Technique and Analysis on Exterior Wall Insulation ······················ Qian Meili (134)

Application of the New Compound Technique on Exterior Wall Insulation
in FengShang International Apartment ·· Shi Yong (142)

Application and Analysis on the System for Insulation
of OwensCorning'Technique in Building Envelop .... Zhang Yingzhou et al (149)

Dynamic Analysis on Trends Thermal Performance of Wall Insulation
with Successive Heavy Structure in Buildings .... Wang Jiaqi et al (153)

BT-Heavy Concrete Exterior Wall Insulation-Decoration Board .... Zhao Yixing (159)

Energy Efficiency Technologies on Window and Curtain Wall

Design and Analysis on Aluminum-Energy Efficient Window .... Zeng Xiaowu (162)

Suggestion on Dispose Windows for Buildings
by 65% Energy saving in Buildings .... Cui Xijun et al (167)

Design on Energy Efficient Curtain Wall .... Xie Shitao et al (176)

The Heavy Work for Door, Window and Curtain Wall .... Xie Shitao (181)

Analysis and Way to Deal with the Capacity of Competition
of Aluminum -Energy Efficient Door, Window and Curtain Wall .... Xie Shitao (183)

Progress on Energy Efficiency in Buildings

Contents of *Energy Efficiency in Buildings* from Book 33 ~ Book 45 .... (199)

建筑节能政策与策略

国务院关于做好建设节约型社会近期重点工作的通知

国发〔2005〕21号

各省、自治区、直辖市人民政府，国务院各部委、各直属机构：

改革开放以来，特别是中央提出加快两个根本性转变以来，我国推进经济增长方式转变取得了积极进展，资源节约与综合利用取得一定成效。但总体上看，粗放型的经济增长方式尚未得到根本转变，与国际先进水平相比，仍存在资源消耗高、浪费大、环境污染严重等问题。随着经济的快速增长和人口的不断增加，我国淡水、土地、能源、矿产等资源不足的矛盾更加突出，环境压力日益增大。"十一五"是我国全面建设小康社会、加快推进社会主义现代化的关键时期，必须统筹协调经济社会发展与人口、资源、环境的关系，进一步转变经济增长方式，加快建设节约型社会，在生产、建设、流通、消费各领域节约资源，提高资源利用效率，减少损失浪费，以尽可能少的资源消耗，创造尽可能大的经济社会效益。

建设节约型社会的指导思想是，以邓小平理论和"三个代表"重要思想为指导，认真贯彻党的十六大和十六届三中、四中全会精神，树立和落实以人为本、全面协调可持续的科学发展观，坚持资源开发与节约并重，把节约放在首位的方针，紧紧围绕实现经济增长方式的根本性转变，以提高资源利用效率为核心，以节能、节水、节材、节地、资源综合利用和发展循环经济为重点，加快结构调整，推进技术进步，加强法制建设，完善政策措施，强化节约意识，尽快建立健全促进节约型社会建设的体制和机制，逐步形成节约型的增长方式和消费模式，以资源的高效和循环利用，促进经济社会可持续发展。为此，现就做好今明两年建设节约型社会重点工作通知如下：

一、加快建设节约型社会的重点工作

（一）大力推进能源节约。

1. 落实《节能中长期专项规划》提出的十大重点节能工程。研究提出《十大重点节能工程实施方案》，明确主要目标、重点内容、保障措施、实施主体，以及分年度实施计划、国家支持的重点。2005年启动节约和替代石油、热电联产、余热利用、建筑节能、政府机构节能、绿色照明、节能监测和技术服务体系建设等7项工程。

2. 抓好重点耗能行业和企业节能。突出抓好钢铁、有色、煤炭、电力、石油石化、化工、建材等重点耗能行业和年耗能万吨标准煤以上企业节能，国家重点抓好1000家高耗能企业，提出节能降耗目标和措施，加强跟踪和指导。

3. 推进交通运输和农业机械节能。加快淘汰老旧汽车、船舶和落后农业机械。加快发展电气化铁路，实现以电代油。研究提出优先发展公共交通系统的具体措施。开发和推广清洁燃料汽车、节能农业机械。推动《乘用车燃料消耗量限值》国家标准的实施，从源头控制高耗油汽车的发展。按照国务院批准实施的试点工作方案，稳步推进车用乙醇汽油推广工作。

4. 推动新建住宅和公共建筑节能。抓紧出台《关于新建居住建筑严格执行节能设计标准的通知》。贯彻实施《关于发展节能省地型住宅和公共建筑的指导意见》和《公共建筑节能设计标准》，新建建筑严格实施节能50%的设计标准，推动北京、天津等少数大城市率先实施节能65%的标准。深化北方地区供热体制改革，推动既有建筑节能改造。开展建筑节能关键技术和可再生能源建筑工程应用技术研发、集成和城市级工程示范，启动低能耗、超低能耗和绿色建筑示范工程。

5. 引导商业和民用节能。推行空调、冰箱等产品强制性产品能效标识管理，扩大节能产品认证，促进高效节能产品的研发和推广，加快淘汰落后产品。在公用设施、宾馆商厦、居民住宅中推广采用高效节电照明产品。严格执行公共建筑夏季空调室内温度最低标准，在全社会倡导夏季用电高峰期间室内空调温度提高1~2℃。在农村大力发展户用沼气和大中型畜禽养殖场沼气工程，推广省柴节煤灶。

6. 开发利用可再生能源。推进大型水电、风电基地建设；在西部电网未覆盖地区发展小水电和太阳能发电，在东部沿海地区和有居民的海岛大力推进海洋可再生能源开发利用；在农村地区推广风能、太阳能利用。组织生物质能资源调查及生物质能技术示范和推广；研究制定可再生能源配额、价格管理等配套规章和实施措施。大力推进能源林基地建设和开发利用。

7. 强化电力需求侧管理。落实电力需求侧管理及迎峰度夏工作的部署，加强以节电和提高用电效率为核心的需求侧管理，完善配套法规，制定有效的激励政策，推广典型经验，指导各地加大推行力度。

8. 加快节能技术服务体系建设。推行合同能源管理和节能投资担保机制，为企业实施节能改造提供诊断、设计、融资、改造、运行、管理一条龙服务。

（二）深入开展节约用水。

1. 推动节水型社会建设。认真研究提出关于开展节水型社会建设的指导性文件，适时召开全国节水型社会建设工作会议。继续开展全国节水型社会建设试点工作，重点抓好南水北调东中线受水区和宁夏节水型社会建设示范区建设。研究提出水资源宏观分配指标和微观取水定额指标，推进国家水权制度建设。

2. 推进城市节水工作。积极开展节水产品研发，加大节水设备和器具的推广力度，指导各地加快供水管网改造，降低管网漏失率。推动公共建筑、生活小区、住宅节水和中水回用设施建设。推进污水处理及再生利用，加快城市供水和污水处理市场的改革。

3. 推进农业节水。继续推进农业节水灌溉，推广农业节水灌溉设备应用，大力推进大中型灌区节水改造，积极开展农业末级渠系节水改造试点。在丘陵、山区和干旱地区积极开展雨水积蓄利用，支持农村水窖建设，推广旱作农业技术，发展旱作节水农业，扩大节水作物品种和种植面积。开展农村、集镇生态卫生旱厕试点。

4. 推进节水技术改造和海水利用。推进高耗水行业节水技术改造、矿井水资源化利用。推进沿海缺水城市海水淡化和海水直接利用。

5．加强地下水资源管理。严格控制超采、滥采地下水。防治水污染，缓解水质性缺水。

（三）积极推进原材料节约。

1．加强重点行业原材料消耗管理。严格设计规范、生产规程、施工工艺等技术标准和材料消耗核算制度，推行产品生态设计和使用再生材料，减少损失浪费，提高原材料利用率。

2．延长材料使用寿命和节约木材。鼓励生产高强度和耐腐蚀金属材料，提高材料强度和使用寿命。加强木材节约代用，抓紧研究提出《关于加快推进木材节约和代用工作的意见》。

3．研究实施节约包装材料的政策措施。重点研究禁止过度包装的政策措施，2005年针对社会反映强烈的月饼等过度包装和搭售问题，从市场价格入手出台规范性意见。落实发展散装水泥的政策措施，从使用环节入手，进一步加大散装水泥推广力度。

（四）强化节约和集约利用土地。

1．实行严格的土地保护制度。修订和完善建设用地定额指标，完善土地使用市场准入制度。推进土地复垦。

2．开展农村集体建设用地整理试点。指导村镇按集约利用土地原则做好规划和建设，促进农村建设用地的节约集约利用。启动"沃土工程"，加强耕地质量建设，提高耕地集约利用水平。

3．研究提出节约集约用地的政策措施。重点研究提出城市建设节约利用和集约利用土地的政策措施，以及交通基础设施建设集约利用土地的意见。

4．进一步限制毁田烧砖。认真实施《国务院办公厅关于进一步推进墙体材料革新和推广节能建筑的通知》（国办发[2005]33号），推动第二批城市禁止使用实心黏土砖。有关部门要适时联合召开"全国推进墙体材料革新和推广节能建筑工作电视电话会议"。

（五）加强资源综合利用。

1．推进废物综合利用。要以煤矿瓦斯利用为重点，推进共伴生矿产资源的综合开发利用。以粉煤灰、煤矸石、尾矿和冶金、化工废渣及有机废水综合利用为重点，推进工业废物综合利用。

2．做好再生资源回收利用工作。以再生金属、废旧轮胎、废旧家电及电子产品回收利用为重点，推进再生资源回收利用。推进生活垃圾和污泥资源化利用。

3．开展秸秆综合利用，推行农资节约。推广机械化秸秆还田技术以及秸秆气化、固化成型、发电、养畜技术。研究提出农户秸秆综合利用补偿政策，开展秸秆和粪便还田的农田保育示范工程。推广节肥、节约技术，提高化肥、农药利用率。鼓励并推广农膜回收利用。

二、加快节约资源的体制机制和法制建设

（一）加强规划指导和推进产业结构调整。把加快建设节约型社会作为编制国民经济和社会发展"十一五"规划及各类专项规划、区域规划和城市发展规划的重要指导原则。编制《节水型社会建设"十一五"规划》、《海水利用专项规划》、《全国节水灌溉规划》、《全国旱作节水农业发展规划》、《资源综合利用规划》、《可再生能源中长期发展规划》、《农村沼气工程建设规划》、《保护性耕作示范工程建设规划》。加快出台《产业结构调整暂行规定》和《产业结构调整指导目录》，明确鼓励类、限制类和淘汰类产业项目，促进有利于资源节约的产业项目发展，淘汰技术水平低、消耗大、污染严重的产业。

（二）健全节约资源的法律法规。抓紧制定和修订促进资源有效利用的法律法规。配合全国人大财经委研究提出《中华人民共和国节约能源法》修订建议，重点研究建立严格的节能管理制度、明确激励政策、规范执法主体、加大惩戒力度等。配合全国人大环资委研究提出《中华人民共和国循环经济促进法》。修订《取水许可制度实施办法》，起草《节约用水管理条例》。抓紧出台废旧家电回收处理管理条例，完善回收体系，建立生产者责任制。加强石油节约、建筑节能、墙体材料革新、包装物和废旧轮胎回收等资源节约与综合利用法律法规建设，做好相关立法工作。

（三）完善资源节约标准。编制《2005～2007年资源节约与综合利用标准发展计划》。制定风机、水泵、变压器、电动机等工业用能产品和家用电器、办公设备强制性能效标准，完善主要耗能行业节能设计规范。研究制定《轻型商用车燃料消耗量限值标准》。制定《绿色建筑技术导则》、《绿色建筑评价标准》、《建筑节能工程施工验收规范》。修订节水型城市考核标准和雨水利用标准，完善重点用水行业取水定额标准。加大农业节水灌溉设备国家标准的制修订和实施力度。制定和实施新的土地使用标准，建立土地集约利用评价和考核标准，完善村镇规划标准。研究提出重要矿产资源开发和综合利用行业标准，制定《矿山企业尾矿利用技术规范》。

（四）理顺资源性产品价格。加快资源性产品价格的市场化改革进程，逐步建立能够体现资源稀缺程度的价格形成机制。落实全国水价改革与节水工作电视电话会议精神，推进阶梯式水价制度和超计划、超定额用水加价收费方式。逐步推进农业水价改革试点，依法全面整顿农业供水末级渠系的水价秩序，取消水费计收中的搭车收费，制止截留挪用。加大实施峰谷分时、丰枯和季节性电价力度，扩大执行范围。对高耗能行业中国家淘汰类和限制类项目，继续实行差别电价。研究制定建立煤热价格联动机制的指导意见。改革天然气价格形成机制，理顺天然气与其他产品的比价关系。运用价格机制调控土地，提高土地使用效率。

（五）完善有利于节约资源的财税政策。研究制定鼓励生产、使用节能节水产品的税收政策，以及鼓励发展节能省地型建筑的经济政策。研究制定鼓励低油耗、小排量车辆的财税政策。调整高耗能产品进出口政策。积极研究财税体制改革，适时开征燃油税，完善消费税税制。加大公共财政对政府节约资源管理和政府机构节能改造的支持力度。逐步扩大节能、节水产品实施政府采购的范围。完善资源综合利用和废旧物资回收利用的税收优惠政策。在理顺现有收费和资金来源渠道的基础上，研究建立和完善资源开发与生态补偿机制。

（六）推进节约资源科学技术进步。国家科技计划继续加大对节约资源和循环经济关键技术的攻关力度，组织开发和示范有重大推广意义的共伴生矿产资源综合利用技术、节约和替代技术、能量梯级利用技术、废物综合利用技术、循环经济发展中延长产业链和相关产业链接技术、雨洪收集和苦咸水综合利用技术、高效节水灌溉技术和旱作节水农业技术、可回收利用材料和回收拆解技术、流程工业能源综合利用技术、重大机电产品节能降耗技术、绿色再制造技术以及可再生能源开发利用技术等，努力取得关键技术的重大突破。在中央预算内投资（含国债项目资金）中继续支持一批资源节约和循环经济重大项目,包括重大技术示范项目、重大资源节约技术开发和产业化项目等。贯彻实施《中国节水技术政策大纲》,修订《中国节能技术政策大纲》,编制重点行业发展循环经济先进适用技术目录。加大新技术、新产品、新材料推广应用力度。

(七)建立资源节约监督管理制度。建立高耗能、高耗水落后工艺、技术和设备强制淘汰制度。完善重点耗能产品和新建建筑市场准入制度,对达不到最低能效标准的产品,禁止生产、进口和销售;对公共建筑和民用建筑达不到建筑节能设计规范要求的,不准施工、验收备案、销售和使用;对矿山尾矿中资源品位严重超标的,要采取强制回收措施。在2004年有关部门联合开展资源节约专项检查的基础上,组织各地节能监察(监测)中心对年耗能万吨标准煤以上重点企业开展节能监督检查。对北方采暖地区、夏热冬冷和夏热冬暖地区建筑节能标准执行情况分别组织一次规模较大的专项检查。针对2005年3月1日起施行的强制性能效标识管理和7月1日起施行的《乘用车燃料消耗量限值》国家标准,组织全国性的国家监督抽查活动。继续开展禁止使用实心黏土砖专项检查。对检查中发现的各种浪费资源的做法和行为,要严肃查处。研究建立循环经济评价指标体系及相关统计制度。加强和完善能源、水资源以及节能、节水统计工作。

三、加强对资源节约工作的领导和协调

(一)切实加强组织领导。发展改革委、教育部、科技部、财政部、国土资源部、建设部、铁道部、交通部、水利部、农业部、商务部、国资委、税务总局、质检总局、环保总局、统计局、林业局、法制办、国管局、电监会、海洋局等有关部门要根据确定的建设节约型社会近期重点工作,按照职责分工,尽快制定具体政策措施,积极做好资源节约工作。为了加强各有关部门间的协调配合,由发展改革委负责做好组织协调,牵头建立由有关部门参加的部门协调机制,加强指导、协调和监督检查。组织实施资源节约的主要工作在地方,地方各级人民政府特别是省级人民政府要对本地区资源节约工作负责,切实加强对这项工作的组织领导,并建立相应协调机制,明确相关部门的责任和分工,大力推进资源节约工作。各地区、各部门在推进建设节约型社会工作中,要注重发挥人民团体和行业协会的作用。

(二)政府机构要带头节约。各级政府部门要从自身做起,带头厉行节约,在推动建设节约型社会中发挥表率作用。要制定《推动政府机构节能的实施意见》,建立政府机构能耗统计体系,明确能耗、水耗定额,重点抓好政府建筑物和采暖、空调、照明系统节能改造以及公务车节能。落实《节能产品政府采购实施意见》,推行政府机构节能采购,优先采购节能(节水)产品和节约办公用品,降低费用支出。各级政府在认真做好机关节约工作的同时,更要抓好全社会的节约工作。为此,要抓紧建立科学的政府绩效评估体系,进一步健全干部考核机制,将资源节约责任和实际效果纳入各级政府目标责任制和干部考核体系中。

(三)组织开展创建节约型社会活动。要研究制定《创建节约型社会实施方案》,在"十一五"期间创建一批节约型城市、节约型政府机构、节约型企业、节约型社区,发挥示范作用,并探索出一条符合我国国情的资源节约的路子。要及时总结和推广节约型社会建设中的经验和典型。在冶金、有色、煤炭、电力、化工、建材、造纸、酿造等重点行业,在矿产资源综合利用、生物质能综合利用、废旧家电、废旧轮胎、废纸回收利用、绿色再制造等重点领域和产业园区及城市组织开展循环经济试点。通过试点探索发展循环经济的有效模式,确定发展循环经济的重大技术领域和重大项目领域,完善再生资源回收利用体系,提出按循环经济发展理念规划、建设、改造产业园区和建设节约型城市的思路。

(四)努力营造建设节约型社会的良好氛围。建设节约型社会涉及各行各业和千家万户,需要动员全社会的力量积极参与。2005年要围绕"大力发展循环经济,加快建设节约型社会"这一主题,继续开展"资源节约行"活动。要组织新闻媒体采访,集中宣传节约资源的先进典型,揭露和曝光浪费资源、严重污染环境的行为和现象。要在工矿企业职工中开展"我为节约做贡献"活动,在中小学校开展"珍惜资源、从我做起"活动,在宾馆开展"争创绿色饭店"活动,在社区开展"创建绿色社区"活动,在中央国家机关开展"做节约表率"活动,在全国质量月开展"降废减损兴质量"活动。要认真组织好全国节能宣传周、全国城市节水宣传周以及世界水日、土地日、环境日等宣传活动,开展节水型社会建设公益广告和征文活动。同时,要加强建设节约型社会的研讨和交流,2005年底在北京举办建设节约型社会展览会,择时组织开展节能节水和资源综合利用先进典型推广现场会及技术交流会。

各地区、各部门要从战略和全局的高度,充分认识建设节约型社会的重要意义,按照国务院的统一部署和建设节约型社会的各项工作安排,结合本地区、本部门实际,抓紧制订具体实施方案,精心组织,认真抓好落实,切实抓出成效。

建设部关于新建居住建筑严格执行节能设计标准的通知

建科［2005］55号

各省、自治区建设厅，直辖市建委及有关部门，计划单列市建委，新疆生产建设兵团建设局：

建筑节能设计标准是建设节能建筑的基本技术依据，是实现建筑节能目标的基本要求，其中强制性条文规定了主要节能措施、热工性能指标、能耗指标限值，考虑了经济和社会效益等方面的要求，必须严格执行。1996年7月以来，建设部相继颁布实施了各气候区的居住建筑节能设计标准。一些地区还依据部的要求，在建筑节能政策法规制定、技术标准图集编制、配套技术体系建立、科技试点示范、建筑节能材料产品开发应用与管理、宣传培训等方面开展了大量工作，取得了成效。但是，也有一些地方和单位，包括建设、设计、施工等单位不执行或擅自降低节能设计标准，新建建筑执行建筑节能设计标准的比例不高，不同程度存在浪费建筑能源的问题。为了贯彻落实科学发展观和今年政府工作报告提出的"鼓励发展节能省地型住宅和公共建筑"的要求，切实抓好新建居住建筑严格执行建筑节能设计标准的工作，降低居住建筑能耗，现通知如下：

一、提高认识，明确目标和任务

（一）我国人均资源能源相对贫乏，在建筑的建造和使用过程中资源、能源浪费问题突出，建筑的节能节地节水节材潜力很大。随着城镇化和人民生活水平的提高，新建建筑将继续保持一定增长势头。在发展过程中，必须考虑能源资源的承载能力，注重城镇发展建设的质量和效益。各级建设行政主管部门要牢固树立科学发展观，要从转变经济增长方式、调整经济结构、建设节约型社会的高度，充分认识建筑节能工作的重要性，把推进建筑节能工作作为城乡建设实现可持续发展方式的一项重要任务，抓紧、抓实、抓出成效。

（二）城市新建建筑均应严格执行建筑节能设计标准的有关强制性规定；有条件的大城市和严寒、寒冷地区可率先按照节能率65%的地方标准执行；凡属财政补贴或拨款的建筑应全部率先执行建筑节能设计标准。

（三）开展建筑节能工作，需要兼顾近期重点和远期目标、城镇和农村、新建和既有建筑、居住和公共建筑。当前及今后一个时期，应首先抓好城市新建居住建筑严格执行建筑节能设计标准工作，同时，积极进行城市既有建筑节能改造试点工作，研究相关政策措施和技术方案，为全面推进建筑节能改造积累经验。

二、明确各方责任，严格执行标准

（四）建设单位要遵守国家节约能源和保护环境的有关法律法规，按照相应的建筑节能设计标准和技术要求委托工程项目的规划设计、开工建设、组织竣工验收，并应将节能工程竣工验收报告报建筑节能管理机构备案。

房地产开发企业要将所售商品住房的结构形式及其节能措施、围护结构保温隔热性能指标等基本信息载入《住宅使用说明书》。

（五）设计单位要遵循建筑节能法规、节能设计标准和有关节能要求，严格按照节能设计标准和节能要求进行节能设计，设计文件必须完备，保证设计质量。

（六）施工图设计文件审查机构要严格按照建筑节能设计标准进行审查，在审查报告中单列是否符合节能标准的章节；审查人员应有签字并加盖审查机构印章。不符合建筑节能强制性标准的，施工图设计文件审查结论应为不合格。

（七）施工单位要按照审查合格的设计文件和节能施工技术标准的要求进行施工，确保工程施工符合节能标准和设计质量要求。

（八）监理单位要依照法律、法规以及节能技术标准、节能设计文件、建设工程承包合同及监理合同，对节能工程建设实施监理。监理单位应对施工质量承担监理责任。

三、加强组织领导，严格监督管理

（九）推进建筑节能涉及城市规划、建设、管理等各方面的工作，各地要完善建筑节能工作领导小组的工作制度，通过联席会议和专题会议等有效形式，形成协调配合、运行顺畅的工作机制。

（十）各地建设行政主管部门要加大建筑节能宣传力度，增强公众的节能意识，逐步建立社会监督机制。要结合实例向公众宣传建筑节能的重要性，提高公众建筑节能的自觉性和主动性。同时，要建立监督举报制度，受理公众举报。

（十一）各地和有关单位要加强对设计、施工、监理等专业技术人员和管理人员的建筑节能知识与技术的培训，把建筑节能有关法律法规、标准规范和经核准的新技术、新材料、新工艺等作为注册建筑师、勘察设计注册工程师、监理工程师、建造师等各类执业注册人员继续教育的必修内容。

（十二）各地建设行政主管部门要采取有效措施加强建筑节能工作中设计、施工、监理和竣工验收、房屋销售核准等的监督管理。在查验施工图设计文件审查机构出具的审查报告时，应查验对节能的审查情况，审查不合格的不得颁发施工许可证。发现违反国家有关节能工程质量管理规定的，应责令建设单位改正；改正后要责令其重新组织竣工验收，并且不得减免新型墙体材料专项基金。

房地产管理部门要审查房地产开发单位是否将建筑能耗说明载入《住宅使用说明书》。

（十三）设区城市以上建设行政主管部门要组织推进节能建筑性能测评工作。各级建筑节能工作机构要切实履行职责，认真开展对节能建筑及部品的检测。要建立健全建筑节能统计报告制度，掌握分析建筑节能进展情况。

（十四）各地建设行政主管部门要加强经常性的建筑节能设计标准实施情况的监督检查，发现问题，及时纠正和处理。各省（自治区、直辖市）建设行政主管部门每年要把建筑节能作为建筑工程质量检查的专项内容进行检查，对问题突出的地区或单位依法予以处理，并将监督检查和处理情况于今年9月30日前报建设部。建设部每年在各地监督检查的基础上，对各地建筑节能标准执行情况进行抽查，对建筑节能工作开展不力的地方和单位进行重点检查。2005年底以前，建设部重点抽查大城市和特大城市；2006年6月以前，对其他城市进行抽查，并将抽查的情况予以通报。

凡建筑节能工作开展不力的地区，所涉及的城市不得参加"人居环境奖"、"园林城市"的评奖，已获奖的应限期整改，经整改仍达不到标准和要求的将撤销获奖称号。不符合建筑节能要求的项目不得参加"鲁班奖"、"绿色建筑创新奖"等奖项的评奖。

（十五）各地建设行政主管部门对不执行或擅自降低建筑节能设计标准的单位，要依据《中华人民共和国建筑法》、《中华人民共和国节约能源法》、《建设工程质量管理条例》（国务院令第279号）、《建设工程勘察设计管理条例》（国务院令第293号）、《民用建筑节能管理规定》（建设部令第76号）、《实施工程建设强制性标准监督规定》（建设部令第81号）等法律法规和规章的规定进行处罚：

1. 建设单位明示或暗示设计单位、施工单位违反节能设计强制性标准，降低工程建设质量；或明示或者暗示施工单位使用不合格的建筑材料、建筑构配件和设备；或施工图设计文件未经审查或者审查不合格，擅自施工的；或未按照国家规定将竣工验收报告、有关认可文件或者准许使用文件报送备案的：处20万元以上50万元以下的罚款。

建设单位未取得施工许可证或者开工报告未经批准擅自施工的，责令停止施工，限期改正，处工程合同价款1%以上2%以下的罚款。

建设单位未组织竣工验收，擅自交付使用的；或验收不合格，擅自交付使用的；或对不合格的建设工程按照合格工程验收的：处工程合同价款2%以上4%以下的罚款；造成损失的，依法承担赔偿责任。建设工程竣工验收后，建设单位未向建设行政主管部门或者其他有关部门移交建设项目档案的，责令改正，处1万元以上10万元以下的罚款。

2. 设计单位指定建筑材料、建筑构配件的生产厂、供应商的，或未按照工程建设强制性标准进行设计的，责令改正，处10万元以上30万元以下的罚款；有上述行为造成重大工程质量事故的，责令停业整顿，降低资质等级；情节严重的，吊销资质证书；造成损失的，依法承担赔偿责任。

3. 施工图设计文件审查单位如不按照要求对施工图设计文件进行审查，一经查实将由建设行政主管部门对当事人和其所在单位进行批评和处罚，直至取消审查资格。

4. 施工单位在施工中偷工减料的，使用不合格的建筑材料、建筑构配件和设备的，或者有不按照工程设计图纸或者施工技术标准施工的其他行为的，责令改正，并处工程合同价款2%以上4%以下的罚款；造成建设工程质量不符合规定的质量标准的，负责返工、修理，并赔偿因此造成的损失；情节严重的，责令停业整顿，降低资质等级或者吊销资质证书。

施工单位不履行保修义务或者拖延履行保修义务的，责令改正，处10万元以上20万元以下的罚款，并对在保修期内因质量缺陷造成的损失承担赔偿责任。

5. 工程监理单位与建设单位或者施工单位串通，弄虚作假、降低工程质量的，或将不合格的建设工程、建筑材料、建筑构配件和设备按照合格签字的，责令改正，处50万元以上100万元以下的罚款，降低资质等级或者吊销资质证书；有违法所得的，予以没收；造成损失的，承担连带赔偿责任。

6. 注册建筑师、注册结构工程师、注册监理工程师等注册执业人员因过错造成质量事故的，责令停止执业1年；造成重大质量事故的，吊销执业资格证书，5年以内不予注册；情节特别恶劣的，终身不予注册。

2005年4月15日

建设部关于认真做好《公共建筑节能设计标准》宣贯、实施及监督工作的通知

建标函 [2005] 121 号

各省、自治区建设厅，直辖市建委，新疆生产建设兵团建设局，各有关单位：

为了贯彻落实中央经济工作会议和《政府工作报告》提出的节能要求，促进建设领域节能工作的全面开展，2005年4月4日，我部与国家质量监督检验检疫总局联合发布了国家标准《公共建筑节能设计标准》GB 50189—2005（以下简称《标准》），自2005年7月1日起实施。为认真做好《标准》的宣贯、实施及监督工作，确保该标准的贯彻执行，现将有关事项通知如下：

一、全面提高对贯彻执行《标准》重要性的认识

当前，我国能源资源供应与经济社会发展的矛盾十分突出，建筑能耗已占全国能源消耗近30%。建筑节能对于促进能源资源节约和合理利用，缓解我国能源供应与经济社会发展的矛盾，加快发展循环经济，实现经济社会的可持续发展，有着举足轻重的作用，也是保障国家能源安全、保护环境、提高人民群众生活质量、贯彻落实科学发展观的一项重要举措。建筑节能标准作为建筑节能的技术依据和准则，是实现建筑节能的技术基础和全面推行建筑节能的有效途径。《中华人民共和国节约能源法》明确规定，固定资产投资工程项目的设计和建设，应当遵守合理用能标准和节能设计规范；达不到合理用能标准和节能设计规范要求的项目，依法审批机关不得批准建设，项目建成后不予验收。因此，执行建筑节能标准就是贯彻落实党和国家有关方针政策以及法律法规的具体体现。

公共建筑量大面广，占建筑耗能比例高，公共建筑节能推行的力度和深度，在很大程度上决定着建筑节能整体目标的实现。推行公共建筑节能，关键是要加强公共建筑节能标准的宣贯、实施和监督，确保公共建筑节能标准中的各项要求落到实处。各级建设行政主管部门要切实把《标准》的宣贯、实施及监督工作作为贯彻落实党和国家方针政策和法律法规、落实科学发展观、加强依法行政的一项重要工作，抓紧抓好并抓出成效。

二、大力开展《标准》的宣传、培训工作

（一）要结合本地的特点，利用各类新闻媒体或采取其他方式，广泛宣传《标准》的地位、作用及其重要意义，扩大《标准》的影响，提高社会各有关方面的节能意识以及贯彻执行《标准》的自觉性。

（二）要切实加强《标准》培训工作，确保《标准》中的有关规定得到准确理解和掌握。自2005年5月15日起，我部将委托中国建筑科学研究院，集中组织2～3期师资培训，为各地开展《标准》培训活动提供师资力量。各省、自治区、直辖市建设行政主管部门应当统一选派专业技术人员参加，并不少于10人。各地也应结合实际制定培训计划，

并于2005年5月20日前报我部人事教育司和标准定额司，确保年内使本地区从事公共建筑设计、监理、施工图纸设计文件审查、工程质量监督以及管理等单位的主要管理人员和技术人员普遍轮训一遍。

三、切实加强《标准》的实施与监督

公共建筑节能标准不仅政策性、技术性、经济性强，而且涉及面广、推行难度较大。各级建设行政主管部门要加强领导，落实责任，强化监督，依法行政，从国家战略的高度出发，确保《标准》的有关规定落到实处。

（一）自《标准》实施之日起，凡新建的公共建筑项目，必须符合《标准》强制性条文的规定。

（二）在《标准》实施过程中，各级建设行政主管部门要严格按照《中华人民共和国节约能源法》、《建设工程质量管理条例》（国务院令第279号）、《民用建筑节能管理规定》（建设部令76号）、《实施工程建设强制性标准监督规定》（建设部令第81号）等有关法律、法规和部门规章，从勘察、设计、施工、监理、竣工验收等各环节，加强对《标准》实施的监督管理。

（三）各级建设行政主管部门要按照《关于加强民用建筑工程项目建筑节能审查工作的通知》（建科［2004］74）的要求，加强公共建筑节能设计审查的备案管理，对不符合《标准》强制性条文规定的公共建筑项目，不得予以备案。

（四）各省、自治区、直辖市建设行政主管部门应当根据本地区的具体情况，适时组织开展《标准》实施情况的专项检查或重点抽查，检查结果应及时上报我部。上报时间及内容要求另行通知。

2005年4月21日

建设部关于发展节能省地型住宅和公共建筑的指导意见

我国已进入全面建设小康社会的新的发展时期。如何解决日益紧迫的人口、资源、环境与工业化、城镇化、经济快速增长的矛盾，是我们面临的重要挑战。中央从战略高度提出发展节能省地型住宅和公共建筑，是新时期转变城乡建设方式，提高城乡发展质量和效益的重要决策。为贯彻落实中央关于发展节能省地型住宅和公共建筑的要求，现提出如下指导意见：

一、充分认识发展节能省地型住宅和公共建筑的重要意义

（一）我国是一个发展中国家，人均能源资源相对贫乏。但在城乡建设中，增长方式比较粗放，发展质量和效益不高；建筑建造和使用能源资源消耗高、利用效率低的问题比较突出；一些地方盲目扩大城市规模，规划布局不合理，乱占耕地的现象时有发生；重地上建设、轻地下建设的问题还不同程度的存在。资源、能源和环境问题已成为城镇发展的重要制约因素。各地要充分认识到发展节能省地型住宅和公共建筑，做好建筑节能节地节水节材（以下简称"四节"）工作，是落实科学发展观、调整经济结构、转变经济增长方式的重要内容，是保证国家能源和粮食安全的重要途径，是建设节约型社会和节约型城镇的重要举措。要进一步增强紧迫感和责任感，转变观念，切实改变城乡建设方式，切实从节约资源中求发展，从保护环境中求发展，从循环经济中求发展，促进城乡建设和国民经济的持续健康发展。

二、指导思想、工作目标、基本思路和途径

（二）指导思想

以"三个代表"重要思想和科学发展观为指导，以发展节能省地型住宅和公共建筑为工作平台，以建筑"四节"为工作重点和突破口，以技术、经济、法律等为手段，以改革为动力，努力建设节约型城镇。

（三）主要目标

总体目标：到 2020 年，我国住宅和公共建筑建造和使用的能源资源消耗水平要接近或达到现阶段中等发达国家的水平。

具体目标：到 2010 年，全国城镇新建建筑实现节能 50%；既有建筑节能改造逐步开展，大城市完成应改造面积的 25%，中等城市完成 15%，小城市完成 10%；城乡新增建设用地占用耕地的增长幅度要在现有基础上力争减少 20%；建筑建造和使用过程的节水率在现有基础上提高 20%以上；新建建筑对不可再生资源的总消耗比现在下降 10%。到 2020 年，北方和沿海经济发达地区和特大城市新建建筑实现节能 65%的目标，绝大部分既有建筑完成节能改造；城乡新增建设用地占用耕地的增长幅度要在 2010 年目标基础上再大幅度减少；争取建筑建造和使用过程的节水率比 2010 年再提高 10%；新建建筑对不可再生资源的总消耗比 2010 年再下降 20%。

（四）基本思路和途径

发展节能省地型住宅和公共建筑，要立足当前的发展阶段和基本国情，立足建筑"四节"已取得的进展；要用城乡统筹和循环经济的理念，研究思考节能省地型住宅和公共建筑的深刻内涵及其之间的辩证关系，认真解决当前的突出矛盾和问题；要处理好建筑"四节"工作中点与面，近期工作重点与长远发展目标的关系。既要考虑单体建筑，又要考虑城市或区域的统筹规划和总体布局；既要考虑新建建筑的"四节"，又要研究不同历史时期不同性质的既有建筑的节能节水问题，注重降低建筑建造和使用过程中总的能源资源消耗。当前要着重从规划、标准、科技、政策及产业化等方面综合研究，积极引进和推广国外日益普及的绿色建筑、生态建筑和可持续建筑等的新理念和新技术，并制定规划和政策措施，多渠道推进节能省地型住宅和公共建筑建设。

建筑节能。要通过城镇供热体制改革与供热制冷方式改革，以公共建筑的节能降耗为重点，总体推进建筑节能。所有新建建筑必须严格执行建筑节能标准，加强实施监管。要着力推进既有建筑节能改造政策和试点示范，加快政府既有公共建筑的节能改造。要积极推广应用新型和可再生能源。要合理安排城市各项功能，促进城市居住、就业等合理布局，减少交通负荷，降低城市交通的能源消耗。

建筑节地。在城镇化过程中，要通过合理布局，提高土地利用的集约和节约程度。重点是统筹城乡空间布局，实现城乡建设用地总量的合理发展、基本稳定、有效控制；加强村镇规划建设管理，制定各项配套措施和政策，鼓励、支持和引导农民相对集中建房，节约用地；城市集约节地的潜力应区分类别来考虑，工业建筑要适当提高容积率，公共建筑要适当提高建筑密度，居住建筑要在符合健康卫生和节能及采光标准的前提下合理确定建筑密度和容积率；要突出抓好各类开发区的集约和节约占用土地的规划工作。要深入开发利用城市地下空间，实现城市的集约用地。进一步减少黏土砖生产对耕地的占用和破坏。

建筑节水。要降低供水管网漏损率。要重点强化节水器具的推广应用，要提高污水再生利用率，积极推进污水再生利用、雨水利用。着重抓好设计环节执行节水标准和节水措施。合理布局污水处理设施，为尽可能利用再生水创造条件。绿化用水推广利用再生水。

建筑节材。要积极采用新型建筑体系，推广应用高性能、低材（能）耗、可再生循环利用的建筑材料，因地制宜，就地取材。要提高建筑品质，延长建筑物使用寿命，努力降低对建筑材料的消耗。要大力推广应用高强钢和高性能混凝土。要积极研究和开展建筑垃圾与部品的回收和利用。

三、主要政策和措施

（五）加强城乡规划的引导和调控。充分发挥城乡规划在推进节能省地型住宅和公共建筑建设中的重要作用，统筹城乡发展，促进城镇发展用地合理布局。在城镇体系规划、城市总体规划、村镇规划、近期建设规划、控制性详细规划等不同层次和类型的规划中，要充分论证资源和环境对城镇布局、功能分区、土地利用模式、基础设施配置及交通组织等方面的影响，确定适宜的城镇发展空间布局、城镇规模和运行模式。加强规划对城镇土地、能源、水资源等利用方面的引导与调控，立足资源和环境条件，合理确定城市发展规模，合理选择建设用地，尽量少占或不占耕地，充分利用荒地、劣地、坡地和废弃地，充分开发利用地下空间，提高土地利用率。要注重区域统筹，积极推进区域性重大基础设施的统筹规划和共建共享。大力发展公共交通，有效降低交通能耗和道路交通占用土地资源。要注意城乡统筹，按照有利生产、方便生活的原则，加快编制和实施村镇规划，合理调整居民点布局，引导农房建设和旧村改造，减少农村现有居民点人均用地，提高村镇建设用地的使用率，改善农民的生产生活环境。要对各类开发区的土地利用实施严格的审批制度，促进其集约和节约使用土地。要继续认真贯彻《国务院关于加强城乡规划监督管理的通知》（国发〔2002〕13号），加强城乡规划实施的监督，严格保护自然资源、人文资源和生态环境，严格控制土地使用，严格执行建设用地标准，防止突破规划和违反规划使用土地，维护城乡规划的严肃性和权威性。

（六）严格执行并不断完善标准规范。进一步加强建筑"四节"标准规范的制订工作，鼓励有条件的地区在工程建设国家标准、行业标准的基础上，组织制订更加严格的建筑"四节"地方实施细则。要认真执行建设部《关于新建居住建筑严格执行节能设计标准的通知》（建科〔2005〕55号）和《关于认真做好〈公共建筑节能设计标准〉宣贯、实施及监督工作的通知》（建标函〔2005〕121号）要求，加强工程建设全过程监管，保证节能标准落到实处。加强对建设、设计、施工、监理和施工图审查、工程质量检测等工程建设各方主体和中介机构执行建筑"四节"强制性条文的监管。各地要抓紧制订当地的施工图设计文件审查和工程实施阶段的监督要点，做好施工图审查、工程实施监管和竣工验收备案工作。要加强对新建建筑特别是公共建筑执行建筑"四节"标准情况的监督检查。

（七）加快科技创新。要通过科技创新为发展节能省地型住宅和公共建筑提供技术支撑。积极组织科技攻关，努力开发利用适合国情、具有自主知识产权的适用技术和建筑新材料、新技术、新体系以及新型和可再生能源，鼓励研究开发节能、节水、节材的技术和产品。注重加快成熟技术和技术集成的推广应用。认真落实国家中长期科学和技术发展规划纲要中有关城乡现代节能与绿色建筑等专项规划。加强国际合作，积极引进、消化、吸收国际先进理念和技术，增强自主创新能力。抓紧编写《绿色建筑技术导则》。加快墙体材料革新，特别是注重解决墙体改革工作中的关键技术和技术集成问题，加快高强钢和高性能混凝土的推广应用工作。建立健全建筑"四节"科技成果推广应用机制，尽快把科技成果转化为现实生产力。

（八）研究制定经济激励政策措施。要探索政府引导和市场机制推动相结合的方法和机制，研究制定产业经济和技术政策。会同有关部门研究对新建建筑推广"四节"和既有建筑节能改造给予适当的税收优惠政策，对示范项目给予贴息优惠政策；研究适当延长墙改专项基金的征收时间，扩大使用范围，促进墙改基金支持节能省地工作；研究推进水价改革，促进节约用水。鼓励社会资金和外资投资参与既有建筑改造等。大力推进市政公用行业改革，深化供热体制改革。严格执行污水垃圾收费制度。改革有关奖项的评审办法，把执行建筑"四节"的情况作为评审内容。

（九）抓好试点示范工作。从"绿色创新奖"起步，完善该奖的评价体系，由点到面，逐步推广。要积极开展统筹城乡规划布局，节约用地的试点。各地要研究通过产业现代化促进发展节能省地型住宅和公共建筑建设。按照"减量化、再利用、资源化"原则，确立适合本地区的节能省地型住宅和公共建筑的产业化发展模式和建筑体系，建立与之相适应的工业化结构体系和通用部品体系。要抓好一批供热管网改造、城市绿色照明、政府公共建筑节能改造、新型和可再生能源资源应用工程等示范项目及新材料、新工艺和新体系的试点示范，有条件的城市应当组织成片新建和改造地区建筑"四节"的综合示范。政府公共建筑要率先进行节能改造。

（十）建立健全法规制度。在提出修订有关法律、法规建议和制定规章时，要研究建立有利于促进发展节能省地型住宅和公共建筑、推进建筑"四节"工作的制度。

四、切实加强对发展节能省地型住宅和公共建筑工作的领导

（十一）加强组织领导。各地建设行政主管部门要进一步提高认识，转变观念，把推进建筑"四节"工作作为当前和今后一个时期一项重要工作，切实抓紧、抓实、抓出成效。要制定发展节能省地型住宅和公共建筑规划，并争取纳入当地国民经济和社会发展规划，认真组织实施。要研究建立相应的工作机制，确定专门机构和专人负责，加强与有关部门的协调和沟通，认真研究解决推进工作中的难点和热点问题，制订相应的政策和措施，并加强督促检查。结合对工程质量的执法检查，强化对新建建筑执行"四节"情况的监督。

（十二）切实抓好宣传培训工作。各地建设行政主管部门要开展多种形式的宣传活动，普及建筑"四节"知识，提高全社会对发展节能省地型住宅和公共建筑重要性的认识，树立良好的节约能源资源的意识和正确的消费观，形成良好的社会氛围。要加强培训，提高管理人员和专业技术人员对发展节能省地型住宅和公共建筑的法律法规、标准规范、政策措施、科学技术的综合水平和能力，总结推广好的经验与做法，逐步深化发展节能省地型住宅和公共建筑的工作。

2005 年 5 月 31 日

上海市建筑节能管理办法

(2005年6月13日上海市人民政府令第50号发布)

第一条　目的

为加强本市建筑节能管理，降低建筑物使用能耗，提高能源利用效率，改善环境质量，促进经济和社会可持续发展，结合本市实际情况，制定本办法。

第二条　适用范围

本市行政区域内新建、改建、扩建和使用城镇公共建筑、居住建筑（以下统称建筑物）的建筑节能以及相关管理活动，适用本办法。

第三条　定义

本办法所称建筑节能，是指在建筑物的设计、施工、安装和使用过程中，按照有关建筑节能的国家、行业和地方标准（以下统称建筑节能标准），对建筑物围护结构采取隔热保温措施、选用节能型用能系统、可再生能源利用系统及其维护保养等活动。

本办法所称用能系统，是指与建筑物同步设计、同步安装的用能设备和设施。

第四条　管理部门

上海市经济委员会对本市节能工作实施综合监督管理。

上海市建设和交通委员会（以下简称市建设交通委）对本市建筑节能实施监督管理，上海市建筑业管理办公室负责本办法的具体实施。

区（县）建设行政管理部门依照本办法，负责辖区内建筑节能的监督管理工作。

本市发展改革、规划、科学技术、房地资源、财政等相关行政管理部门按照各自职责，协同实施本办法。

第五条　标准的实施和制定

建设单位、设计单位、施工单位和监理单位应当按照建筑节能强制性标准执行。鼓励采用建筑节能推荐性标准。

对国家尚未制定节能标准的建筑领域，市建设交通委应当根据国家和本市建筑节能发展状况和技术先进、经济合理的原则，组织制定本市节能标准以及为实施标准相配套的技术规范。

第六条　城市建设详细规划要求

市或者区（县）规划行政管理部门编制城市详细规划，在确定建筑物布局、形状和朝向时，应当考虑建筑节能的要求。

第七条　对新建项目的节能要求

新建建筑物应当按照本办法规定以及建筑节能标准，采取建筑节能措施。

第八条　对改建扩建项目的要求

对尚未达到建筑节能标准的既有建筑物，在改建、扩建时涉及建筑物围护结构的，应当按照本办法的规定和要求，采取建筑节能措施。

第九条　对相关单位的要求

设计单位在设计建筑物时，应当按照建筑节能标准执行。

施工单位应当按照已批准的设计文件和施工规程进行施工。

监理单位应当按照建筑节能标准、设计文件的规定和要求实施监理；对不符合规定要求的，应当要求其改正。

第十条　施工图的编制和审查

新建、改建、扩建建筑物的，应当在施工图设计文件中包含建筑节能的内容。

施工图设计文件审查机构应当对施工图设计文件中的建筑节能内容进行审查。未经审查或者经审查不符合强制性建筑节能标准的施工图设计文件不得使用。市或者区（县）建设行政管理部门不得颁发施工许可证。

第十一条　竣工验收备案

建设单位在组织建筑物竣工验收时，应当同时验收建筑节能实施情况，并在向市或者区（县）建设行政管理部门备案的工程竣工验收报告中，注明建筑节能的实施内容。

本市建设工程质量监督机构，应当在提交的建设工程质量监督报告中，提出有关建筑节能的专项监督意见。

市或者区（县）建设行政管理部门发现建设单位在竣工验收过程中有违反本办法规定行为的，应当责令限期改正。

第十二条　使用说明

销售新建建筑物的，应当在新建住宅使用说明书中注明对建筑物围护结构、用能系统和可再生能源利用系统的状况以及相应保护要求。

第十三条　高于标准的节能建筑认定

本市鼓励采用高于现行建筑节能标准的建筑材料、用能系统及其相应的施工工艺和技术。

对高于现行建筑节能标准的建筑物，建设单位可以根据自愿原则，向有关社会中介专业机构申请认定。认定办法由市建设交通委另行制定。

第十四条　对建筑物装修的要求

建筑物所有权人或者使用人在对已采取建筑节能措施的建筑物进行装修时，应当采取必要的保护措施，防止损坏原有节能设施。

第十五条　业主的日常维护和维修

建筑物所有权人或者使用人应当按照国家和本市建筑节能的规定和要求，对建筑物进行日常维护，避免或者防止损坏相关的围护结构和用能系统；发现建筑物围护结构或者用能系统达不到建筑节能标准要求的，应当及时予以修复或者更换。

第十六条　鼓励发展应用

本市各级政府应当采取措施，鼓励建筑节能的科学研究和技术开发，推广应用节能型的建筑材料、用能系统及其相应的施工工艺和技术，促进可再生能源的开发利用。

市建设交通委应当根据本市建筑节能技术研究和开发状况，制定鼓励推广应用目录并予以公布。

第十七条 节能新型墙体材料

本市鼓励开发和研究建筑节能的新型墙体材料，对在推广应用建筑节能的新型墙体材料工作中，作出突出成绩或者贡献的单位和个人，给予表彰和奖励。

第十八条 市场化手段节能改造

本市鼓励多元化、多渠道投资建筑物的节能改造，投资人可以按协议分享建筑物节能改进所获得的收益。

第十九条 教育和培训

从事建筑节能及其相关管理活动的单位，应当对相关从业人员进行建筑节能标准与技术等专业知识的培训。

第二十条 监督

市或者区（县）建设行政管理部门应当加强对建筑节能的日常监督管理工作，发现有违反本办法规定行为的，应当及时予以制止，并依法进行处理。

任何单位和个人有权对建筑节能活动进行监督，发现违反建筑节能有关规定的行为，可以向市或者区（县）建设行政管理部门反映。市或者区（县）建设行政管理部门接到反映后，应当及时调查处理。

第二十一条 禁止限制规定

禁止采用不符合建筑节能标准的建筑材料和用能系统，禁止或者限制落后的施工工艺和技术。

禁止或者限制目录由市建设交通委会同有关部门提出，报市政府批准后予以公布。

第二十二条 对违反禁止规定的处罚

违反本办法第二十一条第一款规定的，采用禁止采用的建筑材料、用能系统、施工工艺和技术的，由市或者区（县）建设行政管理部门责令限期改正，并可处以5000元以上3万元以下的罚款；法律、法规另有规定的，从其规定。

第二十三条 农民个人建房

农民个人建造住宅的建筑节能，鼓励参照适用本办法。

第二十四条 施行日期

本办法自2005年7月15日起施行。

山西省人民政府关于加强建筑节能工作的意见

晋政发［2005］22号

各市、县人民政府，省人民政府各委、厅，各直属机构：

建筑节能是贯彻科学发展观的重要举措。为了促进我省经济、社会、环境的可持续协调发展，逐步构建节约型的产业结构和消费结构，加快建设节约型社会，努力缓解能源资源约束经济社会发展的矛盾，大力发展循环经济，现就全面推进建筑节能工作提出如下意见：

一、提高思想认识，加强组织领导

（一）全面推进建筑节能工作，有利于减少建筑能耗，节约能源，改善和减缓能源供需矛盾；有利于建筑物隔声降尘保温，降低使用费用，提高建筑居住使用的舒适度；有利于减少温室气体排放，减轻大气污染，改善环境质量；有利于促进产业结构调整，改造和提升传统建筑业和建材业，培育新的经济支柱产业，增强可持续发展能力。

（二）为确保我省建筑节能工作的顺利进行，省人民政府成立山西省建筑节能工作领导组，负责建筑节能、建筑节能规划等方面的工作，组长由主管建设工作的副省长担任，成员单位包括省建设厅、发展改革委、经委、科技厅、财政厅、人事厅、编办、环保局、工商局、质监局、地税局、物价局等部门，领导组下设办公室，办公室设在省建设厅。各市也要尽快成立相应机构，加强对建筑节能工作的领导。省墙体材料革新领导组负责墙体革新工作。

二、理清工作思路，明确发展目标

（三）坚持走建筑业、房地产业集约型发展道路，充分展示人文与建筑、环境与科技的和谐统一，实现建筑的选址规划合理、资源利用高效循环、节能措施综合有效、建筑环境健康舒适、废物排放减轻无害、建筑功能灵活多样的目标。居住建筑要从单纯满足住房短缺需求向满足住房需求和节约能源、保护环境、优化生态并重转变，从低品质、频拆迁、高能耗的住宅向高品质、长寿命、节能型、舒适型的住宅转变，从重视城市住宅向城市和农村住宅并重转变，推动建设事业全面、协调、可持续的发展。

（四）推进建筑节能要坚持突出重点、分类指导、分步实施的方针。通过强化行政立法，建立有利于提高建筑能效的法规体系；依靠技术进步，提升建筑节能的科技含量；扩大可再生能源在建筑中的应用，提高资源综合利用效率；拓展合作领域，借鉴国内外成功的经验等手段推动建筑节能工作，实现提高建筑能效的目标。

（五）城镇体系规划、城市总体规划、城市详细规划应当就能源、资源的综合利用和节约，对城镇布局、功能区设置、建筑特征、基础设施配置的影响进行研究论证，发挥城乡规划对提高建筑能源利用效率的综合调控作用。

（六）建筑设计要遵循节能、节地、节水、节材的原则，在保证建筑功能和舒适度的前提下，坚持开发与节约并举，把节约放在首位，提高资源的综合利用效率，减少资源消耗，达到节约资源、循环利用资源的目的。

建筑节能要通过城镇供热体制改革与供热制冷方式改革，提高建筑物保温隔热性能，达到建筑节能的目的。建筑节地要在城镇化过程中通过合理布局，提高土地利用的集约和节约程度。建筑节水要通过降低供水管网漏损率，强化节水器具的推广应用，提高污水再生利用率，积极推进污水再生利用、雨水利用。建筑节材要通过采用新型建筑体系，推广应用高性能、低材耗、可再生循环利用的建筑材料，因地制宜，就地取材，达到节约材料的目的。

（七）2005年7月1日起，新建民用建筑（指居住建筑和公共建筑）要全面执行民用建筑节能设计标准，实现节能50%的目标，有条件的地方可率先实施节能65%的设计标准。

到2010年，全省城镇新建建筑实现节能50%，既有建筑节能改造完成30%；到2020年全省城镇新建建筑实现节能65%，既有建筑节能改造完成80%。

到2020年，全省民用建筑建造和使用的能源资源消耗水平要接近或达到现阶段中等发达国家的水平。

三、采取有效措施，加强政府监管

（八）做好建筑节能规划。各城市政府要组织建设等有关部门抓紧搞好建筑节能专项规划的编制工作，明确建筑节能工作的指导思想、中长期目标、基本原则、政策措施。11个地级城市应于2006年6月底前完成，其他城市要在2006年年底前完成。

（九）新建民用建筑必须严格执行建筑节能标准要求，要从建筑工程立项、规划、设计、施工、监理、质量监督、竣工验收、房屋销售、物业管理等环节加强对新建建筑执行建筑节能标准的全过程监督管理。

（十）所有新建民用建筑，建设单位应当按照建筑节能标准要求委托工程项目的设计，不得以任何理由降低节能技术标准，擅自修改节能设计文件，不符合节能设计标准的工程不得组织招标投标；设计单位必须依据建筑标准和规范进行设计，设计文件中要有建筑节能设计和建筑物使用能耗的专项说明；施工单位应当按施工图审查机构审核合格的图纸进行施工，保证工程施工质量；监理单位应当按照节能技术法规、标准、设计文件实施监理；房地产开发企业要将所售商品房的结构形式及其节能措施、围护结构隔热性能指标等基本信息载入《房屋使用说明书》。

（十一）所有新建民用建筑，城市规划行政主管部门在下达建设工程规划设计条件时应有建筑节能方面的明确要求；施工图审查机构要严格按照建筑节能设计标准进行审查，不符合建筑节能强制性标准的，施工图设计文件审查结论应为不合格；未经施工图审查机构审查合格的工程，建管部门不予办理工程报建、招标备案手续，工程质量监督机构不予办理质量监督注册；对未按节能设计施工的工程，工程质量监督机构不予验收、备案；房地产管理部门在办理房屋预售和权属登记手续时，应当对建筑节能的有关证书进行审核。

（十二）完善建筑节能的技术标准体系。省建设厅要尽快组织有关单位和人员修订和编制适用山西地区的建筑节能设计标准、通用设计标准图集、施工技术规程、验收标准和评价标准、节能建筑热工性能检测标准等配套性技术标准，并编制相应的建筑节能工程造价定额标准。

（十三）要组织对设计单位和设计人员进行建筑节能知识的考核和考试，经考核和考试合格的单位和人员，发给"建筑节能设计专用章"。设计文件完成后，设计人员在其设计的图纸上加盖个人的"建筑节能设计专用章"，设计文件完成后，设计单位要对节能设计进行审核，审核合格后加盖设计单位的"建筑节能设计专用章"。

（十四）有计划、有步骤地对既有建筑进行节能改造。各级政府要按照建筑节能规划，积极探索适合本地区的既有建筑节能改造模式。可以通过政府补一点、产权人拿一点的方式多渠道筹集节能改造资金。既有建筑改造要注意做到同步规划、同步设计、协调实施，通过给外墙、屋面、楼梯间、地板等加做性能好的保温隔热材料，更换密闭性好的门窗，改造采暖系统实现分户计量、室温可控等方法，实现降低能耗的目标，提高既有建筑的能效。

（十五）加大城镇供热体制改革的力度。各级政府要加快城镇供热体制改革的步伐，在建设部等部门《关于印发关于城镇供热体制改革试点工作的指导意见的通知》（建城[2003] 148 号）的指导下，尽快建立符合市场经济要求的热价形成机制，实行按用热量计费，形成社会和消费群体对节能建筑的市场需求，加快既有建筑改造的步伐。

四、推广应用新技术，提升产业科技含量

（十六）加大成熟的建筑节能新技术的应用。推进建筑节能工作，要大力推广应用新型节能墙体材料和屋面的保温隔热技术和材料；节能门窗的保温隔热技术和材料；集中供热和热、电、冷联产联供技术；供热采暖系统分户计量和温度调控技术与装置；可再生能源应用技术和设备；建筑照明节能技术和产品；空调制冷节能技术和产品以及其他成熟的节能技术和产品的应用。

（十七）鼓励建筑节能产品的研发、生产。省发改委、经委要引导支持企业生产新型建筑节能材料、产品和设备。根据我省特点，鼓励资源循环利用，对以煤矸石、粉煤灰等为原料生产的新型节能建材、产品，加大政策扶持力度，促进建筑节能产品的产业化，满足不同结构、不同档次建筑需要。

（十八）积极推广新型建材与施工应用技术，通过节能省地型建筑的建设，加快对传统建筑业和房地产业的提升和改造。走产业化道路，积极推进建筑部品部件的工厂化生产，提高部品部件的集成水平，推动新型结构体系在建筑中的应用，合理选用混凝土结构体系、钢结构体系、钢—混结构体系、大跨度楼盖体系等结构体系，加大化学建材、高性能混凝土、高性能钢材在建筑中的应用，注重新型施工技术的推广应用。

（十九）省经委、科技厅要加大对建筑节能技术和产品的研发投入，组织关键技术攻关。要积极开展节能 65%的建筑节能体系和产品的研究及工程试点示范；开展既有建筑节能改造课题的研究，建筑能耗统计系统等前瞻性课题的研究。扩大对外交流，引进国外先进成熟的节能技术和产品。

（二十）省建设行政主管部门要定期发布推广应用和限制禁止使用技术公告，推广应用先进、成熟、可靠的新技术，淘汰达不到国家和我省建筑标准要求，影响建筑结构安全和使用功能，能耗高、严重污染环境的落后技术，推广应用和限制禁止使用技术公告应当在实施前 6 个月公布。实行建筑节能技术和部品性能标识制度，定期公布建筑节能技术和部品目录。新建建筑和既有建筑的节能改造，建设单位施工单位应当选用获得标识的建筑节能技术和部品。

五、制定相应激励政策，形成联动工作机制

（二十一）实行建筑能效评定制度。新建民用建筑的施工图设计文件经审查合格后，由施工图审查机构向对工程项目有管辖权的建设行政主管部门备案，施工图审查机构根据备案意见颁发《建筑节能设计认定书》；新建成的民用建筑或者完成节能改造的既有建筑，应当进行建筑能效测评，经建设行政主管部门或者其委托的建筑节能管理机构综合评定后，颁发《建筑节能评定书》和相应的标识标牌。

建设单位在申请房屋预售时应出示《建筑节能设计认定书》，建成销售和办理房屋权属登记时应出示《建筑节能评定书》。

（二十二）按照国家规定调整公用事业附加费征收比例或者征收额，增收部分作为建筑节能专项资金（增收部分50%集中省里统一使用），具体征收范围、征收方式由有关部门制定。省建筑节能专项资金主要用于既有建筑节能改造的补助、建筑节能规划、建筑节能的技术标准编制、新型建筑结构体系研发及工作监管和奖励等，由省建设厅制定年度资金使用计划，省财政厅审核拨付。

（二十三）工程建成后，经评定为节能建筑的，享受下列优惠政策：全额返还所征收的新型墙体材料专项基金；根据省人大常委会《关于全面推进资源节约与综合利用的决定》（2004年11月27日经山西省十届人大第十四次常委会通过）精神，按国家有关规定减免税费。

既有建筑的节能改造，可享受下列优惠政策：获得建筑节能专项资金的补助；居民住宅进行节能改造，可从住房公积金中心获得低息抵押贷款。

（二十四）加大行政执法力度，依法对违反建筑节能规定的单位和个人进行处罚。建设单位、设计单位、施工单位、工程监理单位违反有关规定，未按建筑节能标准进行工程发包、设计、施工、监理和竣工验收，以及使用国家和我省明令淘汰和不符合标准和没有取得使用认证的建筑材料、配件、设备的，建设（规划、房地产）行政主管部门依据《中华人民共和国建筑法》、《中华人民共和国节约能源法》、《建设工程质量管理条例》（国务院令第279号）、《建设工程勘察设计条例》（国务院令第293号）、《山西省建筑市场管理条例》和建设部《民用建筑节能管理规定》（建设部令76号）等的规定予以处罚。施工图审查机构对不符合建筑设计标准的设计文件核发施工图设计文件审查合格书的，取消其施工图审查资格；对生产、销售国家和我省明令淘汰和不符合标准的建筑材料、建筑构配件和设备的，由质监、工商部门依法处罚。

（二十五）有关部门要各尽其职，联手推动建筑节能工作。建设行政主管部门是建筑节能的主管部门，综合协调建筑节能工作的有关事项；发展改革部门对新型建筑材料、节能建筑工程建设和改造的立项审批及资金安排按照国家有关规定予以支持；科技部门要组织有关技术研究和重点技术攻关；经委部门要组织相关建筑材料的研发和生产；质监部门要做好建筑节能产品、设备等的质量安全工作；税务及有关部门对新型建筑材料、建筑节能工程建设和运营的有关税费按国家规定实行减免优惠；物价部门对公用事业附加费的征收标准和方式应按国家有关价格政策法规办理；编办、人事、财政部门要做好有关推进建筑节能工作机构、人员、经费等的相关工作。

（二十六）大力开展创建绿色建筑、节能建筑活动。鼓励我省工程建设人员和建设项目积极参与"绿色建筑创新奖"评奖活动；优先推荐经认定的节能建筑参加国家和省的建筑工程质量奖的评奖，参加国家、省康居示范工程的评选；对在建筑节能工作中做出突出贡献的单位和个人要予以表彰奖励。

（二十七）加强建筑节能工作的宣传力度。采取多种形式开展宣传教育，树立节能意识，普及建筑节能知识，提高全社会对建筑节能重要性的认识。加大对政府监管层面和业主、设计、施工、监理等专业人员的建筑节能知识的培训教育，确保建筑节能的法规、规章从监管和实施层面落到实处，保证节能建筑在建设过程中各个环节的质量。广泛宣传节能建筑的优越性，让群众了解建筑节能带给社会和个人的直接利益，培育节能建筑的市场需求，促进建筑节能产品和节能建筑降低成本，形成建筑节能市场需求和供给的良性互动，使全社会都能参与到建筑节能工作当中去。

2005 年 10 月 31 日

应对能源资源环境挑战　共同促进可持续发展

——在首届国际智能与绿色建筑技术研讨会上的讲话

汪光焘

女士们、先生们：

　　进入新世纪，如何解决日益紧迫的人口、资源、环境与工业化、城镇化加快及经济快速增长的矛盾，是全人类共同面临的严峻挑战。在建筑的建造和使用过程中，需要消耗大量的能源资源，如何节约能源资源，提高使用效率，努力缓解能源资源短缺的矛盾，保护和改善环境，各国都根据自己的国情进行了不懈的研究与实践。国际绿色建筑技术研讨会，就是一次交流和分享研究与实践成果，共同探讨应对面临的能源资源环境问题的盛会，我代表中华人民共和国建设部，热烈欢迎各国代表参加这次会议，并祝会议取得圆满成功！

　　中国是一个发展中的国家，工业化和城市化是人类社会发展的规律，也是我国实现现代化的必经之路和艰巨的历史性任务。我们已经实现了人民生活总体上达到小康水平，正在集中力量，全面建设惠及十几亿人口的更高水平的小康社会，使经济更加发展、民主更加健全、科教更加进步、文化更加繁荣、社会更加和谐、人民生活更加殷实。中国政府正视发展中面临的能源资源环境问题，提出坚持以人为本，全面、协调、可持续的科学发展观，统筹城乡发展、统筹区域发展、统筹经济社会发展、统筹人与自然和谐发展、统筹国内发展和对外开放；提出大力实施科教兴国战略和可持续发展战略，以技术创新和制度创新突破资源环境的瓶颈约束，走科技含量高、经济效益好、资源消耗低、环境污染少、人力资源优势得到充分发挥的新型工业化道路；采取一系列的政策措施，切实做到从节约资源中求发展，从保护环境中求发展，从发展循环经济中求发展，让人民群众喝上干净的水，呼吸清新的空气，有更好的工作和生活环境。

　　中国正处于工业化、城镇化加速发展时期，在推进城镇化中坚持大中小城市和小城镇协调发展的方针，促进城乡协调发展。我们不仅要注重单体建筑上的效果，更重要的是要从区域（城镇和乡村）来考虑降低能源资源消耗的总体效果。中国现有建筑总面积400多亿m^2，预计到2020年还将新增建筑面积约300亿m^2。中国政府立足调整经济结构、转变经济增长方式，结合城镇发展质量与效益现状，提出鼓励发展节能省地型住宅与公共建筑，要求制定并强制推行更严格的节地节能节水节材（以下简称"四节"）标准，制定具体目标和具体措施来大力推进，促进城镇发展方式的根本性转变，城镇发展质量和效益有根本性提高。

　　发展节能省地型住宅与公共建筑，必须用城乡统筹、循环经济的理念，挖掘建筑"四节"的潜力。"四节"都有各自的要求，必须统筹考虑，综合研究。节地潜力关键在于城乡空间的统筹，我们将要重点研究城市发展新增建设用地从农村建设用地节约中解决，在中心城市周围发展小城镇，中小城市结合周边村庄调整居民点布局，促进城镇发展用地的合理布局。节能是重点降低长期使用时的总能耗，节水是重点考虑水资源的循环利用，节材是重点研究新型工业化和产业化道路。

我们在建筑"四节"方面已经做了许多工作，取得了一定的成效。强化城乡规划实施的监督，城乡建设占用耕地总量过快增长的势头得到初步遏制；制定完善建筑节能标准、开展建筑节能示范，研究推广使用沼气、太阳能、地热等新型和可再生能源取得一定效果；推进墙体材料革新，黏土砖使用得到一定程度的遏制，一批新型材料逐步推广应用；研究产业化和推广新技术、新产品；开展住宅性能认定测试工作和完善住宅性能认定标准等等，这些是我们进一步搞好工作的基础。

我们将研究制定经济政策，采取有效措施，区域统筹，分类指导，推进节能省地型住宅和公共建筑建设。应当从城乡规划做起，在城镇体系规划、城市总体规划、近期建设规划、控制性详细规划等不同层次的规划中，充分研究论证能源、资源对城镇布局、功能分区、基础设施配置及交通组织等方面的影响，确定适宜的城镇规模、运行模式，加强城镇土地、能源、水资源等利用方面的引导与调控，实现能源资源的合理节约利用，促进人与自然的和谐。以科技创新为支撑，组织科技攻关、重大技术装备及其产业化、新型能源和可再生能源以及新材料、新产品的开发、推广应用。引进、消化、吸收国际先进理念和技术，增强自主创新能力，发展适合国情、具有自主知识产权的适用技术。加大标准规范的编制力度，形成比较完善的建筑"四节"标准规范体系，加强标准的实施和监管。研究和制定促进住宅产业现代化的技术经济政策，将住宅产业化与新型工业化紧密结合起来，由骨干企业带动建立现代化住宅建造、生产体系。充分重视普通住宅建设，加快既有建筑改造。推进供水、供热、污水处理等市政公用事业改革，不断探索创新体制机制。

我们正在结合当前中国的实际，总结已有的工作成果，研究和推广获"绿色建筑创新奖"项目的技术和经验，研究政府引导和调控与市场机制相结合的推进方法，核心就是要将建筑"四节"技术进行集成组合，取得实际使用效果，全面推广和普及"四节"技术。我们将以"绿色建筑创新奖"项目为切入点，随着工作的进一步深入，不断总结推广其经验，进而提出真正体现"节能省地型"内涵的评价和鼓励办法，有效地推动节能省地型住宅和公共建筑的发展，建设节约型城镇。

中国结合自己的国情，提出和实施应对能源资源环境问题的策略与措施，正逐步取得成效，我们愿意与国际同行们分享我们的经验。实践无止境，科技日新月异，我们也愿意学习和借鉴国际先进的理念和经验，对国际上在开展节能建筑、生态建筑、绿色建筑等方面取得的有益经验、先进的技术、工艺和产品充满兴趣。中国经济社会持续快速发展，为国外研究机构和企业提供前所未有的机会和施展能力的舞台，我们也欢迎国外有志之士的参与和合作。这次会议为我们相互间的交流与沟通架起了一座桥梁，让我们携起手来，共同努力，创造人类社会更加美好的明天。

汪光焘　建设部部长　　邮编：100835

建筑节能 刻不容缓[1]

郑一军

我国正在以空前的规模，建造高耗能建筑。我国正处在房屋建筑的高峰时期，建筑规模之大，在中国和世界历史上都是前所未有的。2003年城乡建筑竣工面积已达20.3亿m^2（其中城镇12.7亿m^2），这些建筑在几十年至近百年的使用期间，在采暖、空调、通风、炊事、照明、热水供应等方面要不断消耗大量能源。但至今我国城乡既有的约400亿m^2（其中城市约140亿m^2）建筑中，只有在城市的3.2亿m^2房屋可算是节能建筑，其余无论从建筑围护结构，还是采暖空调系统来看，都属于高耗能建筑。更令人忧虑的是，直到现在，每年竣工的新建建筑中节能建筑还不到1亿m^2（主要建在北京、天津等大城市）。也就是说，按最乐观估计，高耗能建筑在全国既有建筑中占95%以上，在每年竣工的新建筑中占90%以上，全国建筑能耗已占全国总能耗的27.5%。和气候条件相近的发达国家相比，我国每平方米建筑采暖能耗约为他们的3倍左右，而热舒适程度则远不如人。

过高的建筑能耗已经开始对国民经济造成严重不良影响。这里且不谈北方地区冬季采暖用能的严重浪费，而仅以空调为例。2004年炎夏，多数电网负荷创历史新高，全国电网差不多全面告急，24个省市不得不拉闸限电。在各电网高峰负荷中，大约有1/3属于空调制冷负荷。今后，随着人民生活水平的提高，空调制冷负荷必然会继续增长。预计到2020年，全国制冷电力负荷高峰将达到约1.8亿kW，相当于10个三峡电站的满负荷出力。由此可见，单纯以建设电力设施来满足空调采暖需要，使许多发电和输配电设施在全年的大部分时间闲置，既大量消耗国家资金和能源资源，又增加环境污染，今后势必难以为继。但如果把日益增加的建筑能耗减少一半，进而逐步达到发达国家的能耗水平，则可大大减少煤矿、电站等能源设施建设的规模，这才是"釜底抽薪"的根本大计。

我国建筑节能长期不受重视，与发达国家的差距越拉越大。许多发达国家从1973年世界性石油危机开始，就意识到建筑节能的极端重要性，下决心大力建造节能效率愈益提高的建筑。在建筑物舒适性不断提高的同时，新建建筑单位面积能耗已减少到30年前的1/3至1/5，同时对既有建筑展开了大规模的高标准的节能改造。其结果是，这些发达国家尽管建筑总量继续增加，舒适性不断改善，而建筑总能耗却很少增长，甚至还有所减少，从而缓解了国家的能源需求，避免了能源危机的再度冲击，也为完成《京都议定书》二氧化碳减排义务做出贡献。我国以节能50%为目标的强制性建筑节能标准相继发布，尽管北京等地实践经验已经表明，达此目标每平方米建筑造价不过增加建造成本的5%~7%（以

---

[1] 本文为郑一军同志在2005年全国政协大会上的书面发言。

北京地区高层建筑为例，约相当于每平方米增加成本 75~105 元人民币)，一般可通过节能效益在 5 年左右收回。这本是一项利国利民且非做不可的事情，但大多数地区却将其束之高阁，不认真执行。一方面国家能源紧缺，形势严峻；另一方面建筑用能极端浪费，建筑节能步履艰难，成为建设节约型社会中最薄弱的一个环节，原因何在？我们认为，症结有四：

一是全社会的建筑节能意识极为薄弱。每年白白浪费的建筑用能粗略估计高达上亿 t 标准煤，问题何等严重。但许多开发商却继续大量兴建高耗能建筑；一些地方主管部门对此无动于衷，很少过问。至于许多群众往往只知道房屋冷暖，对建筑节能的意义和知识知之甚少，当然更谈不上形成舆论。

二是法律约束乏力，缺乏政策激励。各发达国家推进建筑节能，无不制订强有力的法律法规和政策措施，而我国《节能法》对建筑节能无具体规定，难以实际操作；又没有制订和实施任何奖罚政策。这样势必造成在一些城市里，无论建多么好的节能建筑，也无任何经济上的激励；建多么浪费的高耗能建筑，也得不到应有的惩罚。

三是城镇供热体制改革长期滞后。目前我国长期沿用的福利型"大锅饭"式的供热体制，严重背离市场经济规律，用热无计量，室温也不能调节，耗热多少与住户经济利益毫无关系，导致能源极大浪费。这种旧的体制已经走入死胡同，非改不可。经过多年酝酿，2003 年建设部等八部委出台了《关于城镇供热体制改革试点工作的指导意见》，此后又经过两个采暖季，改革行动仍然十分迟缓，至今未见迈出新的步伐，建筑节能长期缺乏经济动力，城镇供热年年成为北方许多地方政府的一大难题。

四是性能优越的新型墙体材料的发展步履艰难。节能建筑所不可缺少的墙体屋面材料的 65% 仍是保温隔热性能极差、生产耗能高又毁田取土的"秦砖汉瓦"。

建筑节能是事关可持续发展的重大问题，如不引起重视，采取切实措施，照目前的势头再拖延 10 来年，全国每年将浪费好几亿吨能源，势必造成难以承受的负担，从而到头不得不被迫花几万亿元的资金实施几百亿平方米建筑的节能改造，那时，我们将何以面对后人。

形势十分紧迫，建筑节能刻不容缓，为此，我们建议：

（一）**加快建立法律法规体系，各级政府认真履行职责**。各国的实践都证明，建筑节能归根结底是国家利益所在，属于国家行为，不可能自发地开展，无论哪个国家都是政府主导、国家立法、制定规章，由各级政府监督实施。建议国家尽快修改《节能法》，制定《建筑节能管理条例》和《墙体材料革新管理条例》，建立健全建筑节能法规体系，明确各级政府和市场各方主体的职责，使建筑节能工作走上法制化轨道。

（二）**充分运用市场经济手段，建立有效的激励机制**。建筑节能体现了国家的、公众的、整体的根本利益，违犯者必须受到惩罚，先进者理应得到奖赏。对建造高标准的节能建筑、研究开发新的建筑节能技术和产品、对建筑节能和墙体材料革新做出重大贡献的地方、单位和个人，应制定政策予以奖励和扶持。同时进行大力宣传，形成节约能源光荣、浪费能源耻辱的良好社会风尚。

（三）**要加快推进供热体制改革和墙体材料革新工作**。供热体制改革是公用事业中最后一个堡垒。由于它与热用户和供热企业的切身利益密切相关，也影响到社会安定、和谐，显然是一件十分艰巨复杂的任务。但供热体制长期拖延不改，北方采暖区建筑节能就缺乏经济驱动机制，建筑节能的经济效益也难以体现。建议下决心扭转供热体制改革长期停滞不前的局面，把用热商品化、货币化的改革尽快全面推动起来。同时大力支持墙体材料革新工作，扩大新型墙体材料在节能建筑上的应用，为节能建筑提供有力的技术保证。

我们认为，建筑节能是关系经济社会可持续发展全局的大事，建议迅速采取坚决有效的措施，为建设节约型社会做出更大努力。

郑一军　建设部原副部长　全国政协委员　中国建筑业协会会长　邮编：100835

附录：

郑一军在全国政协"加快建设节约型社会"记者招待会答记者问（2005年3月7日）

一、问：近来建筑节能开始成为社会上一个热门话题，但广大公众对这个问题又了解不多，可否谈谈这个问题对于建设节约型社会的意义和作用？

答：大力推进建筑节能工作是建设节约型社会的重大课题，举足轻重，刻不容缓。为说明问题，向大家报告一组有关部门和专家提供的数据：（一）建筑用能在我国能源消费总量中的份额已超过27%，逐渐接近三成；（二）我国目前既有的近400亿 m^2 的建筑基本上是高耗能建筑，单位面积采暖能耗相当于气候条件相近发达国家的3倍，我们的热舒适度反而比他们要差，也就是说与他们相比，由于我国建筑维护结构（外墙、屋顶、门窗）保温隔热性能差，采暖用能的2/3白白跑掉了；（三）我国正处于房屋建筑的高峰期，预测在未来的15年即到2020年，我国还将建成约200亿 m^2 房屋；（四）最不能令人容忍、最令人担忧的是，国家虽然颁布了新建建筑必须实行节能50%的强制性设计标准，迄今为止已经进入第9个年头了，但达此目标的只占同期建筑总量的不足10%。当前面临的严峻现实是，我们已经背负着全国城乡几百亿平方米高耗能建筑，而同时，以空前的规模，继续建造高耗能建筑的状况远未得到遏制和扭转。当我们不堪重负，不得不象发达国家近二三十年来所做的一样，对高耗能建筑进行节能改造，到那时，所需资金将是天文数字，其难度之大也是难以想象的。然而，如果我们从现在起就扭转这种局面，专家们预测，只严格执行现行节能标准这一项措施，到2020年就可实现每年节约3亿多t标准煤的巨大成效。所以，我认为推进建筑节能工作对于建设节约型社会而言是一项刻不容缓的任务。要大声疾呼，让全国社会各界都来高度关注。

二、问：建筑节能工作如此重要，有关部门也做了大量工作，为什么如你而言推进起来如此困难呢？你有何建议呢？

答：你问到了点子上，这也正是全国政协人口资源环境委员会把这个问题作为调研课题的初衷。

我认为搞节能建筑并非难事，技术是成熟的，经济上也是完全可行的。北京等地的经验表明，达到节能50%的目标，每平方米建筑安装造价（不是售价）不过增加5%～7%（以北京地区高层建筑为例，约相当于每平方米增加75～105元人民币），而且一般可以通过节能效益在5年左右收回。

那到底难在哪里呢？我认为建筑节能步履艰难，症结有三：一是全社会的建筑节能意识极为薄弱；二是供热体制改革滞后；三是法律法规、政策措施不完善。

目前我国城镇供热基本是沿用计划经济时期的"单位包费、福利供热"的用热制度，用热无计量，室温也不能调控。供暖消费与居民用户经济利益不挂钩，用户只关心政府对供暖温度的承诺,不关心能耗高低;购房时既不懂得也不关心围护结构(包括外墙、门窗、屋顶等)的保温隔热性能和供热系统的热效率。没有了需求方对房屋节能性能的选择和监督,市场机制在这里完全失灵了。这项工作就只有靠政府监督了,一些缺乏社会责任和守法意识的房屋开发商、供应商逃避政府监督的行为就成了普遍现象。这样,高耗能建筑怎么能不大行其道、长期泛滥呢?

针对建筑节能工作进展缓慢的症结,我们建议:

(一)尽快修改《节约能源法》,充实建筑节能方面的规定;尽快出台《建筑节能管理条例》和《墙体材料革新管理条例》;加快有关标准规范的制定。逐步形成完善的法规标准体系,建立起强有力的约束机制。

(二)加快推进城镇供热体制改革工作,实现供热的货币化、商品化。只有像用水、用电一样实现了谁用谁付费,自主调节室温,按量计费,才能形成社会对节能型建筑的需求,建造节能型建筑才会成为供应商自觉自愿的行动。这项改革难度很大,但不改革没有出路。

(三)加快政策支持和技术服务体系的建设。例如,我们要借鉴一些国家的成功经验,对提前实现或实施高于国家规定节能标准的,对于超额完成节能改造任务的给予经济上的奖励;加大政府对建筑节能相关技术和产品的研究开发的支持力度;建立国家建筑节能产品认证和节能建筑标识制度。

我愿意在这里拜托各位,通过你们服务的媒体告诉全国要购置住房的广大公众,一定要搞清楚你要买的住房是不是节能建筑,坚决不买高耗能建筑。这将是对建筑节能工作最有力的监督,也是对建设节约型社会的贡献。

建筑节能形势与政策建议[①]

涂逢祥

一、建筑节能是关系人类命运的全球性课题

1. 建筑节能的起因与动力

世界上建筑节能从起步到现在只有 30 多年的历史。1973 年第一次世界性能源危机以前，石油价格低廉，人们对节能并不关心。能源危机爆发后，石油价格飞涨，节能问题开始引起广泛重视。建筑用能要消耗全球大约 1/3 的能源，在建筑用能的同时，还向大气排放大量污染物，如总悬浮颗粒物（TSP）、二氧化硫（SO_2）、氮氧化物（NO_x）等。于是，各发达国家开始普遍重视建筑节能。

开始时建筑节能被称为 Energy saving in buildings，字面上的意思就是我们所说的建筑节能；随后，建筑节能往往改称为 Energy conservation in buildings，有减少能量散失的意思；后来，建筑节能又普遍称为 Energy efficiency in buildings，意思是要从积极意义上提高建筑用能利用效率。建筑节能含义明确，各国都在积极行动。近来尽管也在推行绿色建筑、生态建筑、可持续建筑等等，但建筑节能仍然是其核心和关键。

大体上到 1990 年前后，世界上许多专家纷纷发现，温室气体的过度排放正在引起地球变暖，并将危及人类及生物界生存，而建筑用能排放的 CO_2 占到全球排放总量的 1/3，于是温室气体 CO_2 的排放令世人十分关注，温室气体减排又成为建筑节能的基本动力。

2. 为什么温室气体的排放会引起地球变暖？

我们知道，地球热量来自太阳辐射。太阳是个炽热的星球，其表面温度达到 6000℃，地球接收到的太阳辐射基本上是短波，最大能量范围在 600nm 上下；地球被太阳加热后，也向宇宙发出热辐射，但由于地球表面温度低，发出的是长波辐射，最大能量在 16000nm 左右。辐射波长不同，穿越某些气体的能力也就不同。

温室气体是指二氧化碳（CO_2）、甲烷（CH_4）、氮化物（如 N_2O）等气体，其中 CO_2 在温室气体中的作用占 2/3。对于大气中的温室气体，太阳辐射进来的短波几乎可无衰减地通过，但吸收地球向宇宙发出的长波辐射。由于有温室气体包围，地球表面温度增高，这就是温室效应。

温室效应对于地球是不可或缺的。如果没有这种温室效应，地球表面平均温度将是 -18℃，地球会是一个寒冷的冰球；但是由于有了温室效应，现在地球表面平均温度为 15℃，正好适合人类和生物界的生存，这是亿万年地球进化的伟大成果。然而，如果地球

[①] 2005 年 7 月 29 日在建设部集体学习会上的讲演

表面的CO_2浓度太高,也是十分危险的。19世纪一年全球向大气排放CO_2约900万t,而1990年一年全球向大气排放的CO_2即已超过60亿t。1750年以前空气中CO_2浓度约为$280×10^{-6}$,由于CO_2的过度排放,2001年空气中CO_2浓度已升至$366×10^{-6}$。如果CO_2过度排放的现状继续下去,预计2050年空气中CO_2浓度将升至$560×10^{-6}$。

温室气体CO_2过度排放的后果,就是气候变化,气温升高。本世纪初喜马拉雅山钻取冰样分析说明:20世纪90年代至少是最近千年中最热的10年;1860年有气象记录以来全球平均温度已升高0.6℃。至本世纪初有全球平均气温统计的140年中,10个全球平均气温高峰年8个出现在1990年以后。

中国近50年的平均温度记录也说明,我国气温正在升高(见图1),与世界气温上升情况是一致的。

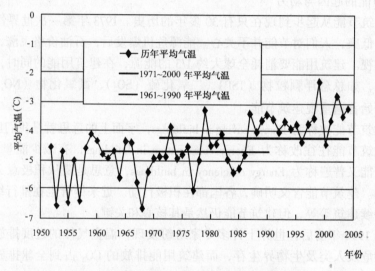

图1 中国1950年以来各年冬季平均气温变化

3. 地球变暖带来的灾难性后果

地球变暖带来的后果极端严重,包括两极融缩、冰川消失、海面升高、洪水泛滥、干旱频发、土地沙化、风沙肆虐、疾病流行、物种灭绝等等。现在全球气候异常,灾害频繁,使世界处于大灾大难的边缘,而人类正是这些灾难的制造者。

地球变暖已经对生态环境造成灾难性的影响,如北极永久性冰盖已减少43%,浮冰厚度从3.1m减至1.8m,如按此速度融化,2070年北极可能无冰;中国冰川原有面积5.94万km^2,已减少1.25万km^2,减少了21%;珠峰冰川正加速消融,退缩严重。高亚洲冰川正全面退缩,将导致下游河流干涸;欧洲阿尔卑斯山1300个冰川已消失40%,过去下雪的地方,现在下雨,很多滑雪场已经关闭;中国海水入侵面积已超过$800km^2$,最大入侵速率每年达495m;珠江三角洲咸潮愈益上移,影响城市供水;意大利威尼斯以水城著称于世,现在则水患严重,道路房屋底层经常进水;岛国图瓦卢由于太平洋涨水,1.1万居民面临灭顶之灾,不得不举国搬迁。

中国近来也是洪涝灾害频繁,如1991年淮河大水,1994、1996年洞庭湖水系大水;1995年鄱阳湖水系大水;1998年长江、珠江、松花江特大洪水;1999年太湖流域特大洪水;2003年淮河、黄河、渭河大水等等。气候异常一方面是洪水为患,一方面却干旱缺水。近40年来我国6大江河径流量均呈下降趋势，其中海河每10年递减36.64%；20世纪80年代以来，华北地区持续偏旱，京津地区、山东半岛年均降水减少10%~15%；黄河利津以上年均水量偏少32%；我国荒漠化面积已占27.46%；20世纪50年代以来内陆湖泊、湿地大部分萎缩甚至干涸。

地球变暖正在对生物界的生存造成危害，这是由于地球上的动植物已经适应了当地的自然生态系统，而地球变暖则打乱原有生态格局，破坏了生态平衡，许多物种的生命活动无法跟上地球变暖的变化。如欧洲多种蝴蝶北迁；大西洋北海一些鱼种北移，但是更多的物种无法迁徙，就只有死路一条，现在全球每天约有100种生物灭绝。如果全球变暖持续恶化，地球上1/4陆地生物即125万种动植物将在50年内灭绝或濒临灭绝。到本世纪末全世界115个野生动物栖息地80%将被毁灭。气候变暖还会使许多病菌、传播疾病的昆虫孳生。

地球是在宇宙中目前知道的惟一有人类居住的星球。地球是经过几十亿年演化才逐步形成今天繁荣兴盛的景象。可是，人类正在用不文明的行动，破坏自己赖以生存的地球的生态环境，使世界文明处于巨大的风险之中。随着时间的推移，气候变化的威胁正与时俱增，行动迟缓必将付出更大的代价。人类必须觉醒，必须尽快拯救自己的地球，保护地球的生态环境，保护人类共同的家园。

4. 中国的温室气体排放问题

中国化石燃料燃烧产生的 CO_2 排放量，已经从1990年的616.89Mt增加到2001年的831.74Mt，并仍在快速增加，现在温室气体排放量居世界第2位，占世界温室气体排放总量的14%。现在，各发达国家的温室气体排放量普遍在减少或基本稳定，而我国则保持快速增加的趋势，其中包括建筑用能所排放的温室气体也在快速增加。

为缓解地球变暖的威胁，依靠各个国家政府和全世界人民的共同努力，1992年在巴西里约热内卢召开的联合国环境与发展大会上，各国签署了《里约宣言》和《21世纪议程》。1997年又在日本制定了《京都议定书》，这个议定书中国已经批准；但温室气体排放量最多的美国，至今仍拒绝批准，受到各个国家的共同谴责。

今年《京都议定书》已经正式生效，各批准国必须承担温室气体减排义务。2004年中国政府就提供了《中国气候变化初始报告》，前文所述中国气候变化的一些情况，就是源自这份报告。中国作为一个负责任的世界大国，当然也是一个发展中国家，对于温室气体减排负有共同但又有区别的义务。2005年7月7日八国集团同中国等五国领导人对话会上，胡锦涛主席表示，中国正着手制定应对气候变化的国家战略，进一步致力于缓解温室气体排放。在中国应对气候变化的国家战略中，建筑节能必将成为中国温室气体减排的重要组成部分。我们要为此进行必要的准备。

二、中国的气候特点与建筑规模

1. 冬寒夏热是中国气候的主要特点

中国位于亚洲东部，东南濒临太平洋，背靠大陆腹地。冬天西伯利亚寒流长驱南下，多次大幅度降温；夏天太阳辐射强烈，而沿海海风吹入较弱，属于季风气候、大陆性气候，气温年较差很大。

与世界上同纬度地区平均温度相比，中国冬季气温偏低很多，一月份东北偏低14~18℃，黄河中下游偏低10~14℃，长江南岸偏低8~10℃，东南沿海也偏低5℃左右；但夏季则又偏高，7月偏高1.3~2.5℃。而且由于夏季东部地区湿度很高，冬季东南地区保持高湿度，因此夏季闷热，冬季潮凉，也增加了采暖空调需求的迫切程度。

如果与中欧、西欧相比，更可看出我国气候的严酷程度。如伦敦位于北纬51度，比哈尔滨（北纬46度）的纬度高得多，但一月平均温度则和我国上海（北纬31度）相近，都是3℃。因为英国那边冬天大西洋暖流向北流，经常刮西风，把暖风刮向陆地，因此尽管纬度高，冬天并不很寒冷。

设想只要中国处于世界同纬度的平均温度条件下，建筑采暖空调能耗就会少得很多。可是我们必须生活在如此严酷的气候条件下，消耗比别的国家更多的能源。

2. 中国建筑规模巨大，发展迅速

中国近年城乡建筑竣工面积，2001年为18.2亿m^2，2002年为19.7亿m^2，2003年达20.3亿m^2，如除以2003年中国人口12.9亿，平均每人竣工面积达1.57m^2。

在中国2003年房屋建筑竣工面积20.3亿m^2中，城镇新建住宅面积5.5亿m^2，农村新建住宅面积7.5亿m^2，公共建筑及工业建筑面积7.3亿m^2。

如果与发达国家比较，美国一年新建住宅建筑与商用建筑竣工面积一般为4~5亿m^2，中国每年新建建筑竣工面积大于各发达国家每年新建建筑竣工面积之和。中国建筑规模世界最大，是世界上最大的建筑市场。

中国现有房屋建筑数量巨大。中国城乡既有建筑面积达420亿m^2，按2003年中国人口12.9亿计算，平均每人拥有建筑面积32.5m^2。2003年全国城市房屋建筑面积140.91亿m^2，其中住宅建筑面积89.11亿m^2，公共建筑及工业建筑面积51.80亿m^2。

如果与发达国家美国比较，2004年美国住宅建筑面积188.5亿m^2，商用建筑面积68.3亿m^2，以美国人口2.9亿计算，平均每人87.5m^2。

3. 我们正在以空前规模建造高耗能建筑

现在我国正处于房屋建设的战略机遇期。到2020年我们还要建造约300亿m^2的建筑，也就是说，我们正在以中国和世界上前所未有的规模和速度建造高耗能建筑，这些高耗能建筑将在近百年的时间内大量消耗我国宝贵而稀缺的能源，为后代子孙制造严重困难。大规模建造房屋本来是为了人民安居乐业，但大量建造高能耗建筑，又会过多地消耗能源，同时严重污染环境，致使国家能源无法支撑，环境受到破坏，后果不堪设想，却又与我们的初衷完全相悖。这种大量建造高能耗建筑的情况是不可能持续的，也是背离可持续发展战略、背离科学发展观的。

三、建筑节能——中国能源战略的重点

1. 我国能源资源条件与能源安全

我国能源资源储藏以煤比较丰富，但与世界人均数相比，也只有51.3%；石油更少，只有11.3%；天然气还要缺乏，才3.8%。能源资源条件还决定了我国只能是以煤为主的能源结构，因而污染比较严重。

我国经济增长十分迅速，但是不能忘记其中有2/3是在对资源和生态环境过度透支的基础上实现的，代价相当巨大。如2003年我国消耗了世界钢总产量的30%，水泥总产量的40%，煤炭总产量的31%，而GDP只占世界的4%。

我国能源短缺，石油越来越多依靠进口，这事关国家安全，关系重大。

2. "节能优先"成为中国可持续能源的战略决策

2020 年达到小康水平，比 2000 年 GDP 翻两番的任务，中国的能源能否支撑？"翻两番"意味着 2000～2020 年间国内生产总值年均要增长 7.2%，但从长时间看，中国能源总产量多年平均最多只能增长 4% 左右。也就是说，只能用大约"翻一番"或更少一点的能源，保"翻两番"的 GDP 增长目标。2000 年全国能源消费总量大约为 13 亿 t 标准煤，争取 2020 年一次能源消费总量少于 25 亿 t 标准煤，节能总量应达到 8 亿 t 标准煤。这项任务非常艰巨，但除此别无选择。

但是，近来实际用能情况如何呢？

——中国的重化工业又在加快发展，其单位增加值的能耗明显高于轻纺工业；

——中国城镇化也在提速，平均每年有 1500 万农民进入城市，即每年城镇化大约提高一个百分点，而每个城市人口的能耗为乡村人口的 3.5 倍；

——中国人均 GDP 已超过 1000 美元，这正是居民消费进入结构升级阶段，人民生活条件将进一步改善，人均能耗迅速增加，特别是建筑能耗与交通能耗必然会快速增长；

——经济增长、用能增加带来的环境污染问题十分突出，已成为进一步发展的制约因素。环境污染造成的经济损失约占当年 GDP 的 3%～7%，酸雨面积已占国土面积的 1/3，中国主要污染物排放量均居世界第一位，已对公众健康造成较明显的损害。据中国环境规划研究院 2004 年研究报告：11 个最大城市空气中烟尘和细颗粒物每年使 5 万人夭折，40 万人感染慢性支气管炎。可见环境压力越来越大。

高增长、高消费、高污染的粗放扩展型的经济增长方式，是不可能如此长期继续维持下去的。

3. 当前能源形势十分严峻

我国能源生产高速增长，2004 年产量 19.7 亿 t 标准煤，占世界能源总产量的 11%，但煤电油运仍持续高度紧张，说明能源约束矛盾非常突出。情况是：

煤——将近 50% 的原煤供发电用。2004 年原煤产量达 19.6 亿 t，尽管 3 年增产 8 亿 t，仍价格上涨，供应紧张；

电——2004 年投产电力达 5000 万 kW，电力装机达 4.4 亿 kW，而当夏有 25 个省市电网拉闸限电；2005 年计划新增装机 7000 万 kW，缺口仍有 3000 万 kW；

油——对外依存度已至 40%，石油价格长期在高位运行；

运输——约 50% 铁路运力在运输发电用煤。

只要把改革开放以来我国 GDP 增长速度与能源消费增长速度进行对比（见表1），就可以明显看出，近几年能源消费增长速度过快，国力已难以承受。

GDP 增长与能源消费增长速度对比　　　　表1

年　份	GDP 增长速度（%）	能源消费增长速度（%）	年　份	GDP 增长速度（%）	能源消费增长速度（%）
1980～1985	10.7	4.9	2001	7.5	3.5
1986～1990	7.9	5.2	2002	8.3	9.9
1991～1995	12.0	5.9	2003	9.3	15.3
1996～2000	8.3	−0.1	2004	9.5	15.2

由此可见，近几年连年能源消费增长速度越来越高于 GDP 增长速度，这是对我们过度浪费能源的严重警告，情况十分紧迫，已经难以持续。

4. 中国能源战略：积极开源，节约优先

中国是个资源相对不足，生态先天脆弱的发展中国家，以如此庞大的能源产量支撑这种粗放型的经济增长，当然难以为继。但是我国节能潜力巨大，能否以较少的能源投入实现经济增长目标，保障能源安全，减少环境污染，取决于节能潜力能否挖掘出来。

建设节约型社会关系到国家经济社会发展和中华民族兴衰，是具有全局性和战略性的重大决策，中央要求以科学发展观统领经济社会发展全局，把节能放在能源战略的首要地位，节能要比增加能源供应更优先安排。

5. 建筑节能的范围

建筑用能包括建造能耗和使用能耗两个方面。建造能耗属于生产能耗，系一次性消耗，其中又包括建筑材料和设备生产能耗，以及建筑施工和安装能耗；而建筑使用能耗属于民用生活领域，系多年长期消耗，其中又包括建筑采暖、空调、照明、热水供应等能耗。

发达国家把建筑节能的范围限于建筑使用能耗，这是因为建筑使用能耗比建造能耗大得多，而且建造能耗属于生产领域。

我国建筑节能的范围按照国际上通行的办法，即指建筑使用能耗。但由于新建建筑规模很大，也应同时重视节约建造能耗。

6. 建筑节能开始成为中国节能的重点

现在，建筑节能已开始成为中国节能的重点，其原因是近来建筑能耗增加十分迅速：

——中国城乡既有建筑面积共约 420 亿 m^2，房屋建设规模超出世界各发达国家每年竣工新建房屋面积之总和；

——中国建筑单位面积采暖能耗达到气候条件相近的发达国家的 2~3 倍，甚至更高（而中国主要工业产品能耗与发达国家的差距大部分只有 10~30 个百分点）。也就是说，我们正在以史无前例的规模建造高耗能建筑；

——随着人们生活水平的不断提高，对建筑热舒适性的要求已越来越高，采暖和空调的使用越来越普遍，采暖地区向南发展，北方越来越多使用空调，人们要求室内冬天温度增高，夏天室内温度降低；

——居民家庭家用电器品种数量愈益增多，照明条件逐步改善，家用热水明显增加，家用电脑迅速增长；

——广大农村过去多采用薪柴、秸杆等生物质燃料采暖和做饭烧水，现在则越来越多地改用煤、天然气、电等商品能源。

今后建筑能耗仍将继续快速增长。2000 年全国建筑能耗为 3.50 亿 t 标准煤。建筑使用能耗所占的比例 2001 年已达 27.5%，并正在稳步增长。如果建筑节能工作仍维持目前状况，2020 年建筑能耗将达到 10.89 亿 t 标准煤，为 2000 年的 3 倍以上；如果国家抓紧建筑节能工作，则 2020 年建筑能耗将达到 7.54 亿 t 标准煤，增长约为 1 倍。

由此可见，建筑节能潜力最大、节能效益最突出。如果建筑节能工作抓得不紧，浪费也最为严重。

7. 空调用能成为夏季用电高峰的关键因素

近来，家用空调在城市中愈益普及，全国城市居民每百户空调器拥有量 2003 年底平均已达 61.8 台，其中北京为 119.31 台，上海为 135.80 台，广东为 141.99 台，重庆为 126.67 台。在公共建筑中的使用则十分普遍。

2002 年夏季，各地空调的用电高峰负荷共达 4500 万 kW，相当于 2.5 个三峡电站满负荷出力。每年夏季空调的使用都造成城市用电负荷高峰，导致许多省市拉闸限电。

由于空调的继续增加，预计 2010 年空调高峰负荷将相当于 5 个、2020 年将相当于 10 个三峡电站的满负荷出力。建设每千瓦电站及电网设施，平均约需 8 千元投资。也就是说，至 2020 年，为保障当年空调高峰负荷的电力建设投资，需资金 1.4 万亿元。

过高的电力高峰负荷，对于电站和电网设施的经济运行和安全运行都是非常不利的。过了夏天两三个月的电力高峰时段，大量极端昂贵的电力设施完全闲置，浪费十分严重。我国以火电为主，火力发电还造成大范围的环境污染。

我国现在正以人类历史上最快的速度建设电力设施。2004 年我国发电能力增加 5000 万 kW，每千瓦电力设施投资平均以 8000 元计，共耗资金 4000 亿元。2005 年预计我国发电能力增加 7000 万 kW，共需资金 5600 亿元。但是，缺电主要缺的是高峰电，高峰电主要是由夏季空调造成的。华北、华东、中南各主要电网夏季空调产生的高峰负荷约占总负荷的 1/3。

现在采取的是"头痛医头"的办法，造成电力设施的严重浪费。但只要抓紧建筑节能，在保证建筑热舒适的条件下，空调高峰负荷完全可以大大削减下来。按照节能优先的战略，本应该"釜底抽薪"，把一部分电力建设投资改用于建筑节能，这才是长远大计。

四、中国建筑能耗及其与发达国家之间的差距

1. 世界建筑耗能简况

全世界建筑消耗全球能源总量约占 30%。居住建筑目前消耗的能源总量为商用建筑的 2 倍，但商用建筑能源消耗量增长较快。

在建筑领域消耗的能源不同类型国家所占的比例为：工业化国家占 52%，东欧/前苏联国家占 25%，发展中国家占 23%。但发展中国家建筑能耗增长最快：发展中国家 6.1%/年，东欧国家/前苏联 3.4%/年，工业化国家 0.6%/年。

2. 中国建筑节能标准与发达国家之间的差距

发达国家每隔几年就修订一次标准，每次修订均提高了节能要求。如法国曾在 1974、1982、1989 年 3 次修订建筑标准，每次修订比上次标准节能 25%；2001 年又修订标准，再节能 20%～40%。又如英国至今已在 4 次修订建筑标准时降低围护结构传热系数限值（见表 2）。我国围护结构传热系数限值与国外标准比较见表 3，可见即使我们完全执行了现行的建筑节能标准，与发达国家仍有相当差距。

英国的外墙传热系数限值 [W/(m^2K)]　　　　表 2

1965 年	1976 年	1980 年	1990 年	2002 年
1.7	1.0	0.6	0.45	0.35

建筑围护结构传热系数限值国内外标准比较　　　　表 3

	外墙		外窗		屋顶	
北京节能 65%	0.3	0.6	2.8	2.5	0.60	0.45
上海	1.0	1.5	3.2	4.7	0.80	1.00

续表

	外 墙	外 窗	屋 顶
瑞典南部	0.17	2.0	0.12
德 国	0.20～0.30	1.5	0.20
美国（相当于北京采暖度日数）	0.32　0.45	2.04	0.19
欧 盟	0.25	1.3	0.3

3. 北京市建筑采暖能耗及其与发达国家之间的差距

北京市居住建筑能耗，系以 1980/1981 年定型设计住宅建筑为基数，在平均室温 16℃ 的条件下，每平方米采暖耗能为 25kg 标准煤。至 2004 年，北京市已建成节能居住建筑面积 1.75 亿 m^2。2004 年北京市市政管委组织了锅炉供热调查，包括普查和抽样调查，取得了如下数据：

北京市城八区锅炉供热面积 17346 万 m^2，其中节能 30% 建筑占 33%，节能 50% 建筑占 39%；其中燃煤锅炉房 11214 万 m^2，占供热面积 65%。燃煤锅炉每平方米建筑面积平均耗煤 25.3kg 标准煤，用电 3.82kWh，折合 1.6kg 标准煤，即实际共耗能 26.9kg 标准煤。与此同时，节能居住建筑室内温度比过去普遍提高，冷天因室温低发生的投诉大大减少；但由于供热体制未改革，采暖系统未采取控制计量措施，实际能耗并没有减少。

发达国家推进建筑节能已经取得了巨大的效益。以德国（德国采暖度日数与我国北京采暖度日数接近）为例，其单位面积建筑采暖能耗近 20 多年来已大大减少（见表 4）。

德国建筑采暖能耗　　　　表 4

年　份	建筑能耗 [kWh/ (m^2·a)]	折合标准煤 [kg/ (m^2·a)]	年　份	建筑能耗 [kWh/ (m^2·a)]	折合标准煤 [kg/ (m^2·a)]
1984 年前	200～250	24.6～30.8	1995 年	100～125	12.3～15.4
1984 年	150～200	18.5～24.6	2001 年	30～70	3.7～8.6
1990 年	100～150	12.3～18.5			

4. 公共建筑能耗

据调查，北京市民用建筑每年每平方米电耗为：普通公共建筑 40～60kWh；大型商场 210～370kWh；写字楼、酒店 100～200kWh；而北京市普通住宅 10～20kWh。大型公共建筑约占民用建筑总面积的 1/20，其用电量大体相当于居民生活用电量的 1/2；规模相近的宾馆、商场用电量可相差 1 倍以上。

又据调查，武汉市 9 幢大楼每平方米全年建筑能耗为 0.386～2.579GJ，其中空调能耗为 0.137～0.858GJ，建筑能耗最大的与最小的相差达 6.68 倍，空调能耗最大的与最小的相差达 4.41 倍。由此可见，公共建筑特别是大型公共建筑耗能多，节能潜力巨大。

2004 年对北京市 54 个市、区政府机关能源消费调查结果，政府机关单位建筑面积年耗电量 80～180kWh/m^2，为居民住宅的 5～10 倍，机关人均年耗电量为居民的 7 倍。行政机关年人均用能 1.8tce，北京市人均生活用能 0.47tce，行政机关年人均用能为居民人均生活用能的 4 倍，可见政府机构耗能数量巨大。

5. 国外旧房改造

与新建建筑相比，既有建筑在全部建筑中总是占绝大多数。因此，建筑节能工作不能限于新建建筑。1973 年能源危机后，北欧、中欧许多国家 20 世纪 80 年代中期即完成了节能改造，而西欧、北美国家仍在按照新的节能标准要求持续进行建筑节能改造。即使是经济转型国家如波兰，也对现代化改造立法，改造了围护结构和采暖系统，进展很快。办法主要依靠房产主投资，政府给予资助，取得了明显的效益。

五、节能建筑舒适性好，有利健康

党的十六大提出全面建设小康社会的历史任务，要以人为本，大力提高人民的生活水平。而建筑就是要营造健康宜人的工作生活环境。不同的建筑室内人的生存条件迥然不同，保温隔热差的建筑使人疾病丛生，而低能耗建筑同时必然又是高舒适度建筑。以为建筑节能会降低舒适度，这完全是误解。建筑节能使建筑内在质量大大提高。使用空调其实是不得已的办法，空调是用能源使室内热量排往室外，从而增加城市热岛效应，加大环境污染。建筑节能则使用能减少，使环境污染减轻，夏天热岛效应减小。

人们平常很注意室内空气温度，但往往不了解还要重视室内壁面辐射温度。节能建筑由于围护结构保温隔热性能提高，有利于提高冬天室内空气温度，降低夏天室内空气温度；与此同时，节能建筑还能提高冬天室内壁面温度，降低夏天室内壁面温度。室内墙壁、门窗、顶棚与地面的表面与人体之间在不断进行辐射热交换，更适宜的室内壁面温度使人体舒适健康。

节能建筑围护结构传热系数较小，冬天保温、夏天隔热都较好，特别是我国建筑以密度大的混凝土、砖石结构为主，在采用外保温的条件下，其热容量较大，热惰性较大。重质建筑构件在不断吸热放热，调节室内温度，使室温波动小，热稳定性好；重质建筑室内各处温度也比较接近，室温较为均匀。

节能率愈高，建筑围护结构保温隔热性能愈好，建筑热舒适度便愈高。

由此可见，节能建筑不仅减少冬天和夏天能源消耗，而且冬暖夏凉，使住户生活舒适，减少疾病，增进健康，节约采暖空调费用。对房屋开发建设商来说，节能建筑作为舒适健康建筑，必然受到住户欢迎，是一大宣传卖点。有人建房不惜一掷千金，极尽豪华奢侈之能事，却不舍得花一点小钱节省宝贵的能源，应该受到谴责，受到制约；有人特别欣赏玻璃幕墙建筑，其实目前很多这种建筑不仅非常浪费能源，而且舒适性很差，应该受到限制。

由此可见，建筑节能是造福人民、造福社会的崇高事业，应该大力提倡建造高舒适度低能耗房屋，提高人民生活质量，为建设小康社会增添光彩。

六、建筑节能政策建议

应该说，自从 20 世纪 80 年代初以来，建设部就在建筑节能方面做了大量工作，包括制定规划、政策、规定、标准、通知，召开建筑节能工作会议，组织建筑节能检查，推动建筑节能技术进步，发展建筑节能产业、建设建筑节能示范工程等等，取得了许多成绩，而且安排了自居住建筑到公共建筑、从北到南、从新建建筑到既有建筑、从城市到乡村的总体发展顺序，实际建成了大量节能建筑，为今后的大发展打下了较好的基础。节能率也不断提高，从 30% 到 50%，开始进入节能 65%，十分难能可贵。

然而，中国建筑节能仍然进展缓慢，1980年代初从采暖居住建筑节能起步，至2003年建成节能居住建筑（包括节能30%及节能50%）3.2亿 m^2，占全国城市居住建筑的4%，还建成示范建筑100万 m^2 以上。

各地实际进展情况差别很大。总体上看采暖地区节能推动多年，执行情况较好；从全国看，北京、天津、唐山等一些北方地区城市和上海执行情况较好。但普遍存在执法不严、违法不究、缺乏检查监督的问题。有的地方开会、发文件不少，就是很少去抓实际建造节能建筑；有的地方只是下达建造若干万平方米节能建筑的任务，没有要求全面实施节能标准；有的工程送审图纸是节能建筑，实际施工图纸则是非节能建筑，如此等等。不执行节能标准者比比皆是，还没有听说谁受罚了。

当前，国家领导人十分关注节能，其中特别指出住宅和公共建筑的节能，把建筑节能提到战略高度。"四节"准确而清晰地诠释了"节能省地型住宅和公共建筑"的基本框架，应该是我们工作的方向。有的同志还对"节能省地型"做了相当宽泛的解释。无论如何，我们当前的工作还是应该抓住重点，也就是"四节"，即节能、节地、节水、节材，而节能则着重于采暖、空调、照明和生活热水的节能。

好多年以来，我们正在以中国和世界前所未有的规模和速度建造高耗能建筑，从根本上扭转这种状况的重担，历史地落在我们在座的各位领导同志的肩上。我们抓建筑节能是为了国家和民族的根本利益，是为了全体人民的根本利益，也符合开发商和居民的切身利益。

各发达国家的经验和我国多年的经验教训告诉我们：建筑节能工作不可能自发地开展，必须主要通过代表国家和人民利益的政府，因势利导，认真从多方面采取引导加强制的办法，才能真正推动起来，取得成效。

根据当前中国建筑节能相当落后的状况，必须使建筑节能真正实现跨越式发展。要确定到2020年中国建筑节能目标，即根本改变建筑能耗增长过快的状况，在保持舒适健康的建筑热环境条件下使单位建筑面积能耗大幅度降低；要求到2020年中国单位建筑面积能耗总体上接近21世纪初发达国家（建议不用中等发达国家提法）的一般水平，其中北京、天津、上海、广州等特大城市提前率先达到，并建成成批低能耗示范建筑。

通过全面推进建筑节能工作，要求到2010年全国新建建筑全部严格执行节能50%的设计标准，其中各特大城市和部分大城市率先实施节能65%的标准；开展城市既有居住和公共建筑的节能改造，大城市完成改造面积25%，中等城市完成15%，小城市完成10%。在此基础上到2020年实现大部分既有建筑的节能改造，新建建筑东部地区要实现节能75%，中部和西部也要争取实现节能65%。

为此，要从法规、标准、体制、政策、技术、管理、宣传等多方面采取综合配套措施。

1. 建立健全建筑节能法规体系

国家层面的立法，是推进建筑节能的根本。《中华人民共和国节约能源法》对建筑节能的规定有些笼统，应报请全国人大补充修改，增补建筑节能重要内容；在修订《建筑法》时，争取建筑节能能列有专章；建议国务院制定《建筑节能管理条例》，对建筑节能管理、财税政策、奖励惩罚等做出明确规定。各级地方政府加强建筑节能管理，是发展建筑节能的关键，因此，要把建筑节能纳入各级地方政府工作职责和日常管理范围，其政绩与节能成效挂钩，才能建立长效机制。还建议修订《墙体改革基金管理办法》，此项基金宜继续征收，根据情况的变化，改名为建筑节能基金，并加强使用管理。

我们建设部修订《民用建筑节能管理规定》正在积极进行中，这项工作十分重要。

2. 完善建筑节能标准体系和执行监督

建立建筑节能标准体系，即包括建筑节能设计、施工、验收、检测、运行标准等各方面标准的工作，正在抓紧进行。其中对验收、检测的关系现在有一些争议，看来还是应该强调严格过程控制，对示范工程则要求全面检测。为便于今后进行实际能耗监督，应在广泛调查研究的基础上分地区分建筑类型制定公共建筑及居住建筑能耗定额标准。大型公共建筑能耗很大，要制定大型公共建筑采暖空调节能监测标准，还要制定既有建筑节能改造标准，以及多个系列建筑节能技术及产品标准。尽快使这些标准互相配套，并不断更新完善。

要强化标准执行的监督，动真格检查、批评、曝光、处罚。在全国全面实施节能标准，真正实施最严格的审查制度，采取最严格的处罚措施，从设计起对全过程的所有环节进行监控。对于不执行标准的各有关单位根据责任给予罚款、公开曝光、限制进入市场、对资质或资格进行处置、不予核准售房等各种处罚。

我建设部要经常派检查组到各地巡回抽查。执行标准的关键是地方政府主管官员，监督考核的对象当然首先也是地方政府主管官员。有些地方建筑节能进展迟缓，会有种种借口，但根本原因还是主管官员认识上不去，工作不得力。要宣传工作得力的省市的经验，对行动迟缓拖拉的省市建设行政管理部门公开通报点名批评，在媒体曝光；对浪费能源的违法违规行为一定要严肃查处。

3. 争取国家财政税收政策的支持

所有的发达国家对建筑节能都有一系列财税政策支持，我国缺乏任何财税激励政策的状况必须尽快改变。现在财政部在财税政策观念上已从单纯算财政增支减收到算综合社会成本效益的转变。希望在政府经常性预算中设立建筑节能支出科目，主要用于节能技术开发、宣传、示范、推广以及能耗调查和节能监管；将长期国债中一定比例用于建筑节能投入；改墙改基金为建筑节能基金，设既有建筑节能改造专项基金和供热改革专项基金；此外，扩大墙改产品减征税目范围，允许某些建筑节能产品减征增值税。

按照使用资源的代价应包括消耗资源和破坏环境的费用的思路，对大型公共建筑进行能耗定额管理，组织严格的能耗监察，规定累进的阶梯能源价格，促使大型公共建筑采取节能措施，尽快改变能耗过高的状况。

4. 抓紧推进城镇供热体制改革

几年来，城镇供热体制改革进展十分缓慢，各地互相观望，又不得不为当年采暖操心。改革固然相当艰难，拖延只会使国家负担更重，问题积累更多。只有由我们建设部主动抓得很紧，改革才能继续前进。应要求各试点城市系统总结改革经验，在此基础上制订政策框架，发布新的文件，召开全国性会议，交流经验，制订计划，其中宜规定各大中城市完成供热体制改革步骤与期限，以便把供热体制改革重新推动起来。

有人以为，供热体制改革可能会影响弱势群体的利益，其实正好相反，弱势群体会在改革中得到照顾，供热改革与建筑节能措施相结合，使能耗减少，实际上有利于保障弱势群体的生活。

在推进供热体制改革中，可比较不同采暖计量控制系统，优选经济合理的技术方案，而且与既有建筑节能改造相结合，能耗得以减少。

5. 开展既有建筑节能改造

与新建建筑相比，既有建筑总是占绝大多数，能耗要高得多。只有既有建筑节能改造取得成效，全国建筑能耗才能大幅度降下来。

为此，政府机关应率先垂范，政府办公楼节能改造要先行；对能耗过高的大型公共建筑应限期完成改造；对冬天过冷结露、夏天过热的居住建筑应先行改造，以改善群众生活。

现在就要求大中城市抓紧开始既有建筑节能示范改造，探索出激励政策，总结技术经验。由政府、业主等多方集资，也可借鉴国外通行的节能服务公司方式；技术上通过专家诊断，研究出多套经济合理的方案。在某些城市工作有进展后，大力宣传改造取得的节能和提高热舒适效果。

6. 组织农村节能省地型住宅示范试点

我国农村用能正由采用生物能向商品能源转变，特别是大城市周边农村采暖空调使用日益增加，商品能源消耗增长相当迅速，如2003年北京农村每百户就有空调器35台。而农村住宅围护结构保温隔热性能普遍很差，室内冬冷夏热，建筑热环境不良。推广农村住宅节能，既可节省能源，又能改善农民生活。

可在不同地区组织一批试点示范工程，其中太阳房技术和太阳能热水器可以广泛应用；还要组织农村节能省地型住宅技术研究，宣传推广农村节能省地型住宅成功经验。

7. 推动建筑节能技术进步

不少新近开展建筑节能的地区，反映建筑节能技术选择困难。因此，要尽快开发并形成不同地区不同建筑适用的多种建筑节能配套技术，包括既有建筑节能改造技术；推广当地适用的建筑节能配套技术。可从经过实践考验的成熟技术中先挑选出50～70种技术编印成建筑节能技术指南，召集研讨会，介绍给各地选用，再逐步补充。还要继续研发先进适用的建筑围护结构保温隔热技术，特别是外墙外保温技术、节能窗技术和采暖计量及控制技术以及太阳能、地热能利用技术。

当前建筑节能市场中，以假冒伪劣产品和技术低价竞争的情况相当普遍，影响工程质量和寿命，应通过市场和行政手段，加以规范，淘汰落后技术和产品。

继续组织以企业为主、产学研结合从事建筑节能技术研发。要重视建筑节能技术的基础研究，请财政部门支持，加强研究基地建设和经费投入。

8. 不断建造节能示范建筑

真正好的节能建筑示范效应很大。要求各地年年建造节能示范建筑、示范小区，要建造各种类型的有代表性的节能示范建筑，包括居住建筑和公共建筑、新建建筑和既有建筑。但是示范建筑不能只是开发商的卖点，而要在该地区真正起到引领建筑节能技术潮流的作用。

示范建筑要在建造期间就进行检查，并经过严格验收，验收时必须提供翔实的技术、经济和围护结构热工性能与设备能源效率的检测报告；还要求示范建筑运行1～2年后提供翔实的能耗检测、成本节约报告，否则取消其示范建筑称号。

9. 组织建筑能耗调查，建立能耗数据库

建筑能耗数据是了解建筑运行情况、进行建筑节能工作的基本依据。少数单位做过一些建筑能耗调查统计分析工作，不可能全面系统。从已有的调查资料来看，同一地区同类建筑单位面积能耗差距很大，说明能源浪费大，节能潜力也大。如果能够掌握不同地区不同建筑的实际能耗数据，将大大促进建筑节能事业发展。

目前建筑能耗底数不清的情况应该抓紧解决。但是建筑能耗调查工作量十分巨大，相当复杂。可采取普查、抽样调查、统计报告、计算分析相结合的方法。可以以大中城市大型公共建筑为突破口，其中又以采暖、空调、热水供应、照明用能为主，先集中力量调查清楚，然后在此基础上逐步建立全国和省市的各类建筑能耗数据库。可与地方、统计部门合作进行。建议下决心组织力量，请财政部门支持，安排经费，限期完成。

10. 建立节能产品认证和节能建筑认定制度

为提高建筑用能产品质量，推进建筑用能产品能效分级认证和能效标识管理制度。组织制定并实施不同建筑用能产品能效分级标准，把好市场准入关。

研究建立我国节能建筑评定体系，制定建筑能耗性能评定分级标准，选取不同试点建筑进行能耗性能评定，逐步推行建筑能耗性能评级，再发展到绿色建筑性能评定分级。

通过建筑节能评审，对节能效果显著的建筑颁发"建筑节能之星"标识。

11. 广泛开展建筑节能宣传教育培训，造成舆论

必须使建筑节能深入人心，形成浓厚的舆论氛围。设法筹集经费，组织拍摄几十集的建筑节能电视宣传片，在中央电视台和地方电视台连续播放。

要求所有注册建筑师、暖通工程师、建造师、监理师都必须参加建筑节能系统培训，作为继续教育必修课，并为此编写教材，培训教师。要求全国建筑院校有关专业必须有足够学时教授建筑节能内容，教师要参加培训学习。建议教育部将建筑节能基本概念纳入中小学教材。编印建筑节能通俗读物，从中选出一些片段在报刊发表。请我部属报刊、杂志、网站、出版社加强建筑节能宣传介绍。要多宣传建筑节能典型，介绍建筑节能技术和知识。

12. 政府管理建筑节能需要两手抓

现在抓贯彻节能设计标准只是长征的第一步，真正要把大量能源节约到手，任务十分艰巨。

要总揽全局，驾驭全局，应对各方各面，一手运用管理手段，一手运用市场经济手段；一手拿所谓"大棒"，一手拿所谓"胡萝卜"。管理手段即所谓"大棒"，也就是进行强制，包括法规、标准、处罚、征税、禁用和淘汰某些产品与技术等；市场经济手段即所谓"胡萝卜"，也就是用利益机制驱动，包括减免税收、认定、认证、宣传、示范、奖励、节能服务公司等等，两者结合，两手并用。这既是造福人民的伟大事业，又是艰难繁杂的巨大挑战。

节约能源是关系到国家兴衰、民族生存的大事。我国能源形势严峻，建筑用能浪费相当严重，节能潜力十分巨大。把中国建筑用能效率提高到世界先进水平的光荣任务，历史地落在我们大家的肩上。我们将披荆斩棘，奋力前行，务必达到预期目标，决不辜负党和人民的重托。

主要参考文献

1. 中华人民共和国气候变化初始国家信息通报．北京：中国计划出版社，2004
2. 冯飞，周凤起，王庆一．能源战略的基本构想．见：中国能源发展战略与政策研究．北京：经济科学出版社，2004
3. 涂逢祥，王庆一．建筑节能研究报告．见：中国能源发展战略与政策研究．建筑节能（42）．北京：中国建筑工业出版社
4. 王金南，曹东等．能源活动对环境质量和公众健康造成了极大危害．见：中国能源发展战略与政策研究．建筑节能（44）．北京：中国建筑工业出版社
5. 中国统计年鉴．北京：中国统计出版社，2004
6. 国家科学技术委员会．中国科学技术蓝皮书（气候）．1990

涂逢祥　中国建筑业协会建筑节能专业委员会　会长　首席专家　教授级高工　邮编：100076

节能建筑实践

科技部节能示范楼

科技部节能示范楼课题组

【摘要】 科技部节能示范楼是中美科技合作项目，已竣工使用，本文介绍该楼围护结构、空调、供暖、通风、照明、电梯的节能特点，应用环保型建材、合理的交通设计、绿化、节水、太阳能利用等方面的做法，以及智能技术的应用，其造价不高，节能效果突出，有大面积推广价值。

【关键词】 建筑节能　示范

建筑物能耗占人类社会能源消耗的 1/3 以上，推广绿色建筑、节能建筑，节约能源、节约资源，是实现可持续发展的重要措施之一。

中美科技合作项目——科技部节能示范楼坐落在风景秀丽的玉渊潭畔，是一座突出节能特点的绿色、智能建筑。建筑面积 1.3 万 m^2，建筑密度 22%，是一座地上 8 层、地下 2 层，建筑高度 31m 的办公建筑。该楼于 2004 年 1 月竣工。它追求节约 70% 的建筑物运行能耗，追求人与环境的和谐统一。

节能示范楼在建设前进行了两年多的方案研究，中美两国 12 家大学、研究所和设计院参加了这项工作。设计方案经过 5 次国际研讨会的专家论证，并依据北京地区 50 年的气象记录，进行了 3 轮计算机的全年实时能效模拟分析，对设计方案进行了优化选择。在充分考虑性价比因素后，将多种节能技术、绿色技术综合集成，做到相互协调补充，在中低造价上实现高效节能、整体绿色的目的；通过对运行效果的智能化管理，实现使用上的高舒适度和运行的低成本。

一、节能示范楼的节能设计和特点

节能示范楼采用了十字型的平面和外形设计。计算机模拟结果证明，对于办公和写字楼，在充分利用自然光照明以及春秋季节采用自然通风的条件下，这种设计，比其他任何一种外型和平面设计，至少节约能源 5%。通过铝合金反光板，做到遮阳反光，既避免了夏天阳光对室内的直射，又将阳光反射到室内顶棚，漫反射于空间，达到充分利用自然光照明的目的。见图 1 和图 2。

外墙以乳白色为主，间以浅灰色的铝合金线条，构成亚光型的浅色外墙，既反射了阳光，减少了外墙的吸热，又实现了漫反射，避免对周边环境的光污染。室内的浅色设计，提高了自然光的利用程度。

节能示范楼的围护结构设计，充分体现了保温节能的特点：外墙采用两侧空心砖加中

图1

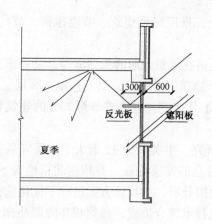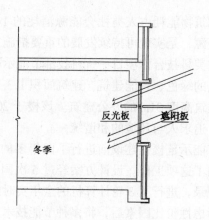

遮阳板及反光板工作原理示意图

图2

间聚氨酯发泡的舒布洛克复合外墙，使传热系数 K 值达到 $0.62W/(m^2 \cdot K)$，旭格70系列热断桥铝合金窗框的 K 值为 $1.6W/(m^2 \cdot K)$，中空无色金属镀膜的低辐射绝热的 Low-E 玻璃，夹层充以氩气，K 值为 0.97 至 $1.6W/(m^2 \cdot K)$，在高透光下做到高绝热。在屋面珍珠岩找坡的基础上，铺设5cm的聚氨酯发泡层，K 值达到 $0.57W/(m^2 \cdot K)$，对容易出现冷桥的薄弱部位做保温隔热的构造措施。实现了围护结构的有效节能。2004年春节，全楼在无人使用的情况下曾停电，停止供暖58小时。室外环境温度为 -4～-13℃。此期间各楼道在58小时内降温1℃，有窗办公室降温 1～2℃，充分证明了节能示范楼良好的保温围护效果。

节能示范楼在节能设备的使用上有以下特点：

空调系统冷源采用了两台冷量为 100 冷吨的双回路式电制冷机组，制冷剂为 R134A 绿色制剂，可实现 20 到 200 冷吨间的 12 种组合，适应不同制冷量的需要，避免了"大马拉小车"的能源浪费。同时辅以 200 冷吨的冰蓄冷系统，夜间用电低谷期蓄冰，白天用电高峰期化冰释冷，做到"削峰填谷"地使用外源电力。同时还可满足极限或超负荷的制冷需求，使整个制冷系统具有短期提供 300 冷吨的制冷能力，以应对二层展厅人群参观高峰的需要。实践证明，在夏季制冷期也可以满足 500 人办公的需求。

节能示范楼的供暖热源为首钢废热，加湿后通过空调管道将热风输入房间。实践证明，全楼耗热量仅相当于一座 3000 多平方米普通办公楼的用热量。

本工程新风系统的新风量高于国家规定标准，每小时 2 万 m^3 的新风供应能力，1 小时内可将办公区内的空气全部更新。可以满足 500 人以上的办公新风需求。

在换风过程中，为回收外排空气中的热能，设计了转轮式全热回收装置，效率为 76%。将外排空气中的热能大部分回收到新风中，既减少了室内热能外逸，又大幅度降低了加热或制冷新风的能源消耗。

照明系统是楼宇能源消耗的又一重点，节能示范楼采用智能化的照明系统。办公室内没有灯具开关，采用光照传感器与红外人体感应传感器相结合的控制方式。当室内桌面自然光照度低于设定照度值时，如有办公人员进入室内或室内有人时，智能灯具即自动开启。灯具使用 T5 型节能灯，安装防眩光漫反射板。采用全自动数字调光镇流器，实现数控功率调节，可以使自然光加上灯光后保持桌面 300lx 的最佳阅读需要。本楼办公室灯光实际使用效果低于 $4W/m^2$，既满足了阅读的需要，又显著地节省了照明用电。

使用节能电梯，也是节能示范楼的特点之一。通过运行程序的智能控制和按乘载量调节的变频系统，既减少了空载，又避免了"大马拉小车"的现象，较大幅度地节省了电梯运行的能耗。

节能示范楼供水系统采用效率较高的智能控制变频系统。

通过以上措施，节能示范楼实现了大幅度的能源节约。其楼宇运行的全年总能耗约为现有基准建筑的 30%，即减少了 70% 的能耗；与节约能源 50% 的节能建筑比，可比其再节约 40%。据节能示范楼半年运行统计，仅节电一项半年就达到 44 万 kWh，节省经费近 30 万元。

二、节能示范楼在实行绿色建筑方面所做的努力

节能示范楼在建设中，广泛使用了环保型的建筑材料。这些材料中包括内墙建筑涂料。节能示范楼使用的涂料价格低廉，而有害挥发物（VOC）却大大减少。在室内装饰石材上，广泛使用含氡量低、放射性低的国产白麻花岗岩。在建筑木材上，采用速生的绿色木材。在节能示范楼完成室内装修一周后，曾对室内空气质量进行测试，办公室内的有害挥发性气体含量在国家环保标准的 1/4 至 1/11 之间，装饰石材、铝材使用最多的一层大厅，有害挥发气体的含量也仅为环保标准的 1/2 至 1/4。洁净的空气质量，为使用者提供了一个舒适、健康的室内环境。

节能示范楼实现了合理的交通设计。它包括沿楼四周的标准消防通道和地面首层的架空设计，架空空间用以停车，减少对周边自然表土的破坏。建有停车进出使用的环形通道和停车位，地下一层设车库，共设公共停车位 68 个，并可停放 200 辆自行车。

节能示范楼选址于交通便利的城市次干道，充分利用了城市公共交通的便利。

节能示范楼外墙实现了无光污染的设计。采用亚光型氟碳漆涂料和铝材,使用低角度、全截光的楼周照明,避免了楼宇对周边环境的光污染。

节能示范楼在绿化环境方面做了有益的探索。建成后在基地 2200m² 范围内,绿地率达到 31.1%,比建设前增加 5%。主要措施是将一座占地面积 110m² 的小区水泵房改为绿地。该水泵房移入节能示范楼地下 2 层,腾出空地绿化。

屋顶花园是节能示范楼的一个亮点。松竹相映、四季常绿,70 余种乔灌草分布在总面积 810m² 的屋顶花园上,占屋顶面积的 70%。而其绿化技术,更显特色。它的"土壤覆盖层"是轻质保水的人造火山灰的绿色种植土壤,屋顶采用了防植根穿透及 3 层防水技术。遍布屋顶的喷灌管系,隐藏于花间树丛。为防积水采用了滤水过滤网和基底导流技术。

在 9 层核心筒上建有 8m³,首层建有 30m³ 的雨水收集池。其收集的雨水,可满足屋顶花园和周边绿地在夏秋季的浇水需求。

楼周环形通道,是透水砖路面铺装。透水率为每小时 120mm,可做到 30 年一遇的大雨路面无积水,全部渗入地下 30~50cm 的碎石储水层,并渗入周边绿地,提高土壤的保墒程度。透水砖路面与绿地结合,环境温度明显降低,大幅度降低了楼周热岛效应,在夏天高温季节,也能享受到清新凉爽的感觉。

节能示范楼内广泛采用了节水技术。使用无水型小便器,不消耗任何水,尿液通过化学药合,被分解为水和固体物,一个小便池全年节水约 14t,仅此一项全年可节水 450t。使用 4L 的节水型坐便器,以自来水压为动力,通过压力包内空气的压缩,实现压力冲洗。加上节水型红外感应式洗手龙头以及脚踏冲水阀的应用,全楼用水量大大节省,500 人使用时月用水仅为 400 到 500t。

雨水收集和节水器具的使用,极大地降低了全楼用水量。如按设计标准人数(250 人)使用,与节水办的节水指标相比,将节水至少 2/3。

节能示范楼在建设过程中,实行了绿色工程控制,避免了资源的浪费。通过建筑废弃物的分类管理,严格回收利用,回用率达到 75% 以上。

节能示范楼在太阳能利用上很有特点。它的屋顶除绿化外,大部分用于太阳能光伏发电和太阳能热水系统。建有 15kW 的太阳能光电池板阵列,全年可提供 3 万 kWh 的电力。采用耦合变压器,将直流电变为交流,直接并入楼内电网使用。太阳能热水系统除供 30 名值班人员洗澡外,可满足全楼洗手水的提温,太阳能系统在全楼能源消耗中约占 5%~6%。

从人居环境舒适度标准衡量,节能示范楼符合或超过了相关标准。按美国绿色建筑标准测评,节能示范工程有关指标达到并超过美国绿色建筑金奖的标准,并已正式提出申报。

三、数字技术在节能示范楼的应用

数字技术在节能示范楼得到全面应用,楼宇智能化水平达到国际先进水平。

首先是数字化的楼宇自控系统。包括全数字调光系统在内,全楼设置了 2000 余个各种类型的传感器,采集楼宇运行的水、电、空调、电梯等设备的状态、空气质量和温湿度、灯光照明、消防安全的各种信号。通过江森楼宇自控系统对全楼设备运行进行控制调节,实现自动化运行。办公室的空气质量,包括二氧化碳浓度,温度、湿度都受到有效监测和控制。一旦发现超过环保健康标准,系统可自动加大新风供应量,将室内空气在

15min左右恢复到受控标准范围。楼内除国家规定必须专人值守的地方外,全部可实行无人值守。自控系统具有可变换多种工作场景预案的自动运行功能。运行状态、能源消耗、实况数据等均可在中央控制室的计算机中得到反映。自动控制系统在保证了全楼的高使用舒适度的同时,又可实现节能5%~7%。

办公自动化的网络信息系统。全楼设两套完全物理隔断的网络信息系统,一套为政府专用局域网,与科技部全国科技系统网络连接;一套为互联网系统,与社会宽带网连接。综合布线系统可实现办公桌位的灵活调整和就近插接。全楼网络主机通过光缆与各楼层网络主机相联。做到百兆到桌面,方便海量信息的传递。根据工作需要,可方便构成和组合部门的虚拟网络,实现设备和数据的共享。通过电视电话会议系统,可实现点对点会议系统的使用,并可通过此平台实现全球虚拟会议的召开。实现足不出户,参加国内外会议。

楼内建立了国内首家网络数字化会议系统,有虚拟网络会议的主会场2间,分会场5间。该系统包括了视频会议系统、音频扩声系统、同声传译系统、多媒体显示系统、视听设备中央智能控制系统以及系统管理软件。实现了带讨论及同传功能的数字会议系统;带预置位的可以自动跟踪发言人的彩色摄像机。会议系统显示屏采用DLP屏,可实现多屏无缝画面的分割和主次画面显示的置换。主会场具有5.1声道立体播放功能。主会议室首次在国内实现了无纸会议系统,会议的全部演示过程均可同时录入光盘。会后15min内,每个与会者便可以拿到1张完整的会议光盘。

节能示范楼的网络和会议系统,从其功能和数字技术应用上看,均处于国内领先,居于世界前列。

四、节能示范楼的造价

节能示范楼的造价并不高。建筑安装含楼宇自控系统等设备在内,造价为6740万元,每平方米造价不足5200元。加上网络及会议系统,总价为7780万元,每平方米造价不足6000元。国家原批准的造价为9080万元,整整节省了1300万元。节能示范楼在能源节约上共增加投入400万元,运行后每年可以节省运行能源费近70万元,节能增加的投入预计可在7年内回收。节能示范楼的实践说明,节约能源明显的绿色建筑,可以在增加经费不多的情况下实现。为节能而增加的投入可以通过运行费的降低在短期内予以回收。一个绿色、节能、智能化的建筑不仅可以在中低价位上实现,综合运行费用也可以大幅度降低。

节能示范楼在技术选择、合理确定性价比和智能化管理上的经验值得在国内外建筑界广泛推广。在今后10~15年内,节能示范楼在亚太地区具有示范价值,它的综合集成技术适于大面积的推广。

节能示范楼建成以后,多次被国际绿色会议专题介绍。建成后半年的时间里就有11个国家的外宾和国内1600余名建筑师、开发商,以及政府官员参观过节能示范楼,在国内外产生了很大的影响。

科技部节能示范楼课题组　邮编:100036

锋尚新型节能技术的构成与分析

史 勇

【摘要】 一种达到并超过北京节能65%要求的新型系统化住宅节能技术，在北京锋尚国际公寓经受了3年的实际使用的检验，同时实现了高舒适健康的外保温隔热技术。本文详细介绍了这种技术的构成，并进行了分析。

【关键词】 保温隔热 节能 置换新风 辐射 采暖制冷

目前，我国到了开始更加重视改善环境、重视发展节能省地型建筑的时期，建筑节能技术的研究和推广呈现一片欣欣向荣的局面，北京也在2004年率先开始推行强制性节能65%的标准。

作为北京市节能65%试点工程的北京锋尚国际公寓，是由北京锋尚房地产开发有限公司自主设计、开发的高舒适度低能耗公寓，2003年3月全部入住，因全面采用高舒适度低能耗技术，而使得该公寓达到并超过节能65%的水平，同时创造了更加理想的室内健康舒适环境，室内温度全年可以保持在20~26℃；相对湿度控制在40%~60%，以及相应的室内空气质量保证和噪声控制，而建筑的耗热量水平仅为12.5W/m²，远低于北京节能50%的20.6W/m²，甚至低于2004年开始实施的节能65%的14.65W/m²，从而引起了各界的广泛关注。其高舒适度低能耗是由外墙外保温系统、混凝土制冷采暖系统（又叫顶棚辐射制冷采暖系统）、健康新风系统、外窗及外遮阳系统、屋面保温系统等多个核心技术来共同实现的。这几大系统有机地组合在一起，将健康、高舒适度与节约能源之间紧密地联系起来，改变了社会上一些人的"舒适的建筑就要多耗能"的错误认识，锋尚不仅达到室内环境的高舒适度，而且使得采暖制冷费用得到大幅度降低，每年的采暖、制冷、新风、湿度调节综合费用为35元/m²，其中冬季采暖（20℃）的费用仅10元/m²，为北京市规定的燃气集中供暖（16~18℃）收费的1/3，节能效果非常突出。正像建设部刘志峰副部长在一次工作会议报告中说到北京锋尚项目时说"其耗能已降到12.5W/m²，每年每平方米可节约4.9kg标准煤，两套住宅一年就能节省一吨煤。"

锋尚节能概念及原则

锋尚节能设计是建立在充分考虑北京的地域气象条件，使建筑外围护结构能够在可利用的建筑技术条件和经济条件下，最大限度地利用气象的有利因素，回避和抵御气象不利因素对建筑室内舒适度的影响，使建筑在不使用传统采暖和制冷设备的条件下，使室内的温度的变化尽可能多地维持在20~26℃的舒适温度范围。这样既可减少全年冬夏季的室内温度超出舒适温度的幅度，减小采暖和制冷负荷，还可缩短采暖和制冷时间，大大提高舒适度，节约能源。同时采暖和制冷负荷的减少使得选择更经济合理的采暖和制冷方式和设备具备了可能，也更有利于各种低品位的可再生能源的使用。

高舒适度低能耗的目标

考虑并满足几个不同的因素：温度、湿度、采光、噪声控制、空气质量；必须考虑住宅的可持续发展。建筑的舒适度指标，见表1。

舒适度设计和运行指标　　　　　　　　　　　　　　　表1

项　目 \ 分　类	设　计　值	
	冬　季	夏　季
室内空气温度	20℃	26℃
室内空气湿度	40%	60%
辐射舒适范围材料表面温度 - 室内空气温度	≤|-3K|	≤4K
平均风速	0.25m/s	0.30m/s
空气质量	新鲜空气：≥30m³/(h·人)	

热舒适的概念

人与周围环境会发生热的交换，一个人体平时会产生80~100W热量，这些热量必须排出，而同时又会和周围物体的表面通过辐射，和周围的空气或接触的物体通过传导和空气对流来进行热量交换，来达到热量的平衡。只有能使人按照正常的比例散热的热平衡才是舒适的，一般来讲，对流换热约占人体总散热量的25%~30%；辐射散热约占45%~50%；呼吸和无感觉蒸发散热约占25%~30%；所以辐射进行的热交换比对流和传导更有利。

锋尚的节能技术构成

一、外墙复合保温隔热技术

要降低建筑的能耗，墙体非常重要，墙体的能耗占建筑总能耗的30%以上，因此我们总结国内现有的各种外墙外保温技术，由北京锋尚房地产开发有限公司、北京威斯顿设计公司及其他国内外科研、设计与施工企业联合研制了适合于我国大多数气候条件下的新型组合外保温隔热技术。该系统又叫干挂饰面砖幕复合外墙外保温隔热系统。

锋尚国际公寓结构主体为18层钢筋混凝土框架剪力墙体系，抗震设防烈度为8度。外墙主体为200mm厚混凝土剪力墙。外保温系统就做在剪力墙的外侧，该组合保温系统从结构墙体向外分三部分（图1、图2）。

第一部分是保温层，为100mm厚高密度自熄型聚苯板（EPS板），密度为25kg/m³，导热系数 $\lambda \leq 0.040$W/(m·K)，采用聚合物水泥砂浆水泥胶粘剂将苯板与结构墙体进行粘结。聚苯板和聚苯板之间的缝隙用聚氨酯发泡填充剂进行填充。

第二部分为90mm厚流动空气层，它的作用主要是隔热及将保温材料上的水分和湿汽蒸发掉，保证保温材料的干燥和延长保温材料的使用寿命。并且因为有开放式幕墙，该空气层与外界的风压相同，雨水不会在压差的作用下进入保温层，这也是目前大多外保温做法所缺乏的。

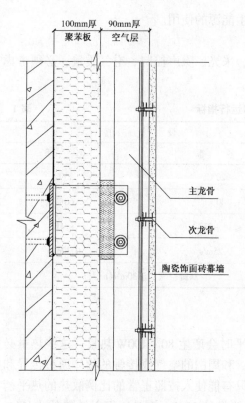
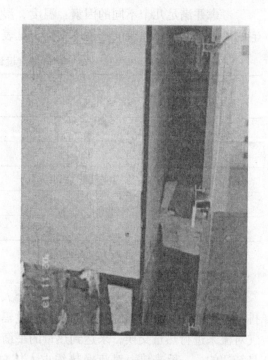

图1　外保温构造示意图　　　　　　　　图2　实际安装照片

第三部分为开放式瓷板干挂幕墙，它直接通过龙骨和预埋件与主体结构联系，与保温材料之间没有受力的关系。且抗风压、抗冻融、抗震能力强，它主要起保护作用，保护保温层不受外界太阳辐射和雨水的影响，而且容易清洁、美观大方，可实现多种颜色和质感的表现。因幕墙内外为等风压，所以能够有效保护保温层不受负风压的影响。

锋尚国际公寓的幕墙外观还采用数种拉丝金属线条进行装饰，与亚光、朴素的瓷砖结合起来形成独特的外装饰风格。该幕墙技术还能方便地更换任意一块损坏的瓷砖，利于今后的维修保养。

该系统的造价为120元/m²（建筑面积），主要是干挂幕墙的成本比传统保温方式的外饰面高，但带来的隔热和更强的外装饰效果，也是其他方式所不具备的，因此具有很好的市场前景。

二、屋面与地下保温技术

1. 屋面保温做法及构成

屋面通常受到的太阳辐射比外墙大数倍，所以屋面的保温隔热非常重要。屋面保温系统采用200mm厚聚苯板做保温层，综合传热系数$K \leqslant 0.2 W/(m^2 \cdot K)$。在锋尚，屋面及女儿墙的内外侧和顶部满粘100mm厚聚苯板，有效阻断热桥。远低于国家有关规范对北京地区建筑屋面综合传热系数$K \leqslant 0.6 W/(m^2 \cdot K)$的要求。锋尚同时在屋面做了屋顶绿化，不仅为业主提供了一个休闲的场所，而且有利于屋顶的保温隔热及减少热岛现象。

2. 地下保温做法及构成

目前通常的建筑节能工程基本都忽视了外墙在室外地坪以下的部位的保温要求，带来首层住户能耗过大、舒适性差的问题。锋尚外墙外保温将100mm厚保温板延伸入室外地坪以下1500mm处。减少了由此部位产生的热量散失，使得首层住户的能耗得到降低，室内舒适度得到保障，否则，住进整体说起来节能的房子，因为各个部位的住户或房间舒适度差距过大，仍然会对节能不利。该部分的造价为80元/m^2左右。

三、外窗保温隔热技术

窗户，是住宅部品里功能要求最多最高的部分，不仅要考虑采光、通风，还要保温、隔热、观景及安全等方面均需要综合考虑。锋尚外窗系统具备了上述性能要求。以下是锋尚窗系统的构成：

1. 断热铝合金窗框

在铝合金窗框型材之间装有阻热的尼龙66隔热条，来阻断热桥。传热系数达到2.2W/$(m^2·K)$。

2. 低辐射（Low-E）中空玻璃

玻璃窗的保温问题一直是住宅耗能的大问题，传统的普通单层玻璃的总传热系数为5.4W/$(m^2·K)$，而普通双层玻璃也只为2.9W/$(m^2·K)$，目前住在大都市的人们越来越喜欢大玻璃窗，因此玻璃材料的选用对室内舒适度和能源消耗的影响非常大。目前国际上节能建筑技术发达的国家都采用低能耗镀膜低反射节能玻璃，玻璃的传热系数可以达0.6~1.1W/$(m^2·K)$。加上配有可调式外遮阳设施，因此窗玻璃可以尽量选择太阳能透射率大的、反射率低的透明玻璃。

锋尚采用中空（12mm厚）充氩气的低辐射玻璃，玻璃上面镀有一层银膜，可以双向阻止长波红外线的传导。传热系数达到1.6W/$(m^2·K)$。锋尚窗户及玻璃部分的造价为200元/m^2左右。

3. 铝合金遮阳卷帘

考虑到北京地区夏季室外温度高，太阳辐射强度大，且超出舒适范围的时间长，因此需要避免强烈的太阳辐射，同时住宅建筑的西晒和东晒问题一直比较突出。解决这些问题的有效方法是使用可调式外遮阳设施。本工程设计的铝合金遮阳帘中填充有保温材料，具有一定的保温性能，遮阳窗帘可阻挡80%以上的太阳辐射，不仅解决了太阳辐射带来的制冷能耗加大问题，同时可以调节过强的太阳光线，使得室内采光更舒适，而且还对住宅的安全带来好处。该部分造价为80元/m^2（建筑面积）。

四、混凝土辐射采暖制冷技术

1. 系统的原理

锋尚选择混凝土辐射采暖制冷系统是基于辐射比对流传热更有效，人体对辐射更敏感，因此创造一个舒适的辐射环境是非常舒适有效的传热方式。为此，锋尚通过控制室内混凝土楼板的表面温度（辐射温度）以达到基本的舒适度要求。因为主要是控制顶棚楼板的表面温度，所以地面材料不限，可用地板也可用地毯等。

这种采暖和供冷的系统构造是：房间的混凝土楼板（顶棚）内都埋有ϕ25mm聚丁烯盘管（PB管），盘管经过各户的分集水器通过ϕ32mm的主管连接到中央机组，盘管间距在200~300mm之间。盘管中的水在冬季保持22~26℃左右（最高28℃），在夏季保持20℃以上。用这种方法，通过散热和吸热，该系统可以持续 24 小时以 40W/m² 的功率工作，在数小时内可以 70~80W/m² 的功率工作。

这个系统还具有一定的恒温及温度调节特征：在冬季，当室内温度保持在 20℃时，朝阳房间受太阳的直接辐射会使室内温度上升，室内温度与水管中水的温度差会越来越小，当室内温度达到 26℃时，温度差为零，这套系统的采暖功率则为零，不需要因为过热而关闭系统，系统自动停止放热，供冷也是如此。某些时段由于室内负荷和日照造成瞬间超负荷时，热量可以被混凝土楼板所吸收，因为它有很高的蓄热能力，储存的热量可以由循环水带走。如果用户允许室内温度在舒适的范围内有一定的波动，这种方法将会良好运行并能实现自动调节。

要控制水温变化的热惯性和一定范围内有自我调控特性，通常的控制方法满足不了这种要求。高质量的保温把天气突变的影响降到了最低，这样就使采暖和供冷系统的运行温度变化保持在舒适的范围内。然而，要长期发挥作用，该系统必须采用适合的温度。因此，锋尚用前一天 24 小时的平均温度作为控制温度。室外气温可以用一个简易的室外空气传感器测量，计算机可以连续记录并进行平均值计算。如果必要，还可以提供参考固定值。原则上所有的房间都保持同样的供水温度。如果冬季有些房间因日照而变得太热，可以使用外遮阳来减少热辐射，降低室内气温。如果是因其他原因致使室内过热，还可以通过开一点窗来解决，以上方式可以作为居住者自行调节的最简单方式。如果室内想保持更低一点的温度，可通过专业人员调节水的流量来实现。

2. 系统的构成

A. 室内二次水循环系统（PB 管）：

1) 室内温湿度控制标准：

温度：20~26℃

相对湿度：40%~60%

2) 室内水管路系统的运行工况：

冬季：26~28℃（北京地区）

夏季：20~22℃（北京地区）

二次水水温控制精度：±1℃

B. 系统一次水循环系统：

冬季：60/85℃

夏季：7/12℃

3. 系统材料要求

因为需要将热媒管布置在混凝土楼板中间，并要求与建筑同寿命，必须选择具有高聚合度并能够抵御氧化的管材，锋尚采用的是高密度聚丁烯（PB）管，管壁厚 2mm。热媒采用经过脱氧的软化水，在一个封闭的循环系统中运行，冷却和加热使用热交换器，该系统设计寿命为 100 年。造价为 200 元/m² 左右。

4. 系统施工要点

该系统是在结构施工时将 PB 管均匀预埋设于整个楼板现浇层的下层钢筋之上，水、电气管线及上层钢筋之下的混凝土中。PB 管在楼板内不允许有任何接头，但由于该 PB 管易受伤害，因此在结构施工中，PB 管的成品保护问题是混凝土采暖制冷系统成败的关键。

为保证 PB 管安装工作的质量,不出现管接头,在施工中应严格按照施工工艺进行。

5. 系统与其他采暖制冷系统的比较

在同样采暖负荷的条件下,地板采暖与顶棚采暖系统的区别是:地板采暖是一个近几年在国内北方较为流行的采暖系统,其特点是地面直接铺设了热水管,因此,其散热面较大,室内温度比较均匀,但地板采暖由于家具设备的遮挡,再加上地面地板或地毯,其导热系数小、传热慢,其传热方式结果还是以对流为主。在热负荷条件相等的情况下顶棚的采暖和供冷效率更高,其传热方式可以以辐射为主,其辐射位置不受任何家具遮挡。从人和环境的热交换舒适度讲,其热交换方式以辐射所占比例最大。所以顶棚辐射采暖和供冷更健康、舒适和有效。

混凝土采暖制冷系统与其他采暖和供冷系统主要性能对比　　　　　表 2

项 目 \ 分类	全空气系统	空调供冷+暖气采暖		混凝土辐射采暖制冷+置换式新风系统	
		空　调	暖　气	置换式新风	混凝土辐射
功能	循环空气降温,送新风	夏季供冷	冬季采暖	提供适宜湿度和新鲜空气	采暖和供冷
工作方式	上送,上回	空气内循环	空气对流	小风速下送上回	辐射
控制方式	阀门控制	手控	集中控制	手控	自动调节
空气质量	空气质量差而且干燥	质量差	质量差	空气新鲜	—
声环境	噪声大	有噪声	无噪声	无噪声	无噪声
室内感觉	温度不均匀,有气流感	温度不均匀,有气流感	温度不均匀,有气流感	无气流感	温度均匀
占用室内空间	占用空间大	占用空间小	占用窗下空间	不占空间	不占空间
对外立面影响	外挂机影响立面效果	外挂机影响立面效果	无	无	无
空气湿度	冬季室内太干燥	夏季湿度大	冬季室内干燥	湿度适宜	—

由表 2 可以看出,混凝土采暖制冷系统具有更多的优点。

五、置换新风技术

1. 置换新风系统原理

该系统是将室内的空气系统当作一个单独体系,仅仅为了人体的健康舒适卫生,而与传统的依赖空气流动来采暖制冷的系统脱离。为此,送风只是保证空气质量。为了用最少的空气量达到这个目标,必须建立一种有效的通风系统。传统的机械通风系统因为存在空气的交叉污染的可能以及能耗、噪声过大,所以需要一种能够克服传统新风的不利因素又能满足人们健康卫生需要的空气系统。置换新风,就是能够完全解决上述问题一种目前在国际上流行的健康空气解决方案。

置换式新风就是将所有房间的新风都从房间下部送出,新风以非常低的速度和略低于室内温度的温度(−2℃左右)流入房间。低温,就是依靠空气的密度差来实现新风的自动流动,不用依赖风机的动力。低速,就是不产生明显的气流,避免气流产生的对人体体表微循环的不利影响。这样，新风从房间的底部慢慢地充满整个房间。人体和其他室内热荷载加热新风，就会产生上升的气流，尤其是人体呼吸排出的污浊气体因为温度高而上升快，最后到达房间的顶部，在那里最终进入卫生间排风道再排出。由于混凝土楼板承担了室内的采暖和制冷工作，因此室内只需要提供人体健康需求的新鲜空气，无需空气再循环。新风能充分替代传统的回风运作，摆脱了传统内循环微量新风的空调，使居住者不必担心家人因通风不良而感染疾病，确保居住者在不适宜开窗通风的时刻，依然能够呼吸到新鲜而安全的空气，也彻底解决了传统空调系统中新鲜空气和污浊空气混合使用的弊病，大大消除了疾病交叉传染的可能性。

2．系统构成及流程

新风机房（设在楼顶），机房内设新风机组、转轮回收机、轴流排风机等。室外新鲜空气首先经屋顶新风机房通过能量回收装置与卫生间排风进行热交换，经加热（冷却）送入室内。

A．室内末端系统：分户、分房间送风，卫生间排风；

B．机房：新风、排风集中处理；采用全热交换方式；过渡季直接采用室外新风。

3．系统特点

A．采用集中新风处理；

B．采用全年新风供应；

C．采用全热交换方式。

4．该系统综合造价为70元/m² 左右。

北京锋尚国际公寓采用的新型系统化的节能措施和技术，为探索节能与居住建筑的高舒适度的关系进行了有益的尝试，将为我国今后节能建筑以及生态住宅、可持续发展住宅的建设提供了参考经验；也希望能带动更多的房地产开发商投入更多的精力用在提高房屋的内在品质上，让我们的环境变得更好，让我们的居住条件更有利于人们的身心健康，也让我们的住宅缩小与欧洲发达国家的差距。目前锋尚成套的做法成本约在每平方米建筑面积650元左右，看起来还比较高，但如果减去普通节能要求的投入和设备减少部分，综合造价在300元左右，而且它具有的更优良的节能效果和较高的健康舒适水平，对居住者带来的好处是不可低估的。在作为要有数十年以上寿命要求的建筑，相信这一套技术具有很高的推广价值及市场前景。

史勇　国家一级注册建筑师　北京锋尚地产开发有限公司建筑技术专家委员会　总工程师
邮编：100089

Moma 国际公寓探索中国绿色建筑之路

陈 音

【摘要】 本文介绍当代集团开发的 Moma 国际公寓对绿色建筑的探索与实践，分析了该项目在平面规划、外墙、外窗、外遮阳、采暖、制冷与新风系统、楼板、内墙、水资源利用等方面的新技术，以极低的能耗和维护费用享受高品质的生活环境。

【关键词】 绿色建筑 建筑节能技术

一、当代集团对绿色建筑的探索与实践

1. 当代集团的追求

"Moma 国际公寓"是当代集团以"可持续发展"为核心理念开发建设的第一个商品住宅项目。Moma 的名称源自纽约著名的现代艺术博物馆 MoMA（Museum of Modern Art）。当代集团以此命名当代万国城第二期项目，意在表达当代人对建筑艺术的追求。"Moma 国际公寓"是五栋总计 16 万 m^2 的大型高层公寓住宅，在追求完美居住生活品质的同时，设计人员还注重对城市环境的尊重与保护，注重节约能源与资源。

为此，当代集团力邀奥地利建筑师迪特玛·艾伯利教授主笔建筑设计，瑞士建筑物理学家布鲁诺·凯乐教授主持机电工程。当代集团研发团队与两位国际大师通力合作，在"Moma"项目中综合运用现代设计理念和先进建筑技术，从规划之初就将建筑艺术与先进科技完美结合，共同打造"Moma 国际公寓"的一流建筑品质与完善的居住环境。

2. 建筑的文化内涵

建筑对人类审美意识的影响巨大而深远，世界各民族在各个历史时期的艺术成就都会表现在建筑上，甚至其建筑风格也可成为这个时期艺术风格的代名词。所以不论是现在还是将来，建筑永远是属于城市的一部分，而文化和建筑的相互融合在任何时期都是值得人们关注与解决的问题。中国城市建设的空前繁荣也带来了对城市历史的继承和保护问题。因此，所有的项目在动工之前，不仅仅要考虑居住者的需要和开发商的利益，还应从环境、历史、文化层面考虑到城市的发展和公共建设等问题。

所以尽管"Moma 国际公寓"是商品住宅开发项目，我们仍然试图从历史、人文的角度对建筑进行思考，建筑师艾伯利的创作理念也是基于对地域文化的尊重。"Moma 国际公寓"的建筑造型在严谨、精致的现代主义风格基础上，用创造性的建筑语汇表现了建筑师对中国传统文化的敬意。由特种玻璃和纯铜板构成的外墙呈现黑、白、金三种色彩，纵横交织犹如丝绸织锦，高贵、沉静而又优雅。纯铜墙板的色彩会随四季更迭与岁月流逝而自然演化，历久弥新，记录与见证城市的历史。

二、建筑新观念与先进技术结合实现高舒适度标准

1. 平面规划

"Moma 国际公寓"项目通过精心巧妙的平面设计实现了合理的户型布局、统一的门窗模数、很小的建筑形体系数三者的和谐统一,为建筑节能创造了很好的条件。与同体量的相邻 2 号楼比较,"Moma 国际公寓"的外墙面积减少近 30%,外窗面积减少近 40%,但仍保持了充足的采光日照要求。加上高标准的围护结构设计,使"Moma 国际公寓"的建筑能耗只及北京地区现行节能住宅能耗的 1/3。与南区前 5 栋楼相比,奥地利建筑师设计的公寓外型已经发生变化,立面设计非常简洁,外墙和外窗面积减小,不设突出的飘窗、阳台,形体结构进行了改善。由于外窗数量减少,外墙面积减少,在户型平面设计上有很多挑战,从最终完成的方案看,建筑师较好地完成了使用功能、建筑艺术、性能优化的统一。本项目的设计亮点:一是外遮阳成为建筑立面的组成部分;二是采暖制冷管道与结构同步施工;三是外墙结构、保温、幕墙一体化结构。

2. 外墙

整个外墙系统围护结构的设计对于建筑节能和绿色建筑来说是非常重要的一部分。"Moma 国际公寓"项目为保证整个建筑的室内环境非常好,并尽可能降低能源消耗,开发商与建筑师达成一个共识,要求在"Moma 国际公寓"项目中使用的所有建材必须考虑"可持续发展",应用可循环利用的材料,所以选用了两种相对比较特殊的外墙材料,一是布纹彩釉钢化玻璃,二是纯铜外墙板。围护结构的热工性能直接引用欧洲标准,外墙传热系数为 $0.4W/(K\cdot m^2)$,屋顶传热系数为 $0.2W/(K\cdot m^2)$,只及北京市当时节能 50% 住宅墙体标准 $[1.16W/(K\cdot m^2)]$ 的 1/3。

外墙采用一体化外墙外保温方式,节点设计注意了避免冷桥的出现。保温材料选用铝箔复合聚苯板,传热系数不大于 $0.4W/(K\cdot m^2)$。外墙的外装饰材料采用彩釉钢化玻璃—铜板干挂结构,此材料寿命长,性价比高,方便施工。干挂玻璃与保温层之间的流动空气层有利于隔热和干燥保温层。等压结构设计可以保证排水、通风。

3. 外窗(传热系数 k 值为 $1.9W/(K\cdot m^2)$)

窗是围护结构的最大传热构件,也是最薄弱点,所以窗的保温一直是住宅耗能的大问题。目前人们越来越喜欢大玻璃窗,而随之带来的空调能耗加大、负荷加大和低舒适度问题一直未曾得到很好解决,主要是由窗系统的性能不佳造成的。

"Moma 国际公寓"项目对外窗性能做了重点设计,为保证窗系统的安全性采用了 ALUK 三腔断热铝合金窗,并特别改进了开启扇的密封件和窗系统的安装方式,使外窗具有良好的气密性和水密性,这对窗的热工性能的提高有明显效果。以冬季能耗为例做一分析:

(1) 高性能 Low-E 玻璃的使用。对建筑围护结构而言,改善热工性能的途径除墙体需要加强保温隔热外,很重要的是选择什么参数的窗。外窗面积的 80% 以上是由玻璃构成的。"Moma 国际公寓"的窗系统采用了高透光率 Low-E 中空玻璃外窗。

(2) Low-E 玻璃的特殊功效。Low-E 玻璃亦称低发射率玻璃。它是在玻璃表面用磁控溅射工艺镀有特殊金属层,使发射率从 0.84 降低到 0.04~0.12,具有能通过可见光而阻挡远红外线透过玻璃的特性。配合中空玻璃工艺,保证室内温度不会流失,起到更好的保温隔热作用。为进一步改进窗性能,"Moma 国际公寓"采用了高透光率 Low-E 玻璃,12mm

中空层,并在中空层中填充氩气,使玻璃的 k 值控制在 $1.3W/(K·m^2)$ 。

(3) 铝窗的效能提升。由于空气是热的不良导体,外窗采用纤维加强尼龙 66 隔热断桥型材、3 空腔结构,以及优质三元乙丙密封胶条等手段保证增强隔热保温性能,减少能量损耗。

4. 外遮阳

北京夏季室外温度较高,且超出舒适范围的时间较长,所以室内需要避免强烈的太阳辐射。要解决冬季和夏季室内窗口对透射太阳能不同需求的矛盾,非常经济有效的方法就是使用可调式外遮阳设施。以夏季能耗分析为例做一说明:

(1) 外遮阳与内遮阳的差异。对于东西向的外窗,选择内遮阳和外遮阳的区别:在有较好自然通风条件下,内遮阳的房间对能耗的要求会有所减少,但与采用可调式外遮阳技术措施相比作用仍小得多。因此在北京的气象条件下,可调节式外遮阳是非常有效的高舒适度节能技术措施。

外遮阳与内遮阳相比,前者的夏季效果要大大好于后者,制冷功率可大幅度降低。节能效果对朝向西、东、南向的外窗尤为显著,制冷设备的投入和运行费用均能明显降低。

(2) 外遮阳与 Low-E 玻璃的搭配效益。Low-E 玻璃的特点是对长波电磁波有较强的反射作用而对短波透射率较高,即它允许日光携带的能量进入室内,但是室内的热量不会发散到室外,这一点对冬天极为有利,但夏天却会出现问题。在夏天,窗帘看似可挡住阳光,但太阳辐射能透过玻璃窗加热室内物体,而且波长较长的远红外线不易透过 Low-E 玻璃散发到室外,造成室内温度持续上升。换成外遮阳情况就完全不同了,大部分阳光热能会被隔绝在室外,从而降低了制冷能耗。

(3) 采暖制冷的能耗。外遮阳采用可调式隔热金属卷帘,优质的外窗和外遮阳配合使整个建筑热工性能良好,夏天阻挡绝大部分阳光热辐射能。采用外遮阳后,与采用内遮阳相比,制冷能耗可降低 83%~88%,最大制冷功率降低 71%。

5. 舒适、节能、卫生、健康的室内环境系统

(1) 混凝土楼板低温辐射采暖(制冷)系统,使室内温度均匀稳定,系统运行无任何噪声。由于大体积混凝土的蓄热作用和很小的采暖(制冷)温差,使整个系统有很强的耐冲击负荷和自动调节能力。我们认为这是目前为止最好的温度调节系统之一。

(2) 全置换式新风系统,新风机组将室外新鲜空气经过滤、除尘、加热(降温)、加湿(除湿)等处理过程,以低速地面送风的方式送到每一个房间,相对污浊的废气经卫生间、厨房的排气系统有组织的排出室外。新风机组设有热回收装置,卫生间的排风经过与新风交换显热后再排放。此项措施可使新风系统能耗减少约 60%。

6. 楼板

城市环境噪声的隔绝和住宅室内层间、内墙隔声设计是改善住宅声环境的关键。传统建筑常有很多上水管、下水管、暖气管、电线管穿楼板明装敷设,而这些孔洞往往未经认真封堵处理,这使得层间声传导更加严重。"Moma 国际公寓"项目在节点设计、施工工艺谨慎处理了孔洞传声的问题,将绝大部分竖向管道安排在管道竖井内并做好层间封堵。用户的冷水、热水、强弱电管包括下水支管全部从本层楼板中经过而不穿透楼板,不让房间里有穿楼板的孔洞,最大限度减少孔洞传声。楼板施工工艺是在结构的混凝土楼板先行铺设消声垫后,再做架空木龙骨、底层衬板、面层竹木地板,以达到最佳的隔声与舒适

效果。

7. 内墙

"Moma 国际公寓"项目在满足使用面积的前提下,保证内隔墙有足够的强度和足够的隔声性能。内墙厚度约为 12cm(国内目前规定内隔墙的厚度不能低于 10cm),虽然内隔墙越厚,隔声效果就越好,但如果内隔墙太厚就一定会占用室内空间。在轻钢龙骨双面双层石膏板之间填充防火隔声玻璃棉,以保证内隔墙隔声效果,但因其造价较贵而较少被一般住宅采用。

8. 顶棚柔和辐射采暖和制冷系统

"Moma 国际公寓"项目采用看不见的采暖和制冷系统——"顶棚柔和辐射采暖和制冷系统",这种系统夏天可制冷,冬天可采暖,但是人们看不见,制冷、采暖管道全部是浇筑在结构楼板里的。专用聚丁烯管预制加工好以后放到结构混凝土楼板中。处理后的管道可以与建筑有同等使用寿命,可以免维护工作上百年。夏天向管道内注入 18～20℃ 左右的冷水,冬天注入 28～30℃ 的热水,即可维持 20～26℃ 的舒适室温。此系统具有以下优点:

(1) 可采暖和制冷;
(2) 系统能自动调节室内温度;
(3) 辐射采暖和制冷效率高,温度均匀;
(4) 不占用室内空间;
(5) 不会破坏建筑外观;
(6) 无风感、无噪声;
(7) 采暖和制冷与换气分离。

9. 全置换式新风系统

对于空调系统来说,送风主要是为了保证室内空气质量,要想用最少的空气量达到这个目标,就必须建立一种最有效的通风系统。"Moma 国际公寓"项目采用全置换式新风系统,所有公寓房间的新风均从房间下部送出,以极低的速度和略低于室内的温度(18～20℃)进入室内,靠自重沉积于地面,逐步充满整个房间。居住者和其他室内热荷载加热新风,产生上升的气流。此种方式产生的暖气流可将新鲜空气带入人体鼻腔,并带走呼出的废气及其他混浊气体,从房间的顶部经由排气孔排出,使输入的新风可以有效地替换污浊的空气;并通过控制新风湿度调节室内的空气湿度,避免夏季楼板上的结露;经自动加湿(除湿)处理后的新风达到调节室内空气舒适湿度。

排风系统可以有组织地进行排风,废气携带的能量包括夏天的冷量和冬天的热量,都要经过热回收装置进行能量回收,以达到进一步节能的目的。

10. 综合利用水资源

北京是一个严重缺水的城市,而且水环境条件日益严峻。而随着人民生活水平提高,对生活用水的质与量需求越来越高。为解决这一矛盾,"Moma 国际公寓"项目设计了四种给水系统,分别是冷水系统、热水系统、中水系统和直饮水系统;两套排水系统,分别是废水系统和污水系统。并采取以下几种措施综合利用水资源:一是回收生活废水用做中水水源;二是处理过的中水用于园林绿化和水景用水及厕所冲洗;三是在景观工程中应用人工湿地技术改善水质,减少换水频率;四是对雨水进行回收、处理、利用与回灌。

楼内收集的废水进入中水处理站进行处理,污水排入市政污水系统,屋面雨水收集后也送入中水处理站处理，处理过的中水用于园林绿化、水景用水。整个项目里面在南区有一个规模为日处理 1 000t 中水的处理站，北区有一个日处理 700t 中水的处理站。

"Moma 国际公寓"项目的园区内有很大的景观水面，我们在水景设计中应用了先进的人工湿地技术，水下有一定厚度的泥土，并在水体的上、中、下层种植不同的水生植物，还放养了一些鱼类，这样使得人工湖有部分自然净化水系的功能。

Moma 的设计建造是当代集团以可持续发展战略指导房地产开发的第一次大规模尝试。我们的目标是让 Moma 给消费者带来长久的价值。我们期望 Moma 在她长达百年的使用寿命周期中，居住在这座大厦中的人们可以以极低的能源消耗和维护费用持续享受到高品质的生活环境。

陈音　当代集团总工程师　邮编：100028

安亭新镇建筑节能技术

李 漫

【摘要】 由上海国际汽车城置业公司开发的安亭新镇项目，于国内首家采用集中供能技术，充分利用自然能源，高效、环保、节能、舒适，在安亭新镇内实现冬暖夏凉的梦境。本文就对该系统中关键的几点节能技术作一介绍。

【关键词】 建筑节能 技术

1. 系统简介

1.1 背景介绍

德国在住宅建筑节能方面处于世界领先地位。安亭新镇的集中供能系统，就是由德国著名能源咨询公司 FICHTNER 公司提供完整的能源系统技术方案。

安亭新镇是中国第一次引进的大规模的先进集中供能系统，通过地下冷冻水管网络以及热水管网络向新镇内 108 万 m^2 建筑面积的多幢建筑物传送冷冻水以及热水，从而提供采暖、制冷及生活热水服务。

集中供能系统的优点有：提高能源使用效率；减少温室气体的排放；美化城市住宅区环境；节省一次性投资和运营费用等等。

该系统是一个完整的技术体系，包括：建筑外保温围护结构技术（包括建筑外墙、屋面、地板及门窗的保温隔热技术），先进的能源生产、转换技术以及终端 HVAC、调节计量技术。这种建筑节能保温技术的三个方面必须同时考虑，缺少任何一方面，就会达不到节能保温的目的。具体三个方面指标为：

- 良好的建筑外保温围护结构确保建筑对能源的需求减少 50% 以上，极大的降低能源的总体消耗水平；
- 采用清洁能源和先进的能源转换、传输技术和低污染的排放标准，保持新镇良好的生态环境和可持续发展；
- 先进的末端 HVAC、调节计量技术以低廉的投资、运行成本向用户提供了高舒适度居住环境和满足个性化需求的可能。

1.2 系统设计理念

为保证舒适、健康的要求得以实施，我们在建筑节能系统的设计上遵循的基本思想是：充分利用自然能量，实现高效、环保、节能、舒适、经济的供能效果，在建筑技术上重视细节和质量、强调环保节能并且充分利用自然能源。让居住者不必依赖空调，重返自然的康居环境。这与安亭新镇所秉持的新城市主义的建筑理念是一致的。安亭新镇能源系统正是为整个新镇提供舒适、健康的供能服务，保证保持区域生态环境的可持续性与协调发展而产生的。

2. 技术体系

2.1 建筑外保温围护结构技术

2.1.1 外墙、屋面、地板的保温隔热技术

安亭新镇的外墙保温体系采用了国内著名品牌的挤压成型的聚苯乙烯泡沫板（EPS）。这些保温材料都是吸水性能极低的材料，导热性能低，在实际使用中，其两个表面间温度差往往很大，比如冬季室外温度在0℃左右，而室内温度在20℃左右，这种温差就直接反应在保温材料的表面上，当温度从材料的一个侧面向另一个侧面升高或降低时在材料内部的某一点就可能会达到"露点温度"，即在这一区域材料内的空气会析出冷凝水，使材料受潮。吸水能力低的材料，可大大避免这一现象，从而保证材料的低导热性。

在外墙保温系统的施工中，安亭新镇突破了两个重要的技术问题。一是将保温层做在墙体的外侧：这样，无论在冬季还是夏季，保温层内的结露现象使保温材料产生霉变的可能性变小，而室内墙面更不可能会有霉变的情况产生。二是解决了"热桥"和"冷桥"问题：保温材料完整的覆盖在外墙表面，避免了墙体内表面因结露受潮而霉变的现象。

建筑保温材料的导热系数越小越好。我国南方现行的标准中，建筑物外墙传热系数值基本控制在不大于 $1.4W/(m^2 \cdot K)$，德国标准大致为 $0.55W/(m^2 \cdot K)$，安亭新镇的公寓外墙的标准甚至达到 $0.46W/(m^2 \cdot K)$。不同的保温性能，不仅直接为建筑物的使用提供了舒适性，而且大幅度降低了取暖和降温所需的能耗。

2.1.2 密封隔热的门窗技术

在现代建筑设计中，墙面上开窗面积往往很大，窗的隔热问题显得更为重要，安亭新镇建筑内，窗的隔热性主要是通过带隔热构造的窗框型材和双层低辐射中空隔热玻璃来实现的。

若窗是由铝合金型材料构成的，那么铝合金的良好传热性能使窗成为建筑物内外传热的良好通道。为了使热传导不发生在铝合金窗的窗框处，安亭新镇的窗框型材被加工成了带有阻隔热桥的复合型材，这种型材使整个窗的传热系数大大减少。

玻璃与铝合金一样也是热的良导体。为了使玻璃窗有隔热性能，安亭新镇的窗玻璃被做成由2片玻璃夹一个空腔的复合构造，这样窗的保温性能会更好。见图1。

2.1.3 外遮阳技术

计算表明，不论是夏季还是冬季，阳光照射对室内温度的影响都是巨大的。为了合理的利用阳光提供的自然能源，建筑师们在建筑门窗的外侧安装了遮阳装置，正确使用该装置夏季可以大幅度降低直射阳光带入室内的热能；冬季可以最大限度的利用直射阳光提供的热能，从总体上降低建筑对能源消耗的需求。同时从外观上这也是典型的德国建筑风格。

测试表明，安亭新镇居住建筑物中窗的保温性能超过国家标准的3倍，公共建筑中的接近国家标准的2倍。详见表1。

安亭新镇一期108万 m^2 的建筑物都各具特色，每一幢房屋都有自己的一套独特设计。针对每一种建筑的建筑类型、建筑朝向、建筑尺寸、南向窗户的比例和屋顶、地板、外墙的类型等进行技术分析，然后根据分析的结果选定不同的保温材料和材料厚度（一般达到

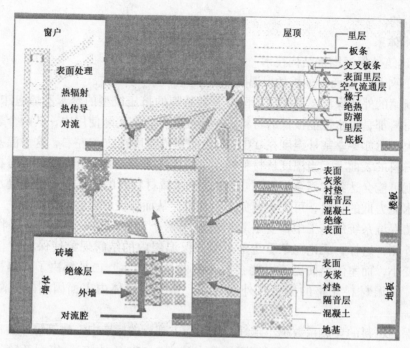

图1 安亭新镇的保温隔热技术示意图

安亭新镇主要建筑围护结构的传热系数值和国家标准的比较　　　　　　　　　　表1

项　目	单　位	国家标准	安亭新镇标准		
			联体别墅	公　寓	别　墅
居住建筑			传热系数值/保温材料厚度（cm）		
外　墙	W/(m²·K)	1～1.5	0.54 / 7	0.46 / 7	0.54 / 7
窗	W/(m²·K)	3.2～4.7	2.00	2.00	2.00
平屋顶	W/(m²·K)	0.8～1	0.47 / 4	0.40 / 5	0.55 / 3
斜屋顶	W/(m²·K)	0.8～1	0.49 / 11	0.42 / 11	0.57 / 11
地　板	W/(m²·K)	1.5～2	0.70 / 0	0.56 / 1	0.70 / 0
公共建筑			传热系数值/保温材料厚度（cm）		
外　墙	W/(m²·K)	1.00	0.54 / 7		
窗	W/(m²·K)	2.5～4.7	1.7		
平屋顶	W/(m²·K)	0.7	0.47 / 4		
地　板	W/(m²·K)	1.0	0.7 / 0		

7cm厚），使安亭新镇建筑的保温性能达到上海市最高标准的3倍。对每种建筑类型，都有一个独立的安装指南，并配有安装详图。同时还进行了保温厚度和费用的优化，既为每一种建筑根据其特点计算出材料的最佳厚度，使其既有良好的保温效果，又能在成本上达到最低。我们对建筑材料设计的总体目标之一是降低能耗至少50%，提供给用户舒适的室内环境。所选择的建筑材料还能在夏季制冷期间防止建筑物内部出现结露的现象。

平屋顶、地板使用 XPS 作为保温材料；外墙、斜屋顶使用 EPS 作为保温材料。保温材料厚度见表 1。

安亭新镇和传统建筑的负荷比较　　　　　　　　　　　　　　　　表 2

	冷负荷（W/m²）	热负荷（W/m²）
安亭新镇	40	25
传统高能耗建筑	150	80

2.2 集中能源转换和传输技术

2.2.1 中央能源站房

在新镇的中部地块建有中央能源站，站房占地近 10000m²，中央能源站内包括锅炉房、制冷站房、泵房、变电站及办公区等，负责新镇全区近 7000 户住宅、商业公共建筑用户冬季采暖热水、夏季制冷的冷冻水、全年生活热水的生产。能源系统示意图见图 2。

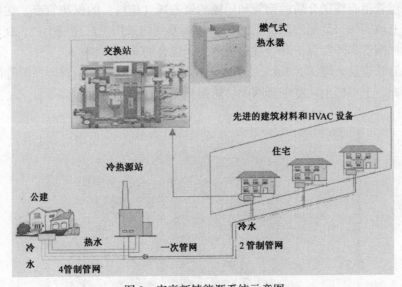

图 2　安亭新镇能源系统示意图

中央能源站控制中心的自动监视系统将对整个系统运行进行 24 小时的全天候实时监控。各个负荷点的运行工况通过安亭新镇的局域网实时反馈到中央能源站的控制中心；中央自动监视系统将运行参数进行分析处理后分别输送给锅炉房、冷冻站的自动控制系统；锅炉房、冷冻站的自动控制系统根据环境温度和负荷变化自动调整锅炉、冷水机组及辅助设备开停顺序和运行时间、输出功率，保持系统的平衡。见图 3、图 4、图 5。

图 3　站房外立面效果图

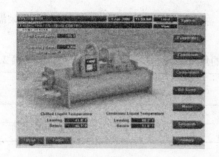

图4 制冷机组

图5 供热锅炉

2.2.2 供冷供热管网

集中供冷/供热管网是采用直埋预制保温钢管安装的带塑统（也叫作直埋管）。整个区域管网的路线长度包括主管网和支管网，总计约100km。见图6。

直埋保温管道有输送介质的钢管和同轴的聚乙烯（塑料）的保护管套，在钢管和防水保护管之间充填固体聚氨酯泡沫（见图7）。接头及阀门采用工厂预制生产，现场焊接、发泡保温。这样钢管和外部保护套管被连接成一个混合的系统。

直埋保温管道最大埋深2.5m，最小埋深0.8m，平均埋深1m，直埋保温管的两侧和底部由细砂填充，上部覆土。整个管网的供热损失小于0.2%。见图8。

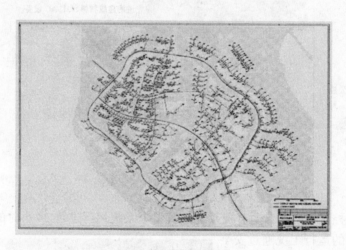

图6 管网平面示意图

图7 管线示意图

图8 管线铺设示意图

2.2.3 舒适的末端及调节计量技术

末端包括单元热交换站、分配器、计量装置、末端 HVAC 设备及控制系统。

2.2.3.1 单元热交换站设置在底楼，功能是进行水力分离和能量转换。通过板式换热机组将主管网输送来的冷量和热量转换到二次管网，经由楼内管道井输送到单元内的所有用户末端。交换站控制系统设置有生活热水优先供应模块，可以保证高峰期的生活热水供应。

图 9 交换站

每一个单元热交换站就是一个相对独立的全自动无人值守子系统。控制设备可以根据室外温度自动调节供水温度和设定多种运行模式（晚间模式和周末模式等）。内设的报警系统将对系统运行状态进行每天 24 小时的全天候自动检测处理；运行参数和自动报警信号通过远传系统上传到中央能源站控制中心。见图 9。

2.2.3.2 分配器技术、分户计量技术

安装在管井内的分配器将二次管网的冷冻水、采暖热水、生活热水通过计量装置分配到每套住宅。

住宅建筑内的分配器设有一套供回水管路和相应的几组阀门。大型商业、酒店的建筑内的供能管道采用 4/4/2 系统，保证每户供热管道、供冷管道不交叉，同时用户可以根据需要选择供热或供冷，或同时供热供冷以保证室内的温度和湿度。

计量装置采用德国真兰公司的能量计量表和热水流量表。计量装置将确保正确统计每个用户的能量使用情况和反映能量的需求情况。计量装置将自动记录每个用户使用的冷量、热量、生活热水数量并将计量数据通过局域网专设线路上传到中央能源站的自动计费系统，按月自动结算并生成能源服务费帐单。用户按实际消耗的冷量或者热量向能源公司缴纳能源服务费。

2.2.3.3 HVAC 设备

末端 HVAC 指用户室内的风机盘管和辐射型散热器。

与传统空调制冷方式不一样，集中供能是以水作为媒介来传导能量，通过进入室内管道的热水和冷水与室内风机盘管的作用，和室内空气进行热交换，达到制热和制冷的目的。

每个卧室、起居室、厨房间均采用立式明装的风机盘管，其中卧室内的风机盘管为低风速静音型；每个浴室采用高效散热器。见图 10、图 11。

安亭新镇选用国际品牌风机盘管以及意大利进口的卫浴散热器，精心配置的系统末端具有制冷（热）均衡、低风速、低噪音、系统自动调节等优点。

2.2.3.4 末端控制系统

每个风机盘管均配备一个温度控制器来自动控制室内温度，其信号来自安装在室内的温度传感器，通过自动打开或关闭风机盘管的阀门来保证所设定的温度。独立的末端控制不仅给用户提供了高度舒适的制冷（热）服务，营造用户室内四季如春的居住环境，也使分室、分时调节控制成为可能，可以最大限度满足用户的个性化需求。

图10 室内风机盘管

图11 浴室散热器

风机盘管均预留有远程遥控功能接口，用户可通过电话、Internet网络等远距离对空调进行调控。

每个散热器均配备有散热器温控阀，可以根据用户设定自动调节散热器的散热量。

2.3 除了以上三个方面，安亭新镇还特别地从总体规划上实现节能，具体包括：

2.3.1 围合的街区

由建筑单体构成的街区形成内庭，内庭既是半开放的公共区间，也是半私密的专属空间。围合式的结构可以形成自己独特的小气候环境，减少建筑的总体散热面积，有利于节能。

2.3.2 绿色空间和蓝色空间相结合的自然循环体系

安亭新镇1200余亩的绿色空间由城市森林、中央景观绿化、街区绿地、河滨绿地、垂直绿化等组成，总绿化率达60%。新镇的总规划面积238hm^2，其中净绿化面积约为92hm^2，绿色空间比例为38.5%，人均拥有绿量将达到72m^3。安亭新镇的蓝色空间是指区域内的景观水体，其面积约占新镇一期规划总面积的11%，湖泊总面积达到20万 m^2，不仅能以水为脉，以绿为衣，形成"怡美自然、天人和谐"的亲水型居住环境，而且还具有吸尘、减噪，调节小气候，维护生物多样性，生产水生动植物等多功能的潜力。

树木向来有天然空调的美称。高密度绿化对气候条件的改善是显而易见的。上海中心气象台曾对延中绿地建设前后进行过一番对比测试，结果绿地临近地区的月平均气温降低了0.6℃，相当于装了一千多台空调。可见其节能的效果。

3. 安亭新镇的集中供能方案具有以下优点：

3.1 环保节能

由于采用持续能源供应的概念，使用清洁的燃料（如天然气），舒适性高、对环境影响小，使一次能源、污染物和CO_2等温室气体将大量减少（二氧化碳、二氧化硫等排放量为传统供能方式的1/3）。所使用的先进建筑材料和遮阳设施，经测算，能源需求量减少约50%以上。见图12。

3.2 健康舒适

从能源使用客户，即居民的角度来考虑，既省去安装和维修空调、热水器的时间和精力，而且使用起来更加安全可靠。另外，传统的中央空调主要是通过送风系统和冷却系统将冷风送入各个房间，这就使建筑物内的空气互相掺混，有污染的空气很容易通过空调系统传播到别的房间,从而导致交叉感染。安亭新镇的供能方案不是采用循环风供冷的方式,而是采用自然风末端供冷供热的方式,可以避免这种交叉感染现象的产生。安亭新镇对客户的承诺是:生活热水温度不低于50℃,全年供应,每天24小时;如果用户正确使用室内供能设施、设备系统及门窗系统,可保证夏季室内温度不高于28℃,冬季室内温度不低于18℃。见图13。

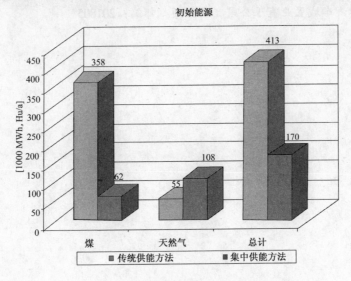

图12 能源消耗比较图

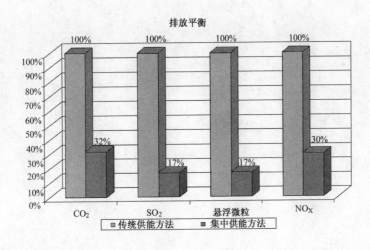

图13 废气排放比较图

3.3 经济性良好

由于整个采用集中供能方案无需安装室外机,整个小区从外观上将显得更加美观、协调。整个项目的高节能性使项目的运行成本降低,但安亭新镇的建造者本着让利于顾客的想法,其收费标准将比客户自己投资安装加上运营的费用要低。

4. 结论

安亭新镇作为世界先进建筑节能技术在中国首次大规模的尝试,设计、施工及使用当中必然有很多的实际技术问题值得探讨，但因其成功的应用，必然对中国建筑行业及暖通行业的技术提升起到很好的借鉴和示范作用。

李漫　上海国际汽车城置业有限公司　工程师　邮编：201805

深圳市居住建筑节能设计实践

马晓雯 刘俊跃 卜增文

【摘要】 通过对深圳市一个居住小区建筑的节能设计实践，找出了一些深圳市居住建筑节能设计的要点，推荐了几种满足《深圳市居住建筑节能设计规范》的居住建筑物节能设计方案，并通过经济性分析，说明这些节能方案技术上可行、经济上效益显著。

【关键词】 居住建筑 节能设计 自然通风 遮阳

深圳市于2003年7月31日以"深建字［2003］79"号文批准发布了《深圳市居住建筑节能设计规范》（SJG10—2003）（以下简称《规范》），该规范已于2003年10月1日起试行。但通过调查发现，深圳市目前还没有一个以《规范》为依据设计或建造的节能建筑或节能住宅小区。究其原因，一方面是由于该《规范》主要是通过一些热工参数来控制建筑能耗，没有具体的做法供建筑设计人员参考；另一方面，开发商认为建造节能建筑的初投资太高，投资风险太大。本文以深圳市一个住宅小区中的建筑为例，通过对数栋不同建筑，采用不同的外围护结构节能措施，用DOE-2和CFD软件进行能耗和气流分析，并对结果进行筛选，找出满足《规范》要求的建筑节能设计方案；同时对这些节能方案和措施进行技术、经济比较，以供研究参考。

1 居住建筑的节能设计要求

《规范》在保证实现建筑节能目标的前提下，具有一定的灵活性，即提供了两条节能设计达标的途径。一条途径是对建筑设计中的一些参数值（如围护结构的热工性能等）进行了规定，即设定了规定性指标，通过规定性指标的强制性条款实现规范的节能要求。另一条途径是给出了建筑节能设计的性能性指标，如建筑物的耗冷量、空调年耗电量指标，只要建筑达到了性能性指标的要求即可判定它满足节能标准，是节能建筑。

1.1 规定性指标

(1) 强化整个居住小区的通风换气，避免居住小区内出现滞流区。

(2) 自然通风设计应以夏季为主，并综合利用风压、热压作用，重点考虑夜间自然通风。

(3) 采用单侧通风时，窗户设计应使进风气流深入房间。外窗（包括阳台门）的可开启面积不应小于所在房间楼面面积的10%。

(4) 建筑外窗应设置夏季遮阳设施，建筑外窗太阳辐射透过率不应大于0.3。

(5) 围护结构各部分的传热系数和热惰性指标应符合表1的规定。

围护结构各部分的传热系数（K [W/(m²·K)]）和热惰性指标（D）　　表1

屋 顶	外 墙	外窗（含阳台门透明部分）	分户墙和楼板	底部自然通风的架空楼板	户门
$K \leqslant 1.0$　$D \geqslant 3.0$	$K \leqslant 1.5$　$D \geqslant 3.0$	$K \leqslant 4.7$	$K \leqslant 2.0$	$K \leqslant 1.5$	$K \leqslant 3.0$

1.2 性能性指标

性能性指标由建筑热环境的质量指标和能耗指标两部分组成，对建筑的围护结构传热系数等技术参数不作硬性规定。设计人员可自行确定具体的技术参数，但必须同时满足建筑热环境质量指标和能耗指标的要求。

深圳市居住建筑热环境质量指标为：在采用空调时，室内热环境质量应达到热舒适水平，并满足卫生换气要求；在通风时应达到可居住水平，见表2。

夏季建筑室内热环境质量与卫生换气次数　　表2

指 标 名 称	舒适水平	可居住水平
综合性指标（PMV）	$\leqslant 0.7$	
主要指标（干球温度）	24～28℃	日均值$\leqslant 29$℃
卫生换气次数	1.5 次/h	1.5 次/h
空气相对湿度	$\leqslant 70\%$	

《规范》按节能50%的要求，确定了深圳市建筑节能综合指标的限值，包括建筑物耗冷量指标和空调年耗电量指标，其中空调年耗电量为主要指标，见表3。

建筑物的节能综合指标限值　　表3

空调年耗电量 E_c（kWh/m²）	26.5
建筑物耗冷量指标 q_c（W/m²）	27.5

规定性指标使设计人员摆脱了复杂的计算分析，节省了大量时间，对保证工程节能设计的合理性有重大作用。但是，在某些特殊条件下，比如新的工程技术、材料出现或对工程有新要求时，建筑设计就可能与规定性指标发生冲突。因此，规定性指标有可能阻碍新技术的应用、压抑设计人员的创造性。而性能性指标则在保证实现节能目标的前提下，为新技术的采用和具体工程项目的最优化创造了条件。

本文以性能性指标为依据，通过建筑能耗模拟的方法，分析满足《规范》的一些节能措施。

2 自然通风设计

《规范》对小区、建筑和室内设计都进行了自然通风方面的规定，目的有两点：一是改善室内热环境；二是减少开空调的时间，降低建筑物的实际使用能耗。

在深圳，怎样高效利用自然通风成为建筑节能设计的主要内容之一。因为深圳地处海边，夏季昼夜海陆风交替，风速较大，具有良好利用自然通风的气候条件。

通过对深圳市大量户型的通风CFD模拟，得出以下几个初步结论：
(1) 在有两面或两面以上外墙的房间，至少两面外墙上都有可开启的外窗；
(2) 对于非全开窗，宜将外窗的两侧边作为可开启部分；
(3) 外窗的可开启面积不应小于外窗总面积的50%；
(4) 单体建筑内部分隔简洁，没有窄小的长走道；
(5) 单体建筑进深小。

曾对深圳市一套住房的自然通风进行模拟，一是两个次卧（最下部的两个房间）只有一面外窗，二是在这两个次卧两侧的外墙上各增开了一面外窗。对比后可看出，增开了一面外窗后，两个次卧的空气龄明显减小，房间空气更新鲜。

3 建筑外遮阳设计

遮阳是深圳市的关键节能技术，因此首先在单体建筑的设计上应充分考虑建筑本身的遮阳。

图1和图2均是根据深圳市的两栋居住建筑用DOE-2建的模型，其中建筑1几乎没有建筑遮阳，而建筑2的外形有很好的建筑遮阳效果。

采用《规范》中的能耗计算条件，并且采用目前深圳市广泛采用的外围护结构构造（表4）对这两栋居住建筑用DOE-2进行能耗模拟，计算结果是：建筑1的单位建筑面积空调年耗电量是51.65kWh/(m^2a)，建筑2的单位建筑面积空调年耗电量是48.01kWh/(m^2a)。建筑2比建筑1减少了7%的能耗，建筑2的建筑能耗与深圳市典型的居住建筑能耗（53kWh/m^2a）相比，减少了9.4%。

因此，采用恰当的建筑外形设计，比如在阳台上设计拱形的柱子和斜屋面，能够有效的遮挡射向阳台玻璃门的太阳辐射，显著减少建筑能耗。

现状能耗计算基本条件　　　　　　　　　　表4

换气次数	1.5次/h
空调室内温度	26℃
外　墙	20mm防水砂浆+160mm黏土砖+20mm防水砂浆　$K=2.305W/(m^2 \cdot K)$
屋　顶	40mm细石混凝土+2mm防水涂膜+20mm防水砂浆+180mm钢筋混凝土 $K=2.779W/(m^2 \cdot K)$
外　窗	透明普通玻璃窗　$K=5.613W/(m^2 \cdot K)$　$SC=0.9$
能效比	2.5
内热源	不计室内其他热源散热

4 外围护结构的做法

4.1 外墙

结合深圳市的实际情况，本文选取了两种满足《规范》的节能外墙：

图1 无建筑遮阳的居住建筑 DOE-2 模型图

图2 有建筑遮阳的居住建筑 DOE-2 模型图

节能外墙构造   表5

序号	外墙结构构成	传热系数（W/(m²·K)）
1	20mm石灰水泥砂浆+190mm加气混凝土砌块+20mm水泥砂浆	0.91
2	20mm石灰水泥砂浆+25mm挤塑板+180mm黏土砖+20mm水泥砂浆	0.723

能耗模拟结果表明：当外墙由原来的红砖改为加气混凝土砌块（方案1）之后，可以减少11%~15%左右的建筑能耗；而外墙由加气混凝土砌块改为红砖再加一层25mm厚的挤塑板（方案2）之后，建筑能耗最多能减少4%。

由于增加一层挤塑板的节能效果比较小，而且增加一层挤塑板会带来工程上的质量风险，因此对于外墙的节能措施，本文推荐采用方案1。

4.2 屋面

结合深圳市的实际情况，同样分析了两种满足《规范》的节能屋面：即分别增加了一层25mm厚的挤塑板和40mm厚的挤塑板的屋面。

节能屋面构造   表6

序号	屋面结构构成	传热系数（W/(m²·K)）
1	40mm细石混凝土+2mm防水涂膜+20mm防水砂浆+25mm挤塑板+120mm钢筋混凝土	0.799
2	40mm细石混凝土+2mm防水涂膜+20mm防水砂浆+40mm挤塑板+120mm钢筋混凝土	0.553

能耗模拟结果表明：当外墙采用加气混凝土砌块，屋面由原来的不加隔热层变为增加一层25mm厚的挤塑板（方案1）之后，可以减少4.5%~6.5%左右的能耗。而屋面的隔热层由25mm厚的挤塑板变为40mm厚的挤塑板（方案2）后，能耗的减小量不会超过

1%，因此对于屋面的节能措施，本文推荐采用方案1。

4.3 外窗

深圳市乃至夏热冬暖地区建筑节能的关键是遮阳，国家标准《夏热冬暖地区居住建筑节能设计标准》和地方标准《深圳市居住建筑节能设计规范》均提出了外窗的综合遮阳系数（S_w）和外窗太阳辐射透过率的限值，也就是说，外窗遮阳是南方地区建筑节能设计最主要也是最有成效的手段。

4.3.1 无建筑遮阳居住建筑的外窗

对与图1类似的无建筑遮阳的居住建筑而言，当外墙采用表5中的节能外墙1，屋面采用表6中的节能屋面1之后，外墙和屋顶贡献的节能率总和为20%左右，剩下的30%左右的节能率则需要通过改善外窗来完成。通过分析可知，外窗要达到这个节能要求，其综合遮阳系数至少需要达到0.3。

能够达到0.3遮阳系数的几种外窗做法是：

(1) $SC = 0.3$ 的 Low-E 中空透明玻璃窗；
(2) $SC = 0.5$ 的 Low-E 中空透明玻璃窗 + 非透明活动百叶或卷帘（$SD = 0.6$）；
(3) $SC = 0.8$ 的普通玻璃窗 + 篷布活动遮阳篷等遮阳构件。

由于活动遮阳构件的价格比 Low-E 中空透明玻璃贵，而且安装较为复杂，还会影响建筑外观，因此本文推荐采用前两种做法。

4.3.2 有建筑遮阳居住建筑的外窗

对与图2类似的有建筑遮阳的居住建筑，由于采用了恰当的建筑外形设计，建筑本身的遮阳起到了很好的效果，这减轻了外围护结构特别是外窗节能的压力。

当外墙采用表5中的节能外墙1，屋面采用表6中的节能屋面1之后，建筑外形、外墙和屋顶贡献的节能率总和为30%左右，因此外窗只需要承担20%左右的节能率。通过能耗分析可知，外窗要达到这个节能的要求，其综合遮阳系数需要小于0.6。

由于图2所代表的居住建筑本身具有很多建筑自身遮阳，如果再在现有的设计上安装外窗遮阳构件，一是施工较难实现，二是遮阳效果不佳，三是造价较高，因此外窗的遮阳措施建议考虑采用外窗玻璃遮阳。本文推荐采用遮阳系数为0.5的 Low-E 中空玻璃窗。

5 其他节能设计措施

从建筑节能的角度看，理应减小建筑物的体形系数。但是由于体形系数会影响建筑造型、平面布局、采光通风和小区的创作特色，而且深圳市建筑节能的重点是如何利用好自然通风和降低夏季建筑外窗的太阳辐射透过率，因此《规范》没有对建筑物的体形系数作规定。

由于在《规范》规定的窗户太阳辐射透过率小于等于0.3的范围内，窗墙面积比的变化对建筑物空调能耗的影响比较小，因此《规范》对建筑物的窗墙面积比也没有作规定。但是在用性能性指标来进行节能建筑的设计时，建议同时考虑日照、自然通风和建筑能耗三方面因素来确定建筑外窗的布置和开口大小。最好通过日照模拟、自然通风模拟和能耗模拟相结合的手段来确定建筑外窗的布局和大小。

6 节能设计的经济性分析

对于本文推荐的适合于深圳市的居住建筑节能措施，自然通风和建筑遮阳是通过合理的建筑设计手段来实现的,这两个方面对建筑师提出了更高的要求,但是并不会增加建筑造价,增加建筑造价的节能措施主要是在改善外围护结构的构造方面。

几种建筑材料的深圳市综合价格（元/m²）　　　　表7

普通红砖	190mm加气混凝土	25mm挤塑板	6mm普通玻璃	6+9+6mm Low-E中空透明玻璃
71.4	87.8	30	65	300

由表7可以计算出：

外墙由普通红砖改为190mm加气混凝土增加费用16.4元/m²；

屋面增加一层25mm挤塑板增加费用30元/m²；

外窗由6mm普通玻璃改为6+9+6mm Low-E中空透明玻璃增加费用235元/m²。

因此,对于平均窗墙比0.25,体形系数0.49的深圳市典型居住建筑,当外墙、屋面和外窗采用上述推荐的节能材料后,每平方米建筑面积增加费用77元。

而当设计的建筑满足《规范》要求时,按深圳市目前的居民用电价0.73元/kWh计算,则每平方米建筑面积每年可节约用电：($26.5W/m^2 \times 8760 \times 0.73$)/1000 = 170元。

因此,对于购房者来说不到半年就可以收回成本,经济性非常显著。

7 结论

综合以上的分析,采用本文推荐的居住建筑节能设计方案,有以下几方面优点：

7.1 技术可行

该居住建筑节能方案,在设计、施工方面难度不大,易于实现。同时该节能方案主要是采用合理的建筑外形设计和改善建筑围护结构的构造,因此对建筑立面的影响不大。而且最重要的一个方面就是通过该节能设计提高了住户的舒适性。

7.2 经济节约

对于开发商来说,每平方米建筑面积增加77元的投资并不多,在深圳市的经济条件下完全可以实现。而对于消费者来说,由于节能建筑能够显著地减少建筑的使用能耗,因此节能建筑会受到大家的普遍青睐,使之易于销售。对于整个深圳市而言,如果能够普遍的推行规范,则可以减轻越来越重的用电负荷,节约社会资源,实现可持续发展。

8 结束语

深圳市在夏热冬暖地区（南方地区）率先颁布实施了地方性居住建筑节能设计规范,为在该地区起带头示范作用创造了条件。但要真正有效地实施该规范,除了需要尽快进行相关应用技术的开发等后续技术工作（如开发适合深圳市气候特征,满足深圳市节能设计规范要求的建筑外遮阳技术、外墙隔热技术及屋面隔热技术等）之外,政府机构还应该制订相关的优惠政策,开发商也应具有前瞻性,建筑设计人员更应该建立节能的概念,共同创造深圳市舒适、节能的人居热环境。

参 考 文 献

1. 深圳市居住建筑节能设计规范 SJG 10—2003

2. 夏热冬暖地区居住建筑节能设计标准 JGJ 75—2003，J275—2003
3. 付祥钊主编．夏热冬冷地区建筑节能技术．北京：中国建筑工业出版社，2002

马晓雯　深圳市建筑科学研究院　　硕士　邮编：518031

建筑管理与能源匹配中的建筑节能

彭 姣 李峥嵘

【摘要】 基于2003年夏的调研成果，分析目前上海市公共建筑管理的模式与建筑能源匹配情况，探讨建筑管理与建筑能源匹配对公共建筑节能的影响

【关键词】 公共建筑 建筑能耗 建筑管理

1 背景

上海市建委节能办公室为了认真执行公共建筑节能设计标准，与同济大学协作，对上海市的部分公共建筑以及部分物业公司、设计院，就建筑节能等问题进行了广泛的调研。

本文即为其中的调研成果。本篇文章将重点分析上海市20世纪90年代后建造的公共建筑能源匹配形式及其形成原因。

2 调查的建筑对象

根据《民用建筑设计通则》的规定，公共建筑实际上包括办公、商业、科研、医疗等12类建筑，其中办公、商业建筑比较普遍，其他建筑由于其功能的特殊性造成其空调、照明等能耗系统都具有一定的特殊性，因此本次调研的对象主要集中于办公建筑和商业建筑，以及由这些功能组成的综合楼。

根据建筑的功能与级别，工作组随机抽样了32幢办公建筑和商业建筑，其中有18幢建筑的层数超过了20层，有6幢超过了30层，且均为1994年以后建成。剩下的大楼均在14~19层之间。

3 调研结果

3.1 建筑物的功能

上海市公共建筑在其数量快速增加的同时，建筑的功能也在悄悄地发生变化，以前建造的单一功能建筑通过改建、扩建，已经扩展了其他功能，而新建建筑在设计、施工的时候就将这一市场需求考虑在内，导致目前上海市公共建筑的功能多元化趋势非常明显。最典型的是办公建筑与商业、旅馆建筑的融合。例如本次调查的32幢建筑中，商办楼和宾馆办公楼的比例非常高，占总调查总数的55%（图1）

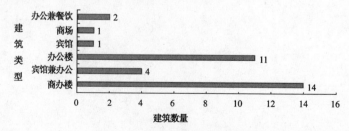

图1 本次调查中的建筑类别情况

3.2 建筑的管理情况

对于公共建筑的维护与管理,目前市场上有很多模式。根据工作人员的调查结果发现,在本次调研的对象中,建筑物的运行管理主要取决于投资商,投资商出租使用空间,并以固定工资形式聘请物业管理公司或人员,负责对整个大楼的维护与设备管理,这种案例占了调查总数的55%,由建筑业主自己管理大楼的案例占33%;另外,以固定资金承包的形式聘请物业管理公司或人员的案例占6%(图2)

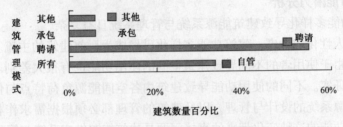

图2 本次调查中的建筑管理情况

3.3 建筑空调系统的能源匹配情况

上海夏季空调传统上以电为主,在供电紧张的一段时间曾流行使用以油为能源的溴化锂制冷机组,后来由于经济原因,部分溴化锂制冷机组被淘汰。根据本次的调研结果,虽然这种以电为主的格局仍然存在,但是,天然气和复合能源的使用正逐渐增加。例如在本次调查的建筑中,有8%的建筑以天然气为惟一能源,采用复合能源的建筑也有8%(见表1)。

夏季冷源的分布　　　　　　　　　　表1

能源使用		比	例
单一能源	电(离心、螺杆、活塞)	80%	92%
	蒸汽(溴化锂)	4%	
	燃气(溴化锂)	8%	
多能源	燃气(溴化锂)+电	4%	8%
	燃油(溴化锂)+电	4%	

而对于冬季热源的使用,种类就较为多样。从表2可以很明显看到,在调查的高层建筑中,虽然使用单一能源的情况还是占了绝大多数(88%),但以电为单一热源的只占了一半不到(44%)。对于油、燃气,以及蒸汽等能源的使用有了很大体现,尤其是燃油锅炉的使用更是占了冬季热源的30%。

冬季热源的分布　　　　　　　　　　表2

能源使用		比	例
单一能源	电(离心、螺杆、活塞)	44%	88%
	油(溴化锂、锅炉)	32%	
	燃气(溴化锂)	8%	
	蒸汽(热交换)	4%	

续表

能源使用		比例	
多能源	燃气（溴化锂）+电	4%	12%
	燃油（锅炉）+电	8%	

4 结论与节能潜力分析

4.1 建筑功能多样化导致建筑能源系统与管理系统日益复杂

或许是出于人性化的考虑，建筑功能多样化已经成为目前建筑的主流。即使是在同一功能的建筑中，由于使用者的不同导致建筑空间的使用功能也有很大差别。这已被本次的调研统计结果所证实。不同的使用功能导致建筑内各空间能源负荷特点与使用时间都不尽相同，相应的能源系统的设计与管理，以及建筑的管理都必须根据需求作相应的调整和适应，因此，建筑功能的这种变化带来的直接问题是建筑能源供应系统与管理复杂化。

4.2 建筑管理对于建筑节能非常重要

目前国内的建筑节能工作主要侧重于建筑设计，事实上，由于建筑竣工后，其功能与运行管理往往与初始的设计意图有所出入，此时，建筑管理往往更能决定一个建筑的实际能耗，因此，从某种角度上说，建筑管理对于建筑节能的影响比建筑设计更为重要。

上海市目前的建筑管理模式主要是建筑的业主聘请物业管理公司或人员进行管理；同时，在给付管理费用问题中主要采用定额支付的方式，即不论建筑能耗是否被降低，物业管理者的酬金都是固定的，这样的管理模式显然不可能激励管理人员努力去节能。因此，目前的建筑物业管理模式急需改变，以适应建筑节能的要求。

4.3 建筑复合能源将有助于建筑节能

公共建筑内复合能源的使用在今后的一段时间内必将逐渐增加，其优势是显而易见的。首先西气东输工程将促使天然气在上海的高效应用，为复合能源的应用提供多种选择；其次，建筑用能是造成电网峰谷矛盾的主要原因之一，而复合能源的使用可以降低建筑用能对电网的依赖，缓解电网的供求矛盾；最后，不同能源制冷机组的运行特性各有所长，它们的合理搭配将有助于物业管理人员的灵活调度，适应复杂功能的建筑需要。但是，就复合能源在建筑的合理应用还涉及政策导向、市场机制等综合因素，还需要进一步深入研究。

参 考 文 献

1. 龙惟定等．上海公共建筑能耗现状与节能潜力分析．暖通空调．1998（28）：13～17
2. 王长庆等．上海公共建筑空调制冷系统的能耗测试与分析．暖通空调．2002（32）：1～3
3. 钱以明编著．高层建筑空调与节能．上海：同济大学出版社，1990

彭姣　同济大学机械学院　研究生　邮编：200092

贯彻北京市《公共建筑节能设计标准》的几个要点

陶驷骥

【摘要】 为便于贯彻执行国家标准《公共建筑节能设计标准》和北京市标准《公共建筑节能设计标准》的基本要求，本文汇集了两个标准强制性条文，并进行了对照，同时将北京市标准的要点作了分析。

【关键词】 建筑节能 公共建筑 北京 标准 设计

建设部于2005年4月4日颁布了《公共建筑节能设计标准》GB 50189—2005（以下简称"国标"），7月1日起执行，为贯彻上述标准，结合北京市的情况，北京市规划委、建委于2005年6月13日，共同颁布了北京市地方标准：《公共建筑节能设计标准》DBJ01—621—2005（以下简称"北京标"）也是7月1日起执行，并明确规定自2005年10月1日起所有报审的设计图应符合此标准。

为便于了解和查阅，笔者编制了"北京标"和"国标"中强制性条文的对应表：表1、表2，同一项规定用同一个序号，可以相互对照学习、贯彻，北京市的工程执行"北京标"，外地工程执行"国标"（注：表2仅为国标中关于寒冷地区强制性条文的摘录）。

公共建筑由于常常设有空调，特别是单幢建筑面积大于 20000m^2，且全面设置空气调节系统的甲类建筑，大都为中央空调，空调能耗比一般居住建筑的采暖能耗大得多，乙类建筑（除甲类建筑外的其余公共建筑）的能耗也比居住建筑能耗大得多，因此做好公共建筑的节能设计十分重要。设计中除了尽量安排南北朝向（东西朝向冬季采暖能耗比南北朝向增大5%，夏季供冷和遮阳设施费用更大），组织好自然通风，利用北京地区昼夜温差大的特点，减少空调能耗外，贯彻北京标节能标准，还应注意以下几点：

一、甲类建筑条条都要遵守：

对表1中关于甲类建筑条文，必须条条遵守，只要违背任何一条就不能判定为"节能建筑"，请设计及审图单位特别注意。

乙类建筑若违背个别条款，则可以加强其他部位的节能构造，然后用权衡判断法计算判定（具体方法见北京标）。

北京标中对乙类建筑围护结构传热系数作了更严格的规定，增加了体形系数较大时的要求，这样设计中如能遵守标准规定，就可免除权衡判断的复杂计算，直接判定为节能设计。

二、窗墙比（包括透明幕墙与墙面积的比例）

国标规定各朝向的窗墙比均不得大于0.7，北京标为考虑某些工程的需要，将南向窗墙比放宽，直至1.0，注意：仅用于南向，其他朝向仍不得大于0.7，而且还要注意：建筑物总窗墙比应不大于0.7。

北京属寒冷地区，无论从采暖能耗还是空调能耗上讲，作大片玻璃幕墙能耗极大，公建节能标准对玻璃幕墙加以限制，是适时的、应该的，今后完全玻璃盒子一类的公共建筑是不许建造了。

三、外窗（包括透明幕墙）的传热系数和遮阳系数

对于外窗（包括透明幕墙）的传热系数和遮阳系数的要求，按照不同的窗墙比有不同的要求，例如：当窗墙比大于0.5且小于或等于为0.7时（玻璃幕墙常常会超过0.5），传热系数应小于或等于2.0W/(m^2·K)，遮阳系数应小于或等于0.5，请注意：

1. 北向不考虑遮阳要求。

2. 此时玻璃应采用三玻中空或采用一层Low-E玻璃的双玻中空，不仅保温应达到要求，东、南、西向还应达到遮阳的要求，玻璃本身达不到遮阳的要求时，可以叠加遮阳帘或遮阳板。

设计图对在不同朝向的外窗（包括透明幕墙），应注明不同的传热系数和遮阳系数的要求，不能像过去那样同一宽高的窗，注同一个编号，如果门窗厂已有不同的传热系数和遮阳系数编号，则可以注明编号。（目前正在组织门窗厂提供外窗的不同传热系数和遮阳系数的编号，汇总编入正在编制的公共建筑节能设计构造图集中）。对于玻璃幕墙的保温、隔热做法，正在联合幕墙生产单位研究，向设计人员提供不同传热系数和遮阳系数的玻璃幕墙做法。

为求得玻璃幕墙的立面效果，可以在框架梁的位置设置保温隔热层，外层仍可为玻璃面，如图1所示，这样此部位的幕墙可计算为不透明幕墙。

乙类建筑根据体形系数的不同，对外窗也有不同的要求，同样也要注意不同朝向的区别，北向不必考虑遮阳系数。

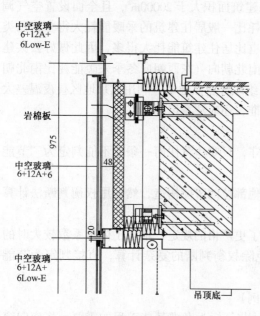

图1 玻璃幕墙做法

图2 内遮阳帘

甲类建筑窗墙比小于或等于0.3及0.2时，外窗的传热系数限值为3.0W/(m²·K)及3.5W/(m²·K)，乙类建筑体形系数小于或等于0.3、窗墙比小于或等于0.3及0.2时，外窗的传热系数限值也为3.0W/(m²·K)及3.5W/(m²·K)，此二数值为最低限值，设计中一般宜仍采用中空玻璃保温窗。

四、单一朝向窗墙面积比小于0.4时，窗玻璃的可见光透射比不应小于0.4

此条为在窗较小时可保证室内一定的光线照度。

五、对透明屋顶所占的比例作了限制，甲类建筑不得大于0.3，乙类建筑不得大于0.2，注意：甲类建筑的限值是不可违背的。虽然透明屋顶设置电动遮阳帘后，遮阳效果较好，但透明屋顶的比例仍不能超过上述限值。在限值范围内时，透明屋顶也宜设置遮阳帘，如图2。

透明屋顶的传热系数和遮阳系数要求也应明确写入设计图中，靠玻璃不能满足遮阳系数限值时，可设置遮阳帘。关于遮阳的做法将编入北京市建筑设计标准化办公室编制的"公共建筑节能设计构造"图集。

六、屋面（即表1的非透明屋顶）

甲类建筑随着透明部分的比例不同，非透明屋面的传热系数限值为0.6，0.55，0.5，乙类建筑随着体形系数的不同传热系数限值为0.55，0.45，0.4，注意从设计图中选择相应的屋面做法。

为加强屋面的隔热，建议一般情况下均采用架空屋面，北京市建筑设计标准化办公室开发的轻型灵活架空屋面如图3。

七、外墙（包括非透明幕墙）

外墙传热系数限值有明确规定，选择适合的保温材料及做法，甲类建筑因采暖能耗与空调能耗所占的比重很小，因此外墙保温要求较宽，乙类建筑根据体形系数的大小，外墙传热系数限值分别为0.6、0.5、0.45，比居住建筑节能限值要求为高。

公共建筑大都为框架结构，最近有一种保温轻集料砌块，240mm厚砌块本身的传热系数为0.54，不需另加保温层，如图4。

图3 轻型架空板

图4 保温轻集料砌块

八、底面接触室外空气的架空或外挑楼板传热系数限值为不得大于0.5W/(m²·K)。此处楼板的保温最佳方案是在外挑板（或过街楼楼板）底设置保温吊顶，属外保温，如果在楼面垫层中设保温层，属内保温。

非采暖空调房间与采暖空调房间的隔墙或楼板传热系数限值为1.5W/(m²·K)。

九、地面及地下墙热阻

国标规定地面及采暖、空调地下室外墙（与土壤接触的墙）热阻不得小于1.5(m·K)/W。

北京标没有明确规定，建议：1. 无地下室工程，在散水下1m范围内加设保温，保温层厚度同地上，这样地面就可不加保温。2. 有地下室的工程，窗井内墙体保温做法同地上墙面，无窗井时防水层外面的保护层改用50mm厚膨胀聚苯板。

十、北京标对外窗和玻璃幕墙的气密性有明确规定。

十一、公共建筑大都设有空调（集中或分体式），而且外窗都比较大，热天的太阳辐射对空调能耗影响很大，特别是西向和东向的外窗受日晒的影响更大，因此建筑设计中设置外（内）遮阳成了节能的重要问题。玻璃幕墙的日晒问题更严重，总体来说在北京这样的寒冷地区不宜过多采用，尤其是在热天还存在日晒大量耗能的缺陷。

北京市标准：《公共建筑节能设计标准》DBJ—01—621—2005 强制性条文摘录 表1

序号	围护结构部位	单位	甲类建筑			乙类建筑		
1	窗（包括透明幕墙）窗面积比		东、西、北朝向的窗及建筑物总窗墙比≤0.70			各朝向的窗墙比≤0.70		
2	当单一朝向的窗墙面积比小于0.40时，玻璃（或其他透明材料）的可见光透射比		≥0.40			≥0.40		
3	屋顶透明部分的面积比例		≤0.30			≤0.20		
4	非透明屋顶 传热系数	W/(m²·K)	透明部分与屋面之比 M			体形系数 C		
			$M≤0.20$	$0.20<M≤0.25$	$0.25<M≤0.30$	$C≤0.3$	$0.3<C≤0.4$	$C>0.4$
			≤0.60	≤0.55	≤0.50	≤0.55	≤0.45	≤0.40
5	透明屋顶 传热系数	W/(m²·K)	≤2.7	≤2.40	≤2.20	≤2.7		
6	透明屋顶 遮阳系数 SC		≤0.50	≤0.40	≤0.30	≤0.50		
7	底面接触室外空气的架空或外挑楼板 传热系数	W/(m²·K)	≤0.50			≤0.50		
8	非采暖空调房间与采暖空调房间的隔墙或楼板 传热系数	W/(m²·K)	≤1.5			≤1.5		
9	外墙（包括非透明幕墙）传热系数	W/(m²·K)	≤0.80			≤0.60	≤0.50	≤0.45

序号	围护结构部位		甲类建筑		乙类建筑			
					体形系数≤0.3		体形系数>0.3	
			传热系数 W/(m²·K)	遮阳系数 SC	传热系数 K	遮阳系数 SC	传热系数 K	遮阳系数 SC
10	单一朝向外窗（包括透明幕墙）各遮阳系数限值均指东、南、西三个方向，北向不限	窗墙面积比≤0.2	≤3.5	不限制	≤3.5	不限制	≤2.8	不限制
		0.2<窗墙面积比≤0.3	≤3.0	不限制	≤3.0	不限制	≤2.5	不限制
		0.3<窗墙面积比≤0.4	≤2.7	≤0.60	≤2.7	≤0.70	≤2.3	≤0.70
		0.4<窗墙面积比≤0.5	≤2.3	≤0.55	≤2.3	≤0.60	≤2.0	≤0.60
		0.5<窗墙面积比≤0.7	≤2.0	≤0.50	≤2.0	≤0.50	≤1.8	≤0.50
		0.7<窗墙面积比≤0.85	≤1.8 只用于南向	≤0.45				
		0.85<窗墙面积比≤1.0	≤1.6 只用于南向	≤0.45				

注：1. 乙类建筑如不符合本表的规定，应按照规定，使用权衡判断法，判定围护结构的总体热工性能是否符合本标准规定的节能要求；

2. 外窗的气密性能不应低于《建筑外窗气密性能分级及其检测方法》（GB7107—2002）中规定的4级；透明幕墙的气密性能不应低于《建筑幕墙物理性能分级》GB/T15225中规定的Ⅲ级。

国家标准《公共建筑节能设计标准》GB 50189—2005 寒冷地区强制性条文摘录 表2

序号	围护结构部位	单位	体形系数≤0.3		体形系数>0.3	
1	每个朝向的窗（包括透明幕墙）墙面积比		≤0.70		≤0.70	
2	当单一朝向的窗墙面积比小于0.40时，玻璃（或其他透明材料）的可见光透射比		≥0.40		≥0.40	
3	屋顶透明部分的面积比例		≤0.20		≤0.20	
4	非透明屋顶 传热系数	W/(m²·K)	≤0.55		≤0.45	
5	透明屋顶 传热系数	W/(m²·K)	≤2.70		≤2.70	
6	透明屋顶 遮阳系数 SC		≤0.50		≤0.50	
7	底面接触室外空气的架空或外挑楼板 传热系数	W/(m²·K)	≤0.60		≤0.50	
8	非采暖空调房间与采暖空调房间的隔墙或楼板 传热系数	W/(m²·K)	≤1.5		≤1.5	
9	外墙（包括非透明幕墙）传热系数	W/(m²·K)	≤0.60		≤0.50	
10	单一朝向外窗（包括透明幕墙）各遮阳系数限值均指东、南、西三个方向，北向不限		传热系数 W/(m²·K)	遮阳系数 SC	传热系数 W/(m²·K)	遮阳系数 SC
		窗墙面积比≤0.2	≤3.5	不限制	≤3.0	不限制
		0.2<窗墙面积比≤0.3	≤3.0	不限制	≤2.5	不限制
		0.3<窗墙面积比≤0.4	≤2.7	≤0.70	≤2.3	≤0.70
		0.4<窗墙面积比≤0.5	≤2.3	≤0.60	≤2.0	≤0.60
		0.5<窗墙面积比≤0.7	≤2.0	≤0.50	≤1.8	≤0.50
11	严寒、寒冷地区建筑的体形系数		≤0.40（北京市标准不限，但有具体要求）			
12	地面（周边及非周边）热阻		≥1.5 (m·K)/W			
13	采暖、空调地下室外墙（与土壤接触的墙）热阻		≥1.5 (m·K)/W			

注：如不符合本表各条规定，应按照第4.3节的规定，使用权衡判断法，判定围护结构的总体热工性能是否符合本标准所规定的节能要求。

陶驷骥 北京市建筑设计标准化办公室 总建筑师 邮编：100045

北京市锅炉供热基础情况调查分析

北京市市政管理委员会供热办公室
北京金房暖通节能技术有限公司

【摘要】 本文为2004年对北京市供热锅炉房供热情况全面调查结果的分析报告，包括燃煤和燃气锅炉房的供热面积、单台能耗及供热成本。

【关键词】 北京市 锅炉 供热 调查

为了如实、客观地掌握北京市住宅锅炉供热的最新基础数据，以便制订供热体制改革方案，2004年在全市开展了"热改"基础数据调查统计工作，在北京市统计局的共同参与下，对城八区及远郊区县的有关情况进行了调查研究，于2004年年底完成成果报告并通过评审。本文为此次普查和典型调查结果分析。

首先要说明的是：北京市目前的供热方式主要有四种，即城市热网供热、区域锅炉房供热（含燃煤、燃气、燃油、电锅炉）、清洁能源分户自采暖（天然气壁挂炉、电采暖）和小火炉取暖。到2003年底，北京市总供热面积31188万m^2，其中集中供热面积（含城市热网和大型区域锅炉房）13010万m^2，约占41.72%；中小型区域锅炉房供热面积17678万m^2，约占56.68%；清洁能源分户自采暖500万m^2，约占1.6%。本文调查对象为其中锅炉供热部分。

一、北京市供热锅炉房概况

表1中各项数据，反映了北京市供热锅炉房现状和存在问题。

1. 概况

（1）全市总供热面积22247.4万m^2、锅炉房1997处，城八区约占80%；远郊区约占20%。

（2）供热锅炉房以热水锅炉为主，蒸汽锅炉为辅。按台数比，热水锅炉占88%；按总容量比，热水锅炉占82%。锅炉总计8744台，锅炉总容量40180t/h。

（3）供热方式，间供式已有较大发展。间供式在城八区占18%，在远郊区县占20%。换热站总计1046处。

（4）外网采用直埋式已有较大发展，约占30%，半通行沟约占70%。

2. 分析

（1）全市锅炉供热的外网长度以往没有统计数字，此次外网长度调查，很多供热单位填不上来，表明图纸资料十分不全。调查结果半通行沟积水很普遍，保温完好率不足80%。

（2）用现有锅炉总容量和供热面积核算单位面积锅炉容量，城八区每万平方米为

1.7t/h，远郊区县每万平方米为 2.1t/h，表明锅炉普遍富裕量过多，尚有潜力。

（3）全市以住宅为主的供热锅炉房共 1997 处，而供热单位竟有 1483 个之多，其中较大的专业管理单位只占 3%，较小的专业管理单位占 10%，而 87% 皆为一般单位，即由单位的后勤部门管理。

二、北京市供热锅炉房按燃料分类概况

表 2 中各项数据，反映了北京市四种燃料供热锅炉房的现状。

1. 城八区供热面积 17346 万 m² （100%）

其中：燃煤 11214 万 m²　　　（65%）

　　　燃气 5560 万 m²　　　　（32%）

　　　燃油 366 万 m²　　　　　（2%）

　　　电供热 206 万 m²　　　　（1%）

2. 远郊区县供热面积 4901.4 万 m² （100%）

其中：燃煤 4867.2 万 m²　　　（99%）

　　　燃气 25 万 m²

　　　燃油 7.4 万 m²　　}1%

　　　电供热 1.8 万 m²

上述数据表明，城八区采用燃煤供热的已降到 65%，而采用燃气、燃油和电等清洁能源供热的已上升到 35%；而远郊区县目前仍以燃煤为主，占 99%，采用清洁能源的很少，只占 1%。

三、北京市燃煤供热锅炉房概况

把燃煤锅炉按容量划分为 20t/h 以上和以下两类，进行分析如下：

1. 概况

（1）城八区 20t/h 以上大型燃煤锅炉 202 台，占总台数的 7%；20t/h 以下中小型燃煤锅炉 2672 台，占总台数的 93%。

（2）城八区 20t/h 以上大型燃煤锅炉，供热面积 7079 万 m²，占总供热面积的 63%。20t/h 以下中小型燃煤锅炉，供热面积 4135 万 m²，占总供热面积的 37%。

（3）城八区 20t/h 以上大型燃煤锅炉平均单台容量 29t/h。20t/h 以下中小型燃煤锅炉平均单台容量 5.3t/h。

2. 分析

上述数据表明，仅占城八区燃煤锅炉总台数 7% 的 202 台 20t/h 以上大型燃煤锅炉，担负城八区 63% 的供热任务；而占总台数 93% 之多的 2672 台 20t/h 以下中小型燃煤锅炉，只担负 37% 的供热任务。表明城八区 20t/h 以下中小型燃煤锅炉单台容量过小，据核算，平均单台容量只有 5.3t/h。调查结果表明，即使今后只保留 20t/h 以上燃煤锅炉，那么目前城八区尚有 2672 台 20t/h 以下中小型燃煤锅炉（供热面积 4135 万 m²）需要进行"煤改气"。

四、北京市燃气供热锅炉房概况

把燃气锅炉按容量划分为 10t/h 以上、1～8t/h 和 <1t/h 三类，进行分析如下：

1. 概况

（1）城八区 <1t/h 的燃气锅炉 2071 台，占总台数的 54%。1～8t/h 的燃气锅炉 1538

台，占总台数的 40%。10t/h 以上的燃气锅炉 225 台，占总台数的 6%。

（2）城八区 <1t/h 的燃气锅炉，供热面积 241 万 m^2，占供热面积的 4%。1~8t/h 的燃气锅炉，供热面积 3231 万 m^2，占供热面积的 58%。10t/h 的燃气锅炉，供热面积 2088 万 m^2，占供热面积的 38%。

（3）城八区 <1t/h 的燃气锅炉平均单台容量 0.2t/h，1~8t/h 的燃气锅炉平均单台容量 3.7t/h，10t/h 以上的燃气锅炉平均单台容量 12.6t/h。

2. 分析

上述数据表明，占城八区燃气锅炉总台数 54% 的 2071 台燃气锅炉，仅担负城八区总供热面积 4% 的 241 万 m^2；平均每台小燃气锅炉只带 1164m^2 供热面积，其平均单台容量也只有 0.2t/h。而 10t/h 以上的燃气锅炉仅占总台数的 6%。应该说，这是 1997 年"煤改气"以来的一个误区。北京市燃气锅炉的单台容量过小，这是和"煤改气"初期缺乏经验，以及最初国外进口的燃气锅炉一般都是些小容量锅炉有关。这次调查中发现，有的燃气锅炉房装有小锅炉达 30~40 台之多，最多的甚至达到 64 台。实际上，应在规划指导下进行整合，随后再实施"煤改气"。

此外，燃气锅炉房的经济合理规模，尚待进行研究和通过实践检验。

五、北京市供热面积分类概况

以供热面积按房屋使用性质、住宅建筑节能和住宅分户热计量的三种情况分类进行调查。

1. 按房屋使用性质分类的供热面积

本次调查的供热锅炉房是指"专为居民供热的锅炉房和兼为居民或单位职工住宅供热的锅炉房"，因此除去住宅小区内的商业、学校、办公和企业内厂房的面积，就是比较准确的全市住宅供热面积。

调查结果表明，北京市的住宅供热面积占总供热面积的 72%，商业占 4%，学校、办公占 12%，企事业厂房占 12%。即全市住宅近 1.6 亿 m^2，其中城八区 1.2 亿 m^2，远郊区县 0.4 亿 m^2。

2. 按住宅建筑节能分类的供热面积

北京市住宅建筑节能共分三类，调查结果如下：

（1）非节能住宅（1988 年前开工）占住宅总供热面积的 28%；

（2）一步节能住宅（比 1980 年的住宅标准图节能 30%，1988 年~1995 年开工）占住宅总供热面积的 33%；

（3）二步节能住宅（比 1980 年的住宅标准图节能 50%，1995 年后开工）占住宅总供热面积的 39%。

上述数据表明，自 1988 年至 2004 年 16 年中，特别是最近几年来北京市住宅建筑节能工作，已有了很大进展，一步和二步节能住宅合计已占住宅总供热面积的 72%，尽管一些试点的测试结果表明，这些节能住宅并不能完全达到设计的节能标准，但是与本市 1988 年以前的既有非节能住宅相比，在门、窗和围护结构的保证性能上都有了很大的改进。表现在这些年新建住宅的供热质量都有所提高，非节能住宅的室温以往只能保温 16℃，近几年有的已实现 18±2℃ 的室温标准。锅炉房耗用和非节能住宅相同的燃料，可以取得较高的室温，证明了节能建筑提高保温见到了实效。很多住户反映，"暖气片不怎么热，可是屋里温度还是提高了"。

3. 按住宅分户热计量分类的供热面积

此次住宅分户热计量的分类调查结果不理想，因很多单位填不上来，结果不可用。现将北京市建筑节能办公室在本次调查中开展专项调查的结果列后：

(1) 无分户热计量装置，占住宅总供热面积的91%；
(2) 具备分户热计量装置占9%；
其中：采用户用热表　　　占3.7%
　　　采用热量分配表　　　占1.3%
　　　采用楼用热表　　　　占4%

上述数据表明，近几年北京市住宅分户热计量工作有了一定的进展，但总的来讲新建住宅，具备分户热计量装置的比例还相当小（9%），而既有的非节能住宅，还没有进行改造。因此新建住宅的节能达标和既有住宅围护结构和采暖系统的节能改造任务还十分艰巨，需大力加强，否则，会推迟"热改"的进程。

六、北京市按每处锅炉房总容量分类的锅炉房处数

北京市1997处供热锅炉房，除6处地热外的1991处锅炉房中，其每处锅炉房总容量在1t/h以上至10t/h的占锅炉房总处数的64%，10t/h以上的占36%。推算全市每万平方米供热的平均锅炉容量为1.8t/h（全市锅炉总容量为40180t/h，总供热面积为22247.4万m^2。），那么，全市占总数64%的1267处锅炉房，平均每处锅炉房所带的供热面积仅为5500~6100m^2，而此种规模小，又过于分散的锅炉房所占比例太大，需要有计划地整合。

七、北京市各种燃料供热锅炉房能耗及运行费

下面表1、表2分别列出的是，重点调查中城八区燃煤及燃气供热锅炉房的"普查"和"典型调查"结果的对比数据。

1. 燃煤锅炉房（北京市城八区）

表1

单方能耗	普查	典型调查	单方能耗	普查	典型调查
煤(kg标煤/m^2)	25.3	25.3	水(kg/m^2)	61.4	64
电(kWh/m^2)	3.82	3.54	运行费(元/m^2)	12.15	13.18

注：燃煤供热费标准，直供16.5元/m^2，间供19元/m^2，平均17.8元/m^2，收缴率75%，只能收回13.4元/m^2，只够支付运行费。

2. 燃气锅炉房（北京市城八区）

表2

单方能耗	普查	典型调查	单方能耗	普查	典型调查
气(m^3/m^2)	11.9	10.78	水(kg/m^2)	64.3	60
电(kWh/m^2)	3.57	2.28	运行费(元/m^2)	24.08	24.26

注：燃气供热费标准30元/m^2，收缴率75%，只能收回22.5元/m^2，尚不够支付运行费。

表中"普查"和"典型调查"的相关数据十分接近，表明本次普查结果是真实可信的。存在的问题是，按目前的收费标准和收缴率，燃煤及燃气都只能勉强支付运行费（包括直接材料费、直接人工费和部分管理费），不仅无条件提折旧，连大修、维修费也不能如数支出。

八、北京市城八区锅炉供热热价成本费用典型调查结果

1. 锅炉供热热价成本费用构成：包括生产成本和期间费用两部分。

• 生产成本：
（1）直接材料费：煤费、电费、水费、水处理。
（2）直接人工费：工资、津贴、奖金、职工福利。
（3）制造费用
①工资福利——管理人员工资、职工福利费、退休人员费用。
②办公费——办公费、差旅费、水电费、采暖费、业务招待费、会议费。
③经费——工会经费、教育经费。
④保险——养老保险、医疗保险，失业保险，工伤保险。
⑤环保、检验——环保设施费、检验检测费。
⑥折旧、修理——折旧费、大修费、维修费、技改费。
⑦其他——诉讼费、低值易耗品摊销、无形资产摊销、利息收入。
• 期间费用：销售费用、管理费用、财务费用。

2. 锅炉供热热价成本费用核算结果

燃煤锅炉供热热价成本费用详见表3、表4。
燃气锅炉供热热价成本费用详见表5、表6。

燃煤锅炉供热热价成本费用构成（单位：元/m²） 表3

一、直接材料费		5. 差旅费	0.11	（六）折旧、修理	间供	直供
1. 煤费	6.65	6. 水电费	0.08	18. 折旧费	8.243	6.443
2. 电费	1.88	7. 采暖费	0.03	19. 大修费	2.106	1.611
3. 水费	0.32	8. 业务招待费	0.09	20. 维修费	0.824	0.644
4. 水处理费	0.06	9. 会议费	0.05	21. 技改费	0.824	0.644
合计	8.91	小计	0.62	小计	12.00	9.34
二、直接人工费		（三）经费		（七）其他		
1. 工资	0.85	10. 工会经费	0.03	22. 诉讼费		0.06
2. 津贴	0.15	11. 教育经费	0.02	23. 低值易耗品摊销		0.12
3. 奖金	0.16	小计	0.05	24. 无形资产摊销		0.06
4. 职工福利	0.10	（四）保险		25. 利息收入		-0.16
合计	1.26	12. 养老保险	0.22	小计		0.08
三、制造费用		13. 医疗保险	0.05	制造费用合计	间供	直供
（一）工资福利		14. 失业保险	0.03		15.01	12.35
1. 管理人员工资	0.98	15. 工伤保险	0.01	四、期间费用		
2. 职工福利费	0.17	小计	0.31	1. 销售费用		0
3. 退休人员费用	0.08	（五）环保、检验		2. 管理费用		0
合计	1.23	16. 环保设施费	0.69	3. 财务费用		0
（二）办公费		17. 检验检测费	0.03	小计		0
4. 办公费	0.26	小计	0.72			

热价成本费用（单位：元/m²）　　　　表4

热价成本费用		间供	直供
生产成本	一、直接材料费	8.91	8.48
	二、直接人工费	1.26	1.00
	三、制造费用	15.01	12.35
合计		25.18	21.83

燃气锅炉供热热价成本费用构成（单位：元/m²）　　　　表5

一、直接材料费		5. 差旅费	0.04	（六）折旧、修理	间供	直供
1. 燃气费	19.43	6. 水电费	0.19	18. 折旧费	11.23	9.430
2. 电费	1.45	7. 采暖费	0.06	19. 大修费	1.123	0.943
3. 水费	0.22	8. 业务执行	0.03	20. 维修费	0.562	0.472
4. 水处理费	0.09	9. 会议费	0.05	21. 技改费	0.562	0.472
合计	21.19	小计	0.46	小计	13.48	11.32
二、直接人工费		（三）经费		（七）其他		
1. 工资	0.57	10. 工会经费	0.04	22. 诉讼费		0.04
2. 津贴	0.22	11. 教育经费	0.03	23. 低值易耗品摊销		0.08
3. 奖金	0.13	小计	0.07	24. 无形资产摊销		
4. 职工福利	0.08	（四）保险		25. 利息收入		−0.14
合计	1.00	12. 养老保险	0.22	小计		−0.02
三、制造费用		13. 医疗保险	0.12	制造费用合计	间供	直供
（一）工资福利		14. 失业保险	0.02		15.55	13.39
1. 管理人员工资	0.77	15. 工伤保险	0.01	四、期间费用		
2. 职工福利费	0.14	小计	0.37	1. 销售费用		0
3. 退休人员费用	0.14	（五）环保、检验		2. 管理费用		0
合计	1.05	16. 环保设施费	0.09	3. 财务费用		0
（二）办公费		17. 检验检测费	0.05	小计		0
4. 办公费	0.09	小计	0.14			

热价成本费用（单位：元/m²）　　　　表6

热价成本费用		间供	直供
生产成本	一、直接材料费	21.62	21.19
	二、直接人工费	1.26	1.00
	三、制造费用	15.55	13.39
合计		38.43	35.58

温丽　北京房管局原副总工　教授级高工　邮编：100021

严寒地区居住建筑实施节能65%的分析

李志杰　王万江

【摘要】 本文以围护结构的耗热量指标、传热系数限值和门窗空气渗透耗热量为重点，对严寒地区居住建筑实施节能65%进行了分析，提出围护结构各部分的传热系数限值。对围护结构如何实现节能65%的要求，从围护结构构造和技术角度进行了讨论；并阐述降低门窗部位的空气渗透耗热量是下一步节能的关键。

【关键词】 居住建筑　节能　耗热量　传热系数　构造　技术　空气渗透

1. 严寒地区实施建筑节能65%分析

严寒地区实施建筑节能65%标准是建筑节能的发展方向，它是在当前节能50%的基础上再节能30%，可进一步节约宝贵能源、保护生态环境、提高居住环境舒适度。因此，在有条件的地区应提高建筑节能的要求，积极推行节能65%的标准。我国寒冷地区如北京市已率先制定并实施建筑节能65%标准，而在严寒地区仍是一项空白。我国严寒地区相对于寒冷地区节能潜力更加巨大，从哈尔滨市和北京市的对比可以看出，哈尔滨市实施节能65%为13kg标准煤/m² 比节能50%的18.6kg/m²，每平方米多节约5.6kg采暖用煤；而北京市节能65%为8.7kg/m² 比节能50%的12.4kg/m²，每平方米多节约3.7kg采暖用煤，哈尔滨市比北京市每平方米多节约1.9kg标准煤。但同时也应注意到严寒地区实施节能65%对建筑节能技术和节能产品性能要求更高，一次性资金投入更大。

1.1 围护结构的耗热量概述

在《民用建筑节能设计标准》（JGJ26—95）中，建筑物的节能率达到35%（即建筑物耗热量指标降低35%），供热系统的节能率达到23.6%。根据供热系统应达到23.6%的要求，锅炉运行效率从0.55提高到0.68，管网输送效率从0.85提高到0.9。因此，要想达到节能65%的目标，只能全部依靠降低建筑围护结构的耗热量实现。

对于采暖居住建筑来说，建筑物耗热量是由通过建筑物围护结构的传热耗热量和通过门窗缝隙的空气渗透耗热量两部分组成（$q_H = q_{H \cdot T} + q_{INF} - 3.8$），传热耗热量约占70%~80%，空气渗透耗热量约占20%~30%。其中，建筑物传热耗热量是由围护结构各部分的传热耗热量组成的。在建筑物轮廓尺寸和窗墙面积不变的条件下，耗热量指标随围护结构传热系数的降低而降低。实现节能65%的目标，减少围护结构各部分的传热耗热量，就必须大幅度降低围护结构各部分的传热系数限值。

1.2 围护结构传热系数限值分析

1.2.1 传热系数限值 K_i 降低30%的可行性：

如果将建筑围护结构各部分传热系数限值 K_i 降低30%，即 $K_i' = 0.7K_i$，建筑物耗热量指标是否也降低30%，从而实现节能65%的目标？

已知：节能50%：$q_H = q_{H \cdot T} + q_{INF} - 3.8$ (1)

      节能65%：$q_H' = q_{H \cdot T}' + q_{INF}' - 3.8$ (2)

首先，将 $K_i' = 0.7K_i$ 代入 $q_{H \cdot T} = (t_i - t_e)(\sum \varepsilon_i \cdot K_i \cdot F_i)/A_0$，得到 $q_{H \cdot T}' = 0.7 q_{H \cdot T}$。且假设节能65%前后换气次数 $n = 0.5$ 次/h 不变，则 $q_{INF} = q_{INF}'$

将 $q_{INF} = q_{INF}'$ 和 $q_{H \cdot T}' = 0.7 q_{H \cdot T}$ 代入式（2），得：$q_H' = 0.7 q_{H \cdot T} + q_{INF} - 3.8$

讨论：

(1) 一般来说，q_{INF} 总是大于3.80，因此当 $\lambda = q_{INF} - 3.8 > 0$ 时，$q_H' > 0.7 q_{H \cdot T} + 0.7(q_{INF} - 3.8) = 0.7 q_H$，不能实现节能65%的目标。

(2) 当 $\lambda = q_{INF} - 3.8 = 0$ 时，即 $(t_i - t_e)(C_p \cdot p \cdot N \cdot V)/A_0 = 3.8$，以哈尔滨地区80龙住1，4单元6层楼为例分析，得出只有换气次数 $N = 0.214$ 才可实现节能65%的目标。

由以上分析可以看出，对一般民用建筑来说，$S = A_0/V_0$ 在0.3左右，将建筑物各部分围护结构传热系数限值 K_i 降低30%（$K_i' = 0.7K_i$），而建筑物换气次数不变 $n = 0.5$ 次/h，建筑物耗热量指标降低幅度小于30%（$q_H' \geq 0.7 q_H$），不能实现节能65%的目标。

1.2.2 节能65%传热系数限值的确定：

以哈尔滨地区80龙住1，4单元6层楼为例分析，在建筑物耗热量中，传热耗热量约占65.2%，空气渗透耗热量约占34.8%。从建筑物围护结构各部分传热耗热量的构成来看，窗户所占比例最大26.5%，其次是外墙23.9%、屋顶8.1%，地面4.0%和阳台门下部1.8%及户门1%所占比例较小。围护结构中窗户、外墙、屋顶三部分占建筑物耗热量93.2%以上，因此，实现节能65%的目标，围护结构传热系数限值应以窗户、外墙及屋面为研究重点，但目前市场上，传热系数 $K \leq 1.75 W/(m^2 \cdot K)$ 的窗户必须采用镀膜、填充惰性气体（氩气）等技术，窗户价格较高。所以在满足建筑物总耗热量指标的前提下，外墙及屋顶传热系数限值 K 降低幅度应大于窗户传热系数限值的降低幅度。地面、阳台门下部及户门所占比例之和不到建筑物耗热量6.8%，可以考虑这些部位的传热系数限值仍按照节能50%的标准执行。

1.3 空气渗透耗热量分析

随着围护结构其他部位传热系数限值的降低，这些部位在建筑物总耗热量中所占比例越来越小，相反空气渗透耗热量的比重不断上升。所以，空气渗透耗热量是节能65%工作的关键。

根据《建筑外窗空气气密性能分级及其检测方法》（GB/T107—2002），提高窗户的气密性，减少空气渗透耗热量是以室内最低限度的换气次数为限度的。按照目前节能50%标准规定，空气渗透耗热量的换气次数 $n = 0.5$ 次/h，该换气次数的确定是兼顾卫生和节能两方面的要求。从节能角度，以尽量提高建筑物的气密性，减少换气次数；从卫生角度，则必须有足够的通风换气量，以稀释人体新陈代谢产生的二氧化碳及其他气味，保证有足够的新鲜空气，一般情况下，每人所需新鲜空气量约为20 m^3/h。因此《建筑外窗空气气密性能分级及其检测方法》规定居住建筑窗户的气密性不低于Ⅲ级限值，$q_0 \leq 2.5 m^3/(m·h)$。

节能65%窗户的气密性大大提高，如单框四腔三玻塑料窗气密性在Ⅰ、Ⅱ级之间，$q'_0 \leq 1.5 m^3/(m·h)$。按照计算空气渗透的缝隙法公式 $La = kq_0l$，在窗缝隙总长度 l 和窗朝向修正系数 k 不变的情况下，空气渗透量 La 随窗单位缝隙长度空气渗透量 q_0 的减小而减少。又根据换气次数法 $La = nV$，如果空气渗透量 La 减少，换气次数 n 也减少。

可以令：$kq_0l = nV$

节能65%前后窗户的 k、l、V 值不变，故 $q_0/q'_0 = n/n'$。

将 $q'_0 = 1.5$、$q_0 = 2.5$ 代入计算，得节能65%时换气次数 $n' = n \times q'_0/q_0 = 0.5 \times 1.5/2.5 = 0.3$ 次/h。

以乌鲁木齐市2单元六层建筑物为例分析。该建筑的空气渗透耗热量为 $8.99 W/m^2$，设定窗户 $K = 1.8 W/(m^2·K)$，屋面 $K = 0.33 W/(m^2·K)$，外墙 $K = 0.35 W/(m^2·K)$，计算出建筑物耗热量指标不能满足节能65%的要求，因此，必须降低空气渗透耗热量和换气次数 n。在以上围护结构传热系数不变条件下，可以反算出节能65%的空气渗透耗热量为 $6.43 W/m^2$，从而进一步计算出 $n = 0.36$ 次/h > 0.3 次/h。

从以上分析可知，随着窗户性能的改善，尤其是气密性的提高，降低了建筑物换气次数和空气渗透耗热量。但窗户过于密闭，室内空气质量达不到基本的卫生要求。因此，必须安装通风换气装置以满足室内空气质量要求。

2. 节能65%的围护结构构造和技术讨论：

2.1 外墙构造

2.1.1 外保温层厚度的合理确定：

外墙的热阻 R 与保温层厚度 d 的关系呈一次线性方程，传热系数是热阻的倒数，外墙传热系数 K 与保温层厚度 d 是双曲线关系 $[K = 1/(R_0 + d/\lambda + 0.15)]$，如图1、图2所示。

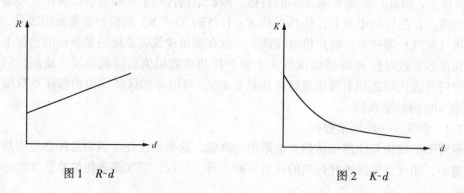

图1 R-d　　　　图2 K-d

如图2所示，传热系数曲线开始时随保温层厚度增加迅速下降，但下降到一定程度后，曲线就变得非常平缓，这说明随着保温层厚度增加，传热系数降低幅度变小，经济性较差。因此，当外墙保温层厚度太大，节能效果上升缓慢，造价增加较快。

2.1.2 外墙构造形式：

我国严寒地区已广泛采用外墙外保温技术，诸如膨胀聚苯板、挤塑聚苯板、硬泡聚氨酯塑料，矿（岩）棉板等高效保温材料（$\lambda \leq 0.05 W/(m·K)$），这与国外采用的外墙保温技术基本相同，只是国外采用的保温板更厚一些。从下表1中可以看出，外保温层厚度只要适当加大，外墙传热系数就可以满足节能65%的要求。

各种外墙外保温的传热系数　　　　　　　　　　　　　　　　　　　表1

外保温类型		膨胀聚苯板EPS ($\lambda \leq 0.42W/(m \cdot K)$)			挤塑聚苯板XPS ($\lambda \leq 0.03W/(m \cdot K)$)			硬泡聚氨酯PURF ($\lambda \leq 0.33W/(m \cdot K)$)		
保温层厚度（mm）		90	100	110	65	70	75	65	70	75
KPI黏土多孔砖 ($\lambda \leq 0.58W/(m \cdot K)$)	240mm	0.34	0.31	0.29	0.33	0.31	0.30	0.36	0.34	0.32
钢筋混凝土 ($\lambda \leq 1.74W/(m \cdot K)$)	200mm	0.37	0.34	0.32	0.37	0.35	0.33	0.40	0.38	0.36
混凝土砌块 ($R = 0.32m^2 \cdot K/W$)	240mm	0.34	0.32	0.30	0.34	0.32	0.31	0.38	0.36	0.34

（此处 K_p 值没有考虑热桥影响，实际 K_m 略大于 K_p）

2.2 节能屋面构造

我国屋顶部位保温层厚度远低于发达国家的保温层厚度，比如法国和德国屋面绝大多数为坡屋顶且外保温层厚度在180mm以上，法国北部地区传热系数要求达到 $0.2W/(m^2 \cdot K)$ 以下，德国屋面传热系数的国家标准值为 $0.25 \sim 0.3W/(m^2 \cdot K)$，基本上采用玻璃棉、岩棉、矿棉、发泡聚苯乙烯等保温材料。我国屋面采用聚苯板与发达国家屋面保温材料基本一致，如图3，只是保温层厚度稍薄，一般在100mm左右。传热系数 K 与厚度 d 的关系见图4。

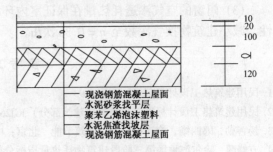

图3 屋面保温构造图

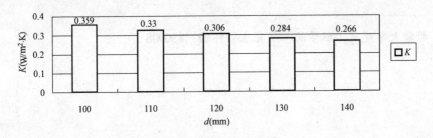

图4 K-d 关系图

屋顶部位耗热量占建筑总能耗量的比例不大，但在顶层住宅的传热耗热量中却占有很大比例，影响顶层住宅的热舒适度。屋顶部位外保温在技术和经济上都是可行的，因此屋顶可适当增加保温层厚度。如图3所示，当屋面结构采用110mm聚苯乙烯泡沫塑料板保温层，屋面的传热系数只有 $0.33W/(m^2 \cdot K)$，可以满足节能65%的目标。

2.3 节能窗讨论

采用传热系数 $K \leq 1.8\text{W}/(\text{m}^2 \cdot \text{K})$ 的窗户，窗户的传热耗热量与空气渗透耗热量相加，约占建筑总耗热量50%以上。改善建筑物窗户保温性能和加强窗户的气密性是节能的关键。对于窗户来说，要使窗户的传热系数限值进一步降低，就必须采用高性能窗如Low-E中空玻璃窗或单框四腔三玻窗，配置低辐射镀膜玻璃、充氩气、超级间隔条等。目前严寒地区大多数仍使用的是单框双玻塑料窗（$K=2.5\text{W}/(\text{m}^2 \cdot \text{K})$），该窗保温性能较差，传热系数大，气密性差，冬季常有内表面结露、结霜现象。在门窗保温方面，加拿大做得非常严谨，窗多是双层或三层的，根据业主要求有的中间填充氩气，其保温性能更佳。在窗与边框之间有的还装双腔的橡皮密封条。黑龙江省已规定，建筑物南向采用框厚60mm以上（含60mm）的单框双玻塑料窗，其他朝向采用框厚65mm以上（含65mm）的单框四腔三玻塑料窗（$K \leq 1.8\text{W}/(\text{m}^2 \cdot \text{K})$）。

3. 结语

(1) 实现节能65%的目标，如不考虑建筑物换气次数的变化，将建筑围护结构各部分传热系数限值 K_i 降低30%，即 $K_i' = 0.7 K_i$ 是不妥的。

(2) 65%围护结构的外墙、屋顶、窗户传热系数限值分别降低到窗户 $K = 1.8\text{W}/(\text{m}^2 \cdot \text{K})$，屋面 $K = 0.33\text{W}/(\text{m}^2 \cdot \text{K})$，外墙 $K = 0.35\text{W}/(\text{m}^2 \cdot \text{K})$，从构造和技术上是可以实现的。

(3) 门窗的空气渗透耗热量在保证室内环境空气质量条件下，应进一步提高门窗气密性，减小建筑物换气次数至 $n = 0.36$ 次/h。

参 考 文 献

1. 民用建筑热工设计规范 GB 50176—93
2. 民用建筑热工设计标准（采暖居住建筑部分）JGJ26—95
3. 杨善勤，郎四维，涂逢祥编著．建筑节能．北京：中国建筑工业出版社，1999
4. 方修睦．哈尔滨地区第三阶段建筑物耗热量指标分析．建筑节能（43）．北京：中国建筑工业出版社，2005
5. 祝根立．加快实施节能65%标准的步伐．建筑节能（41）．北京：中国建筑工业出版社

李志杰　新疆大学建筑工程学院　研究生　邮编：830008

广州地区居住建筑几种节能措施的节能效果分析

马晓雯

【摘要】 针对广州地区的气候特点，采用DOE-2能耗计算分析软件，分析了不同的外墙、屋面和外窗传热系数、外窗遮阳系数、各朝向窗墙面积比、换气次数、设备能效比对居住建筑引起的节能率，并分别得出了这几种节能措施的节能效果，找到了一些关键的居住建筑节能技术，同时筛选掉了一些对居住建筑节能贡献较小的节能措施，以期在节能的基础上给建筑设计师们留出更大的设计空间。

【关键词】 传热系数 遮阳系数 能效比

建筑的空调和采暖系统的计算负荷是由围护结构（外墙、屋面、外窗等）的计算负荷、新风计算负荷、内热源负荷和供冷供热装置等的附加负荷组成。针对建筑能耗的这几部分组成，就形成了一些居住建筑节能技术，比如：提高外墙、屋面和外窗的热工性能，确定合理的卫生换气次数，提高空调采暖系统的能效比、控制各朝向的窗墙面积比等。但是，在特定的气候条件下，这些建筑节能技术的每一项到底能够引起多大的节能率，对建筑节能的贡献是否显著，则需要进行定量的分析。

本文针对广州地区的气候特点，采用DOE-2能耗计算分析软件，分析不同的外墙、屋面和外窗传热系数、外窗遮阳系数、各朝向窗墙面积比、换气次数、设备能效比对居住建筑引起的节能率，并比较其节能效果。从而找到一些关键的居住建筑节能技术，同时筛选掉一些对居住建筑节能贡献较小的节能措施，以期在节能的基础上给建筑设计师们留出更大的设计空间。

1 基础住宅与基础能耗

确定节能率，分析节能效果都必须确定基础能耗。

基础能耗是指节能标准实施以前的既有建筑，为达到要求的室内热环境质量所消耗的能量。

确定基础能耗的思路是，通过社会调查和分析研究，明确"要求的室内热环境质量水平"统计分析节能标准实施前的既有建筑物，选择代表性既有建筑，分析计算这些代表性既有建筑达到"要求的室内热环境质量水平"所消耗的能量，对其通过统计分析后，得到的能

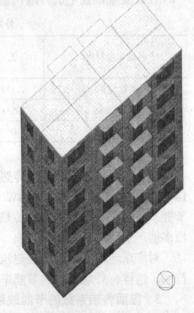

图1 基础能耗住宅的DOE-2模拟图

耗为基础能耗。比如深圳市居住建筑的基础能耗是：空调年耗电量53kWh/m²。

本文分析采用的基础能耗住宅为《夏热冬暖地区居住建筑节能设计标准》（JGJ75—2003）中的基础能耗住宅（图1）。该住宅只是用来分析各建筑节能技术的节能率大小，建筑能耗的绝对值，并不代表广州地区的典型住宅能耗值。

由于广州地区属夏热冬暖地区的南区，不考虑冬季采暖，因此，本文分析采用的建筑能耗数值均是空调能耗。

1.1 基础住宅的能耗计算条件，见表1。

基础住宅的能耗计算条件　　　　　　　　　　　　　　　　　　　表1

外　墙	20mm石灰水泥砂浆 + 180mm重砂浆砌筑黏土砖 + 20mm石灰砂浆 传热系数 $K = 2.173$ W/$(m^2 \cdot K)$，太阳辐射吸收系数0.7
屋　面	20mm石灰水泥砂浆 + 10mm聚苯乙烯泡沫塑料 + 100mm钢筋混凝土 + 20mm石灰砂浆 传热系数 $K = 1.833$ W/$(m^2 \cdot K)$，太阳辐射吸收系数0.7
外　窗	单层玻璃铝合金窗 传热系数 $K = 5.613$ W/$(m^2 \cdot K)$，遮阳系数 $SC = 0.9$，无天窗
换气次数	1.5次/h
能效比	采暖能效比 $EER = 1.0$，空调能效比 $EER = 2.2$
室内负荷	室内无内热源
室内设定温度	冬季16℃，夏季26℃，24小时空调

1.2 基础住宅能耗

采用DOE-2能耗计算分析软件计算出基础能耗住宅的基础能耗值为：单位建筑面积空调年耗电量73.33kWh/$(m^2 \cdot a)$。

2 外墙传热系数的节能效果分析

仅改变基础住宅的外墙构造，计算得到基础住宅的能耗值和相应的节能率见表2。

外墙不同传热系数的能耗值和节能率　　　　　　　　　　　　　　　表2

外墙保温材料	无	240空心砖墙体	25mm聚苯板	30mm聚苯板	50mm聚苯板	80mm聚苯板
外墙传热系数（W/$(m^2 \cdot K)$）	2.173	1.394	0.923	0.832	0.596	0.418
空调耗电量（kWh/$(m^2 \cdot a)$）	73.33	63.38	59.46	58.38	55.49	53.26
节能率（%）	0	13.6	18.9	20.4	24.3	27.4

由表2可见，当外墙的传热系数从2.2W/$(m^2 \cdot K)$减小到1.4W/$(m^2 \cdot K)$时，会产生14%左右的节能率；而从1.4W/$(m^2 \cdot K)$减小到0.9W/$(m^2 \cdot K)$时，会再产生5%左右的节能率；进一步减小外墙的传热系数，比如从0.9W/$(m^2 \cdot K)$减小到0.4W/$(m^2 \cdot K)$时，最多能产生9%左右的节能率。

对广东地区而言，居住建筑的外墙传热系数控制在1.0W/$(m^2 \cdot K)$以下是比较合理可行的。这样，外墙贡献的节能率为18%左右。

3 屋面传热系数的节能效果分析

仅改变基础住宅的屋面构造，计算得到基础住宅的能耗值和相应的节能率见表3。

屋面不同传热系数的能耗值和节能率　　　　　　　　表3

屋面保温材料	10mm聚苯板	25mm聚苯板	30mm聚苯板	50mm聚苯板	60mm聚苯板	80mm聚苯板
屋面传热系数（W/(m²·K)）	1.833	1.086	0.957	0.647	0.557	0.436
空调耗电量（kWh/(m²·a)）	73.33	71.88	71.56	71.15	71.04	70.94
节能率（%）	0	2.0	2.4	3.0	3.1	3.3

从表3可以看出，降低屋面的传热系数对居住建筑节能率的贡献比较小，如屋面的传热系数从1.83W/(m²·K)减小到0.44W/(m²·K)，只能产生3.3%的节能率。

但是，屋面热工性能的优劣，对顶层住户的室内热舒适性影响很大，实测研究表明：传热系数为3.0的传统架空通风屋顶，在夏季炎热气候条件下，屋顶内外表面最高温度差值只有5℃左右，居住者有明显的烘烤感；而传热系数为1.1的重质屋顶，屋顶内外表面最高温度差值可达到15℃左右，居住者没有烘烤感，感觉比较舒适。

因此，对广东地区，屋面的传热系数应控制在1.0W/(m²·K)以下。这样，屋面贡献的节能率为2%左右。

4 外窗的节能效果分析

本文对8种不同的外窗构造进行了分析，表4是仅改变基础住宅的外窗构造，计算得到的基础住宅能耗值和相应的节能率。

不同外窗构造的能耗值和节能率　　　　　　　　表4

代码	外窗构造	传热系数（W/(m²·K)）	遮阳系数	空调耗电量（kWh/(m²·a)）	节能率（%）
A	白色单玻（5mm）无断热铝合金窗	5.613	0.9	73.33	0
B	白色单玻（5mm）PVC塑料窗	4.588	0.9	73.44	-0.2
C	白色中空玻璃 无断热铝合金窗	4.000	0.8	70.10	4.4
D	白色中空玻璃 断热铝合金窗	3.107	0.8	67.71	7.7
E	白色中空玻璃 PVC塑料窗	2.825	0.8	67.81	7.5
F	热反射镀膜玻璃（5mm）无断热铝合金窗	5.613	0.5	56.25	23.3
G	Low-E中空玻璃 无断热铝合金窗	3.107	0.3	47.60	35.1
H	Low-E中空玻璃 断热铝合金窗	2.537	0.3	47.50	35.2

4.1 外窗传热系数的节能效果

从表4可以看出，在广州地区的气候条件下，降低窗户传热系数对居住建筑节能的效果不大；全天关闭外窗时的建筑空调能耗不是随着外窗传热系数的减小而降低，反而是随着外窗传热系数的减小而有稍微的增大。这与广州地区的夏季室外气候条件、外窗的运行状态以及建筑的蓄热性能等因素有关，详见文献[1]。

因此，在广州地区，选择居住建筑的外窗时，不用过分的强调外窗的传热系数。

4.2 外窗遮阳系数的节能效果

图2是根据表4中的计算值画出的居住建筑的节能率随外窗遮阳系数的变化曲线。

从表4和图2可以看出，外窗的遮阳性能对居住建筑节能的效果非常显著，当外窗的遮阳系数由0.9变为0.5时，可产生23%的节能率；当外窗的遮阳系数由0.9变为0.3时，可产生35%的节能率。

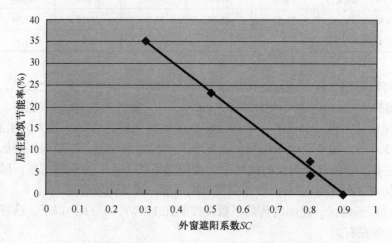

图2 居住建筑节能率与外窗遮阳系数的关系曲线

5 窗墙面积比对建筑能耗的影响分析

由于外窗的热工性能远差于外墙的热工性能，因此在建筑设计中，建筑师们既想增大外窗面积来提高住宅的通透性，又要考虑建筑节能。然而，外窗的面积到底对建筑能耗的影响有多大，减小外窗面积可产生多大的建筑节能率？这是本节主要分析解决的问题。

通过调查分析广州地区的居住建筑窗墙面积比，对每个朝向都确定了几种窗墙面积比方案：

东向/西向：0.25，0.30；

北向：0.25，0.35，0.42；

南向：0.30，0.39，0.48。

由于外窗遮阳系数对建筑能耗的影响很大，因此在分析窗墙面积比对建筑能耗的影响时分别对遮阳系数为0.9、0.8、0.5和0.3的四种外窗进行了计算。表5是对各朝向不同的窗墙面积比计算出的建筑能耗值和相应的节能率。

不同窗墙面积比下的能耗值和节能率　　　　表5

方　案	外窗遮阳系数	窗墙面积比				空调年耗电量（kWh/(m²·a)）	节能率（%）
		东	西	北	南		
方案1	0.9	0.25	0.25	0.25	0.30	63.02	14.1
方案2	0.9	0.30	0.25	0.25	0.30	63.33	13.6
方案3	0.8	0.25	0.25	0.25	0.30	58.75	19.9
方案4	0.8	0.30	0.25	0.25	0.30	58.96	19.6
方案5	0.5	0.25	0.25	0.25	0.30	50.94	30.5
方案6	0.5	0.30	0.25	0.25	0.30	51.04	30.4

续表

方 案	外窗遮阳系数	窗墙面积比				空调年耗电量 (kWh/(m²·a))	节能率 (%)
		东	西	北	南		
方案 7	0.3	0.25	0.25	0.25	0.30	45.52	37.9
方案 8	0.3	0.30	0.25	0.25	0.30	45.63	37.8
方案 9	0.9	0.25	0.30	0.25	0.30	63.65	13.2
方案 10	0.8	0.25	0.30	0.25	0.30	59.27	19.2
方案 11	0.5	0.25	0.30	0.25	0.30	51.15	30.2
方案 12	0.3	0.25	0.30	0.25	0.30	45.73	37.6
方案 13	0.9	0.25	0.25	0.35	0.30	64.69	11.8
方案 14	0.9	0.25	0.25	0.42	0.30	65.83	10.2
方案 15	0.8	0.25	0.25	0.35	0.30	60.21	17.9
方案 16	0.8	0.25	0.25	0.42	0.30	61.41	16.3
方案 17	0.5	0.25	0.25	0.35	0.30	51.67	29.5
方案 18	0.5	0.25	0.25	0.42	0.30	52.08	29.0
方案 19	0.3	0.25	0.25	0.35	0.30	45.94	37.4
方案 20	0.3	0.25	0.25	0.42	0.30	46.25	36.9
方案 21	0.9	0.25	0.25	0.35	0.39	66.56	9.2
方案 22	0.9	0.25	0.25	0.35	0.48	67.08	8.5
方案 23	0.8	0.25	0.25	0.35	0.39	61.67	15.9
方案 24	0.8	0.25	0.25	0.35	0.48	62.30	15.0
方案 25	0.5	0.25	0.25	0.35	0.39	52.19	28.8
方案 26	0.5	0.25	0.25	0.35	0.48	52.50	28.4
方案 27	0.3	0.25	0.25	0.35	0.39	46.25	36.9
方案 28	0.3	0.25	0.25	0.35	0.48	46.35	36.8

从表 5 的计算结果可以发现：

(1) 将东向的窗墙面积比从 0.25 增大到 0.30 时：如果外窗的遮阳系数为 0.9 则节能率降低 0.5%；如果外窗的遮阳系数为 0.8 则节能率降低 0.3%；如果外窗的遮阳系数小于等于 0.5 则节能率仅降低 0.1%。

(2) 将西向的窗墙面积比从 0.25 增大到 0.30 时：如果外窗的遮阳系数为 0.9 则节能率降低 0.9%；如果外窗的遮阳系数为 0.8 则节能率降低 0.7%；如果外窗的遮阳系数小于等于 0.5 则节能率仅降低 0.3%。

(3) 将北向的窗墙面积比从 0.25 增大到 0.42 时：如果外窗的遮阳系数为 0.9 则节能率降低 3.9%；如果外窗的遮阳系数为 0.8 则节能率降低 3.6%；如果外窗的遮阳系数为 0.5 则节能率降低 1.5%；如果外窗的遮阳系数为 0.3 则节能率降低 1.0%。

(4) 将南向的窗墙面积比从 0.30 增大到 0.48 时：如果外窗的遮阳系数为 0.9 则节能率降低 3.3%；如果外窗的遮阳系数为 0.8 则节能率降低 2.9%；如果外窗的遮阳系数为

0.5则节能率降低1.1%；如果外窗的遮阳系数为0.3则节能率降低0.6%。

因此，就广东地区居住建筑的窗墙面积比现状来说，采用最大的窗墙面积比方案：东/西向0.30，北向0.42，南向0.48与采用最小的窗墙面积比方案：东/西/北向0.25，南向0.30，两个窗墙面积比方案引起的节能率差异最大不会超过8%。

综合来看，各朝向的窗墙面积比对建筑节能的影响都不是太显著，在进行建筑设计时主要还是应该从加强室内自然通风效果的角度来考虑各朝向的窗户面积。

外窗面积减小会恶化室内的自然通风效果，而广东地区居民对室内自然通风质量的要求比较高，因此笔者认为只要窗墙面积比不超过目前最大的窗墙比设计现状：东/西向0.30，北向0.42，南向0.48就可以。这样也给建筑设计师们进行建筑创作留出了更大的发展空间。

6 换气次数的节能效果分析

本文采用了两个换气次数方案进行分析：1.5次/h和1.0次/h。

将基础能耗住宅的换气次数从1.5次/h改为1.0次/h，其他条件不变，得到该建筑的空调年耗电量为63.13kWh/($m^2 \cdot a$)，节能率约为14%。

文献[2]的分析也表明：在广东地区，换气次数为1.0次/h能达到卫生标准的要求。

7 能效比的节能效果分析

本文采用了两个能效比方案进行分析：

方案1：采暖能效比 $EER=1.0$，空调能效比 $EER=2.2$；

方案2：采暖能效比 $EER=1.5$，空调能效比 $EER=2.7$。

同样，将基础能耗住宅的空调采暖系统能效比从方案1改为方案2，其他条件不变，得到该建筑的空调年耗电量为60.31kWh/($m^2 \cdot a$)，节能率约为18%。

在广州地区，居住建筑采用能效比为2.7的空调设备也是很容易实现的。

8 小结

通过本文的分析，可以得出以下结论：

(1) 在广东地区，居住建筑的外墙传热系数控制在1.0W/($m^2 \cdot K$)以下是比较合理可行的。这样，外墙贡献的节能率为18%左右。

(2) 屋面的传热系数应控制在1.0W/($m^2 \cdot K$)以下。这样，屋面贡献的节能率为2%左右。

(3) 外窗传热系数对居住建筑能耗的影响比较小，因此在选择居住建筑的外窗时，不用过分的强调外窗的传热系数。

(4) 外窗遮阳是广州地区居住建筑节能的关键，外窗遮阳系数从0.9降为0.5时，可产生23%的节能率。

(5) 窗墙面积比对居住建筑节能的影响不是太显著，在进行建筑设计时主要还是应该从加强室内自然通风的角度来考虑各朝向的窗户面积。

(6) 换气次数和能效比对居住建筑节能的影响很显著，换气次数从1.5次/h降低到1.0次/h可产生14%的节能率；空调能效比从2.2提高到2.7可产生18%的节能率。

可见，在广州地区，通过现有的技术条件和经济条件就能完全实现居住建筑节能50%的目标。

参考文献

1. 马晓雯，付祥钊．窗户的运行状态和传热系数对居住建筑夏季空调总能耗的影响分析．全国建筑节能应用技术研讨会论文集，武汉：武汉出版社，2003.10
2. 夏热冬暖地区居住建筑节能设计标准．北京：中国建筑工业出版社，2003

马晓雯　深圳市建筑科学研究院　工程师　邮编：518031

西安市住宅围护结构节能状况分析

朱玉梅 刘加平

【摘要】 本文对西安市住宅围护结构（外墙和屋面）几种常用构造进行了调查并对其热工性能进行了对比分析。西安市对抗震要求较高，住宅受热桥影响显著，应引起高度重视。建议加强保温，并考虑围护结构夏季防热要求。

【关键词】 住宅 围护结构 建筑节能

1 西安市气候及居住环境特征

1.1 西安市气候特征

西安，古称长安，是举世闻名的历史文化名城。西安市位于北纬33°39′~34°45′，东经107°40′~109°49′之间关中平原中部，属暖温带温暖半湿润大陆性季风气候。由于受大陆季风影响，温度的季节变化明显，夏热冬冷的气候特征十分突出。年平均气温13.0~13.4℃，最冷1月份平均气温-0.4~0.9℃，最热7月份平均气温25~26.6℃，年平均相对湿度在70%左右[1]。

1.2 西安市居住环境特征

西安地区在全国建筑热工设计分区图上位于寒冷地区，属采暖地区。西安市居住建筑目前以多层砖混住宅为主，并有部分中高层和高层住宅。多层住宅的平面和立面比较规整，一般由多个单元组合而成，体形系数基本上都保持在0.35以下，层高2.7~3.0m，开间3.0~3.6m。到2001年年底，西安人均居住面积已达11m^2。预计到2007年达到15m^2[2]。

2 西安市住宅围护结构节能状况分析

陕西省发布了建筑节能50%《民用建筑节能设计标准陕西省实施细则》（以下简称《细则》）（陕DBJ24—8—97）。要求西安市多层砖混住宅的设计必须符合《细则》中关于体形系数、窗墙面积比及围护结构传热系数限值等的规定，同时在建筑节能设计时，应综合考虑墙体、门窗、屋面以及它们之间的关系。

2.1 外墙节能状况分析

表1是不同外墙的构造做法及其传热系数，其中外墙1是西安市1980年以前多层砖混住宅采用的构造做法，外墙2是近十年来西安市普遍采用的构造做法，也是目前绝大多数住宅的构造形式，外墙3、4、5、6、7是根据西安市目前常用保温材料设计的节能墙体。

从表1中可以看出，外墙1、2的平均传热系数均远远大于《细则》中规定的限值1.00W/(m^2·K)，说明目前绝大多数住宅外墙不符合节能要求。按节能要求设计的外墙3、

不同外墙的构造做法及其传热系数　　　　　　　　　　表1

编号	构造做法（由内到外）	主体传热系数 $K[W/(m^2·K)]$	平均传热系数 $K_m[W/(m^2·K)]$	平均传热系数高出主体传热系数（%）
外墙1	20mm 石灰砂浆； 240mm 黏土实心砖； 20mm 水泥石灰砂浆	2.04	2.24	9.8
外墙2	20mm 石灰砂浆； 240mm 承重多孔砖； 20mm 水泥石灰砂浆	1.62	2.18	34.6
外墙3	50mmASA 保温板； 10mm 空气层； 240m 承重多孔砖； 20mm 水泥石灰砂浆	0.77	1.09	41.6
外墙4	20mm 石灰砂浆； 40mm 憎水膨胀珍珠岩板； 240mm 承重多孔砖； 20mm 水泥石灰砂浆	0.88	1.25	42.0
外墙5	20mm 石灰砂浆； 100mm 蒸压粉煤灰加气混凝土块； 240mm 承重多孔砖； 20mm 水泥石灰砂浆	0.82	1.12	36.6
外墙6	20mm 石灰砂浆； 25mm 聚苯乙烯泡沫塑料板； 240mm 承重多孔砖； 20mm 水泥石灰砂浆	0.83	1.22	47.0
外墙7	20mm 石灰砂浆； 40mm 硬质岩棉板； 240mm 承重多孔砖； 20mm 水泥石灰砂浆	0.88	1.27	44.3

4、5、6、7其平均传热系数略大于限值，这是因为西安市属于八度抗震区，对抗震要求较高，所以构造柱、圈梁多，加之外墙的内保温构造做法，使得热桥影响显著。同时从表中还可以看出，内保温外墙平均传热系数比主体传热系数高许多，总体保温效果较差。

2.2　屋面的节能状况分析

表2是采用西安市常用保温材料的屋面构造做法及其热工性能参数，从表中可以看出，几种屋面均能满足《细则》中规定的传热系数限值 $0.80W/(m^2·K)$，且传热系数值相差很小，但就保温层自重和保温层造价来看，却相差甚远。其中120mm厚聚苯乙烯泡沫塑料板的重量是 $1kg/m^2$，而160mm厚水泥膨胀珍珠岩板是 $72kg/m^2$，同时它们的价格也相差很多。所以在选用时要综合考虑这些因素。

屋面的构造做法及热工性能参数　　　　　　　　　　　　表2

编　号	构造做法（由下到上）	传热系数 K [W/($m^2 \cdot K$)]	保温层自重（kg/m^2）	保温层造价（元/m^2）
屋面1	10mm石灰砂浆抹灰； 120mm预制钢筋混凝土空心板； 30mm厚1:6水泥焦渣找坡层； 80mm憎水膨胀珍珠岩板； 20mm厚水泥砂浆找平层； 4mm防水层	0.74	20	43.17
屋面2	10mm石灰砂浆抹灰； 120mm预制钢筋混凝土空心板； 30mm厚1:6水泥焦渣找坡层； 160mm水泥膨胀珍珠岩板； 20mm厚水泥砂浆找平层； 4mm防水层	0.79	72	63.62
屋面3	10mm石灰砂浆抹灰； 120mm预制钢筋混凝土空心板； 30mm厚1:6水泥焦渣找坡层； 120mm水泥聚苯板保温板； 20mm厚水泥砂浆找平层； 4mm防水层	0.79	54	23.25
屋面4	10mm石灰砂浆抹灰； 120mm预制钢筋混凝土空心板； 30mm厚1:6水泥焦渣找坡层； 120mm聚苯乙烯泡沫塑料板； 20mm厚水泥砂浆找平层； 4mm防水层	0.76	1	14.83
屋面5	10mm石灰砂浆抹灰； 120mm预制钢筋混凝土空心板； 30mm厚1:6水泥焦渣找坡层； 50mm硬质岩棉板； 20mm厚水泥砂浆找平层； 4mm防水层	0.78	6	10.19
屋面6	10mm石灰砂浆抹灰； 120mm预制钢筋混凝土空心板； 30mm厚1:6水泥焦渣找坡层； 30mm挤塑泡沫板； 20mm厚水泥砂浆找平层； 4mm防水层	0.75	1.14	18

注：保温层造价参考《陕西省建筑工程预算定额》（99）或西安市目前市场平均报价。

3　结论和建议

3.1　西安市1980年前后建造的住宅属非节能住宅。采暖居住建筑没有采取保温措施：围护结构单薄，门窗密闭性差，传热系数大，热损失严重。导致建筑物耗热量和耗煤量巨大，浪费惊人；室内热环境恶劣，冬天寒冷、夏天炎热，室内潮湿，结露，严重影响居民的健康。建议按照有关规定进行节能改造。同时，从近10年来绝大多数住宅的节能情况看，也存在同样问题。由于对节能标准执行不力，导致目前很多"节能"住宅与现行节能标准相差甚远，建议对这些住宅加强保温。

3.2 西安市属于地震活动频繁地区，对抗震要求较高，住宅建筑的热桥问题显得比较突出。屋面大多是外保温结构形式，基本上不存在问题。而外墙西安市目前大多采用内保温，使热桥状况雪上加霜，外墙平均传热系数高出主体传热系数近半即是实证，所以说是一个不容忽视的问题。建议加强热桥部位的保温，同时寻求新的结构形式。同样，多层砖混住宅楼梯间也是抗震的薄弱环节，按抗震规范要求设置构造柱较多，热损失大，建议楼梯间采用与外墙相同的保温措施。

3.3 住宅建筑的节能设计，应根据外墙、屋面以及窗户选型综合考虑。窗户在建筑节能中占有举足轻重的地位。随着人们生活水平的提高和建筑设计的需要，外窗面积不断增加，在这种情况下，必须提高对外窗热工性能的要求，才能真正做到住宅的节能。技术经济分析也表明，提高外窗热工性能，所需资金不多，每平方米建筑面积约10~20元，比提高外墙热工性能的资金效益高3倍以上[3]。所以采用高效保温窗不仅可以有效减轻外墙的保温负担，还能简化节能构造体系，降低节能投资。西安市有着成熟的单框双玻塑钢保温窗和中空玻璃保温窗技术和市场，其传热系数2.7W/（$m^2·K$）和2.6W/（$m^2·K$），远远低于目前习惯采用的单层塑钢窗的传热系数4.7W/（$m^2·K$），而且造价仅比后者每平方米多50元左右，建议大力推广使用。

3.4 从气象资料可以看出，西安市虽然地处寒冷地区，但夏季炎热多雨，伏旱突出。年极端最高气温可达43.4℃（长安1966年6月19日）[1]。所以西安地区住宅必须在满足冬季保温设计要求，加强建筑物防寒措施的情况下，同时需要考虑夏季隔热，防止西晒和顶层过热。在做建筑节能设计时，除了对围护结构提出新的防热要求，还要考虑空调节能。

参考文献

1. 西安市地图集编纂委员会．西安市地图集．西安：西安地图出版社，1989
2. 蒋建林，金维兴，何云峰．城市化与中国房地产业．西安建筑科技大学学报．2003（3）
3. 中国建筑业协会建筑节能专业委员会，北京市建筑节能与墙体材料革新办公室编著．建筑节能．北京：中国计划出版社，1997
4. 杨善勤．民用建筑节能设计手册．北京：中国建筑工业出版社，1997
5. 中国建筑西北设计研究院编．民用建筑节能设计标准陕西省实施细则（陕DBJ 24—8—97）

朱玉梅 西安建筑科技大学建筑学院 研究生 邮编：710055

重庆居住建筑热工性能及其热环境

唐鸣放　谢欣　王东　左现广

【摘要】 本文分析了重庆的气候特点和居住建筑的热工性能现状,结合10年前后的调查说明居住建筑的热环境状况有了较大的改善,基本上达到了可居住水平。

【关键词】 气候特点　建筑热工性能　室内热环境　居住建筑

1. 前言

重庆地处西南山地,气候独特,过去被称为中国的三大"火炉"之一,居住热环境极其恶劣。按照国家经济建设战略布署,重庆成为中国西部新兴直辖市,面积最大,人口最多,经济快速发展,住宅建设步入快车道,人民生活水平迅速提高,从20世纪70年代用手扇,80年代用电扇,到90年代以后用空调,这一系列的变化说明人民大众的生活水平已经从温饱阶段开始进入小康。为了了解这种变化所带来的实际效果以及能源消耗情况,2003年冬季和2004年夏季重庆大学等中外院校师生联合对重庆的100户家庭进行了较为全面的调查,将调查结果与10年前长江流域居住热环境调查结果相比较,可以从一个侧面反映重庆居住建筑环境10年来的变化以及能源消耗状况。

2. 气候

重庆属于夏热冬冷地区,但其气候与该地区的其他地方又有所不同,重庆称为山城、雾都、火炉,这些说法如实反映了重庆的气候特点。山地地形的屏蔽作用使得冬季冷空气不易侵入,夏季热空气不易散出,山地地形的相对封闭性形成了山地气候的相对封闭性。例如,重庆、武汉、上海同处于长江沿岸,纬度相近,然而气候却有明显差别,表1是三个城市主要气候参数的比较[1]。重庆冬季最冷月的平均气温为7.5℃,是夏热冬冷地区中最暖的城市,但日照率仅9%,是全国日照最少的地区。夏季最热月的平均气温为28.6℃,极端气温超过42℃。年平均气温18℃,湿度80%左右,气温日较差冬季为5℃,夏季为9℃。重庆的气候特点可以概括为:湿、热、冷。

重庆、武汉、上海气候比较　　表1

气候参数		重庆	武汉	上海
冬季	天数	67	120	126
	最冷月平均气温(℃)	7.5	3	3.5
	平均湿度(%)	82	76	75
	平均风速(m/s)	1.2	2.7	3.1

续表

气候参数		重 庆	武 汉	上 海
夏季	天 数	128	128	107
	最热月平均气温（℃）	28.6	28.8	27.8
	最高气温≥35℃的天数	25	21	9
	平均湿度（%）	75	79	83
	平均风速（m/s）	1.4	2.6	3.2

3. 建筑及其热工性能

防潮隔湿是重庆居住建筑的基本要求。传统建筑"吊脚楼"巧妙利用了地形，用悬空地板隔离湿气。这种原理广泛应用于当今的住宅建筑架空地板隔湿，见图1。靠山而建的多层建筑，都与挡土墙间隔一定距离，既保证通风又隔离湿气，见图2。

图1 架空隔湿地板　　　　　　　　图2 靠山多层建筑隔湿带

自然通风一直是改善重庆居住热环境的主要措施。重庆地处西南山地，周围的重重高山阻挡了大范围的外来凉风，造成了极为不利的风环境，但重庆山川交错，容易形成小范围的局地风，如山谷风、水陆风，这些局地风昼夜风向交替，历来为当地民居所利用，见图3、4。

通风阁楼是传统建筑中常用的一种防热隔热措施，利用风压、热压带走屋顶吸收的热量，减少房间过热，见图5。这种原理广泛应用于当今的住宅建筑架空通风屋顶防热隔热降温，见图6。

指导重庆居住建筑热环境建设的工程建设法规有两部：一部是《民用建筑热工设计规范》（GB 50173—93），针对采用自然通风改善热环境的建筑，要求达到室内表面不结露和夏季屋顶、西墙内表面最高温度不高于室外空气最高温度；另一部是《夏热冬冷地区居住建筑节能设计标准》（JGJ134—2001），针对采暖空调建筑，要求达到室内舒适热环境和节能50%。尽管节能标准已颁布4年，重庆居住建筑几乎都是架空通风屋顶和架空通风地板，其热功能只能达到《民用建筑热工设计规范》要求而不能达到节能标准要求。

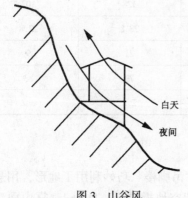

图3 山谷风

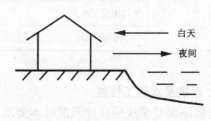

图4 水陆风

图5 通风阁楼

图6 通风屋顶

4.20世纪90年代居住热环境

室内热环境依赖于建筑热工性能和能源消耗，对于不用能耗的自然通风建筑，按照《民用建筑热工设计规范》要求，重庆夏季屋顶内表面最高温度为38.9℃，高于人体皮肤舒适温度34℃，对室内人员仍然会带来烘烤感。

90年代以来空调开始进入家庭，为了掌握基础数据用于编制节能设计标准，1991年~1995年重庆大学有关专家对长江流域地区的室内热环境进行了广泛的调查，其中包括重庆。当时电风扇是夏季调节室内热环境的主要设备。调查结果显示：冬季室内温度低于10℃的频率高达78%，平均温度只有8.5℃；夏季室内温度高于30℃的频率占1/3，其分布见图7所示。结合居民热感觉调查，当室内温度不高于28℃时普遍感觉舒适，当室内温度为

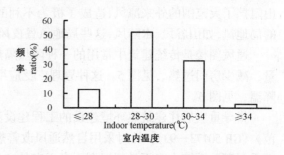

图7 夏季室内温度频率（90年代）

28～30℃时，有30%的人感觉热，当室内温度为30～34℃时，有84%的人感觉热，当室内温度超过34℃时，100%的人都感觉热。基于这种调查，提出了室内热环境舒适标准为：冬季室内温度高于16℃，夏季室内温度不高于28℃。可居住标准为：冬季室内温度高于10℃，夏季室内温度不高于30℃。按照这种评价标准，根据调查结果，重庆夏季如果不用空调的话，室内有1/3的时间是不可居住的。

5. 2000年来居住热环境

近10年来空调在城市家庭迅速普及，为了了解空调普及后重庆居住环境的改善情况，重庆大学、同济大学与日本东北大学的师生于2003年冬季和2004年夏季对重庆市主城区的100个家庭分别进行了为期5天的问卷调查和温度测量，其中对10个家庭进行了较为详细的室内空气质量和温湿度测量，下面是调查测量结果。

（1）冬季调查

冬季调查期间室外气温最高、最低和平均温度分别是13.5℃、6.9℃和10.1℃，空气平均湿度为89.2%。在数据完整的39个家庭调查中，63%的住宅是2000年以后修建的，15年以上的旧建筑占23%，建筑面积从40m^2到180m^2，人均建筑面积的分布见图8，80%的家庭有采暖设备，其中63%的采暖设备是空调。居室早上（6:00～8:00）、中午（11:00～13:00）和晚上（19:00～21:00）的平均温度为12.3℃，仅比室外高1.2℃，室内温度分布频率见图9。1/3以上的家庭对室内热环境不满意，几乎一半的家庭对能源费用不满意。

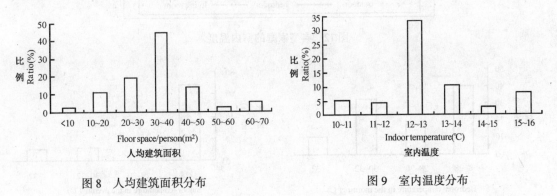

图8　人均建筑面积分布　　　　　图9　室内温度分布

调查结果显示，尽管绝大部分家庭有采暖设备，但为了节省能源费用，人们满足于可居住水平，当室外平均温度高于10℃时，室内不用采暖。

（2）夏季调查

夏季调查期间室外空气最高、最低和平均温度分别是40.2℃、26.6℃和33.9℃，空气最高、最低和平均湿度为90%、23.2%和49.2%。被调查的家庭大部分与冬季相同。在数据完整的91个家庭调查中，每个家庭平均有2台空调和1.8台电风扇，空调和电扇的家庭分布见图10、11。图12为一个典型家庭的室内温度实测曲线，该家庭人员早上出去上班晚上回来，使用空调的时间是晚上到第二天早上。多数家庭都是间歇使用空调。图13是卧室早晨的温度分布，图14是居室晚上的温度分布，居室早上、中午和晚上的平均温度为29.7℃，仍然为可居住水平。

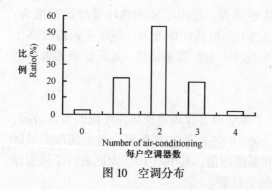
图 10 空调分布

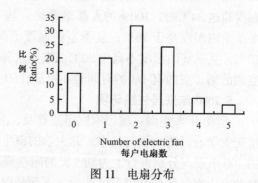
图 11 电扇分布

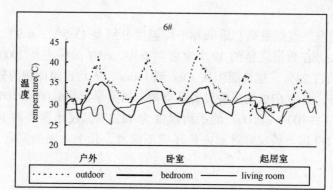
图 12 典型家庭的室内温度

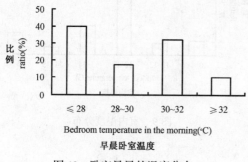
图 13 卧室早晨的温度分布

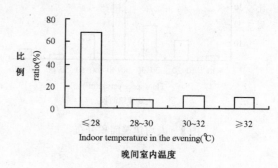
图 14 居室晚上的温度分布

（3）用电量调查

几乎所有的家庭都有采暖空调设备，那么，用电量的情况如何？我们调查了一栋 2000 年建成的 20 户住宅建筑 2003 年全年 12 个月的用电量，该住宅建筑每户建筑面积都是 120m²，单位建筑面积的用电量见图 15 所示。全年用电量的高峰在夏季，最高为 3.1kWh/m²，冬季用电量为 1.4kWh/m²，不及夏季高峰的一半，春季用电量为全年低谷，仅为 0.9kWh/m²。

6. 结论

（1）重庆的气候特点可以概括为：湿、热、冷。过去，自然通风是改善居住建筑热环境的主要措施。

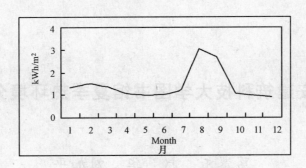

图15 单位建筑面积用电量

（2）室内温度冬季高于10℃、夏季不高于30℃是可居住水平，夏季不用空调室内有1/3的时间是不可居住的。

（3）经过10年的时间，采暖空调设备已在重庆家庭普及，居住建筑热环境的改善已经达到了可居住水平，不久将会突破经济的制约进入舒适水平。尽快实施建筑节能，在不增大能耗的情况下推进居住环境的进一步改善。

参 考 文 献

1. 付祥钊．夏热冬冷地区建筑节能技术．北京：中国建筑工业出版社，2002
2. 民用建筑热工设计规范（GB 50173—93）
3. 夏热冬冷地区居住建筑节能设计标准（JGJ 134—2001）

唐鸣放　重庆大学建筑城规学院　副教授　邮编：400045

西安建筑科技大学图书馆夏季热环境分析

葛翠玉 赵 华 刘加平

【摘要】 本文通过对西安建筑科技大学图书馆室内外热环境的测试,阐明了建筑物夏季热环境现状,分析了引起室内过热的原因,并提出了改进措施,可为其他公共建筑改善热环境提供参考。

【关键词】 图书馆 热舒适 隔热 间歇机械通风

一、引言

热环境问题一直是建筑科学领域中最为关注的问题之一。图书馆建筑具有特殊的功能,是大学中最重要的教学设施,与教学、科研工作关系密切,随着科技发展、学生数量扩大,图书馆肩负的任务也愈来愈重,如果说现代化图书馆的第一个目标是高效率,那么高质量的建筑环境是它的第二个追求。环境质量包括物理环境与精神环境,物理环境即热环境、声环境与光环境,这是保证阅览空间使用的基本条件。

由于图书馆每天有大量人流出入,并存有大量书籍和重要文献,对其环境的改善有利于图书的保护以及管理人员和学生的正常工作和学习效率。本文作者调查了西安地区部分高校图书馆,结果表明多数阅览室温度偏高,管理人员和阅览人员普遍感到闷热;并对夏季空气相对湿度进行了一周测试,其范围在40%~50%左右,基本上符合图书馆所要求的湿度。因此温度是影响室内热环境的主要因素,本文只对温度参数进行测试分析。(一般来说,书库所需的室内气候温度不宜低于5℃,不宜高于30℃,相对湿度宜40%~65%[1])

二、测试对象概况

1. 西安地区气象资料 西安(北纬34°18′、东经108°56′、海拔396.9m)位于中国中西部,在热工分区上属寒冷地区,但非常接近夏热冬冷热工分区,其气候特征主要表现为冬季寒冷且较长,夏季气候炎热干燥,年温差大;光热资源丰富,太阳辐射强度大,日照较丰富(年太阳辐射照度为150~190W/m²,年日照时数为1963.6h,年日照率为44%左右);最热月相对湿度为72%,最冷月平均为67%,主要集中在6~8月份;日平均温度≤5℃的天数为100天左右。

2. 测试建筑概况 为了具体了解图书馆的实际热环境状况,以西安建筑科技大学图书馆为测试对象,该馆为五层框架结构,平面呈"回"字形,中央为一绿化天井,建筑东外墙选用玻璃幕墙,东南西北四个方向均有阅览室、自习室等人流密集的房间,并且有大量书库,图书馆以自然通风为主。室外绿化环境概况:西、北两侧均种植了高树且地面铺植草砖;东向地面铺有花岗岩,绿化少;南向仅种植了草皮,户外均无遮阳设施,屋面为普通刚性屋面。

三、测试方法与过程

1. 测试仪器与方法

实测时间为 2003 年 6 月 24 日，该天天气晴朗、日照强烈、偶有微风、气温昼夜差明显，是典型的夏季气候。利用水银温度计测量室内外空气温度，布点位置就位后，将水银温度计置于距离地面 1.5m 的高度背阴处测定。实际测量时间为 8：00～22：00，每隔 1 小时记录一次。由于馆内工作人员和学生集中于这一时间区内，能够正确反映出室内热感受状况。

2. 测试内容与测点布置

根据图书馆的功能布置，选定具有代表性的五楼（顶层）、二楼及室外环境为测试区域，每层选东南西北向四个代表性房间，共测 8 个房间及室外四个方向。其平面布点情况见表 1。

平面布点　　　　　　　　　　　　　　　　　表1

序号	方向	地点	人流情况及通风状况	人的热感受
1	南向（五楼）	建筑学阅览室	人流较多，电风扇开启	很热
2	西向（五楼）	社会科学阅览室	人流较少，电风扇开启	热
3	东向（五楼）	自习室	人流较多，电风扇开启	很热
4	北向（五楼）	中文科技图书馆阅览室	人流较多，电风扇开启	很热
5	南向（二楼）	外文书库	人流较少，电风扇开启	有点热
6	西向（二楼）	外文现刊	人流较少，电风扇开启	有点热
7	东向（二楼）	门厅	人流流动频繁，无电风扇	热
8	北向（二楼）	教师中文借书书库	人流流动频繁，电风扇开启	热
9	南向（室外）		仅植草皮	
10	西向（室外）		种植高大树木，铺植草砖	
11	东向（室外）		地面铺花岗岩	
12	北向（室外）		种植高大树木，铺植草砖	

3. 测试结果与分析

根据每小时同步记录，将原始测试数据进行处理制成温度曲线，如图 1～3 所示。根据数据资料，对图书馆进行热环境状况分析：

3.1 热环境与屋顶的关系

由图 1、2 知，同一时间五楼（顶层）的四个房间的室内温度明显比二楼同方向的房间高（最高温差为 1.6℃），被调查人员普遍感到很热，不舒适（即使风扇通风的情况下）。这是由于水平面在外围护结构中受到的日晒时数和太阳辐射强度都最大，说明屋顶隔热极为重要。

3.2 热环境与绿化的关系

由图 1、2、3 看出，各层西、北向房间的室内温度均低于其他方向房间的室内温度，平均温差为 1.8℃。西墙是建筑防热的重点，由于西、北两侧绿化较好，室内温度明显降低，说明了绿化对改善建筑热环境起了重要作用。

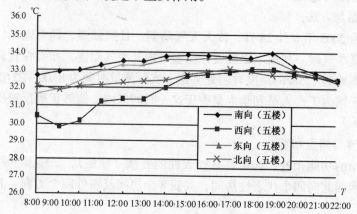

图1 五楼室内温度测试

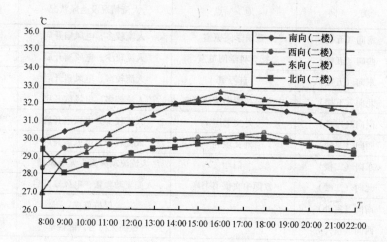

图2 二楼室内温度测试

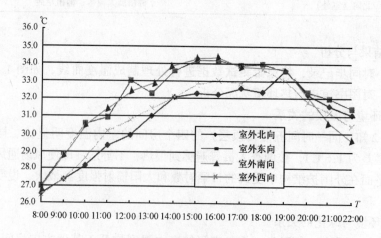

图3 室外温度测试

3.3 热环境与下垫面的关系

从图3可知,室外东向温度比较高,这是由于大面积的玻璃幕墙透过大量辐射热,同时下垫面铺有花岗岩,地面吸收大量热并反射到空中、墙面和窗户上,使空气温度升高,并使东向房间吸收大量地面反射热,室内温度迅速升高(图1、2)。这说明墙面和场地选材的重要性。从热环境与其下垫面材料的关系看[2],混凝土地面及花岗岩地面均具有较高的地表温度,对局部的热舒适产生较大影响。一般来说,草地和水体比其他下垫面更有利于改善区域热环境。

3.4 热环境与通风的关系

由图1可知,五层房间温度在清晨时普遍较高,在午后3~4时达到最高温度,被调查人员感到很不舒适。这是由于在连晴的高温天气下,白天有大量的太阳辐射热在开窗情况下进入室内,使室内空气温度升高并蓄热,到了夜间,室外冷空气很少进入,室内蓄积的热量很难消除,造成了室温居高不下,这说明有必要采取合理的通风降温措施。

四、改善图书馆热环境的措施

热环境是建筑物理环境的一个主要组成部分,要因地制宜充分考虑地区气候特点,使建筑适应和利用气候的有利因素,防止和改造其不利因素。改善其热环境应遵循"内"与"外"、"用"与"防"相结合的原则。由于图书馆以白天使用为主,因此应根据其功能合理选择围护结构的热工指标,以增加延迟时间和减少衰减倍数,将围护结构内表面出现最高温度的时间和使用时间错开。

1. 屋顶隔热 在围护结构中,屋面的隔热保温能力应引起足够重视,对于既有建筑进行绿化种植是最有效的措施。利用屋面轻质种植墙面攀缘植物,使建筑具有较好的热稳定性,以及夏季隔热、冬季保温的特性,种植屋面比实砌屋面的温度变化幅度小,避免了热空气对屋面的直接影响,减小了室内温度的波动,改善了建筑室内、外热环境。

2. 窗户遮阳 窗户的热工特性对建筑物的能耗及透射影响较大,由于窗的传热系数高,隔热能力差,加上太阳辐射得热,单位面积玻璃窗得热量比墙体高许多。在夏季,太阳辐射是建筑物得热的主要因素,由于图书馆的特殊性,应充分考虑利用构件和绿化实现遮阳。

绿化遮阳是一种经济而有效的措施,特别适合于多层建筑,根据建筑朝向合理安排位置、选择合适树种等。测试结果表明,南向房间温度较高且绿化少,可在图书馆南侧种植高大落叶树种,也可周边设置种植槽或遮阳构架,配合藤条植物组成垂直绿化体系,依靠植物生命的周期变化来适应气候的变化,以保证冬季最大程度的光利用和夏季的遮阳效果。

在构件遮阳中窗户的外遮阳比内遮阳对减少太阳辐射得热更为有效,外遮阳可减少太阳得热量80%。同时书库应避免阳光直接射入,采光窗应采取遮阳措施,或选用滤光玻璃。

3. 通风措施 由于图书馆以自然通风为主,如何组织好室内的自然通风是防热设计的重要一环,也是改善建筑室内热环境的重要手段。

(1) 利用绿化组织通风:在图书馆周围进行绿化,可显著降低房屋周围的空气温度及减少太阳辐射。绿化安排得当,对风向起到导流或阻挡作用。由于绿化环境的降温作用,被导入室内的空气温度降低,因而更有利于防热降温。

(2) 间歇机械通风：自然通风是一有效的改善室内热环境的措施，但不是在任意环境下都是适用的，必须权衡利弊，综合考虑。在连续高温天气下，利用自然通风不仅达不到通风的效果，而且还会在室内积蓄大量热量。为解决这一问题，可利用间歇机械通风[2]，其本质就是利用夜间室外相对干、冷的空气，直接降低室内夜间气温，消除在白天积蓄的热量，使第二天的温度不致过高。五楼的室内温度全天保持最高，可利用间歇机械通风来达到降温的目的。

五、结论

建筑物热环境的舒适性是建筑界必须考虑的一个问题，不同使用功能的建筑，室内人员、灯光和办公设备的密度不同，其热环境设计也不同，例如公共建筑与居住建筑，公共建筑以白天使用为主，其主要目标就是将围护结构内表面出现最高温度的时间和使用时间错开；居住建筑则全天使用，围护结构外表面应选用蓄热系数与导热系数小，热阻大的材料，使外表面升温快而加强向室外对流辐射热交换散热来减少向围护结构内部的传热。

参 考 文 献

1. 王文友，沈国尧，莫炯琦编．图书馆建筑资料设计图集．南京：东南大学出版社，1995
2. 付祥钊主编．夏热冬冷地区建筑节能技术．北京：中国建筑工业出版社，2002

葛翠玉　西安建筑科技大学建筑学院　研究生　邮编：710055

黄土高原绿色窑洞民居建筑研究

刘加平　杨　柳　闫增峰　赵　群　王　怡　周　伟　谭良斌

【摘要】 本文介绍了西安建筑科技大学从事黄土高原绿色窑洞民居建筑研究的梗概。文中分析了传统窑洞民居建筑后，提出了此项研究的目的与研究方法，叙述了关键技术研究内容与主要创新成果。

【关键词】 黄土高原　绿色建筑　窑洞　民居

"窑洞"是我国黄土高原地区传统民居基本形式的简称，包括"土窑"和"石（砖）窑"。土窑，是指在土崖旁边，或在下沉式院落侧壁挖掘而成的拱形洞穴，经简易装饰而成的居所。石窑或砖窑，是指用砖或石材砌筑而起的拱形构筑物，其又可分为沿山坡而建的靠山式窑洞和独立式窑洞两种。在陕北，乡村居住建筑中约90%为传统窑居建筑，老百姓最喜爱的是砖或石材箍起的靠山窑，约占总数70%以上。

黄土高原地区乡村人口数千万，经济的快速发展，城镇化进程的加快，人们对提高居住环境条件的需求日益提高。但大多数居民依旧采用传统的方法在建造传统的旧式窑居，而少部分先富起来的青年人开始"弃窑建房"；形体简单、施工粗糙、品质低下、能耗极高的简易砖混房屋已随处可见，造成的结果是：建筑能源资源消耗成倍增长，生活污染物和废弃物的排放量急剧增大，城乡人民环境、自然生态环境质量每况愈下，正在重复城市人居环境所走过的先污染、再治理的老路。产生如此现象的原因：首先，尽管传统窑洞民居具有"冬暖夏凉"等多种生态特性，但其空间形态单一、阴暗潮湿、室内空气品质差等缺点，使得传统窑洞民居成为贫穷、落后的象征，甚至在英文中也被译作"Cave Dwellings"（穴居）。其次，多年来国内外对传统窑洞民居的研究主要停留在对其认知上，而没有解决：1.如何提高窑居建筑及环境的质量？2.承载见证黄土高原居住文明史的传统窑洞民居将向何处发展？3.未来黄土高原乡村居住建筑的基本形态是什么？4.窑洞民居是否会像我国其他地区优秀传统民居那样逐步被简易式砖混结构房屋所替代而消失？5.黄土高原地区的建筑能耗和资源消耗是否会随着经济发展而大幅度增加？本研究拟通过规划、建筑、环境及能源与资源等多学科的综合理论研究、设计创作研究与试点示范工程研究，寻求逐步解决上述问题的途径，以促进黄土高原地区人居环境的可持续发展。

一、传统窑洞民居建筑

窑洞民居是分布在黄土高原地区的一种传统乡土建筑，其特征是：有相似的拱型立面、相同的内部空间、相同的物理环境品质等。"秦晋两省，无论贫富，什九都有砖窑或土窑。""砖窑，乃是指用砖发券的房子而言。"（梁思成《晋汾古建筑预查记略》，1935）。按其发展演变进程，传统窑居建筑可以简单分为4代（类）：

1. 土窑（包括下沉式窑洞，见图1）；
2. 接口窑（即在土窑入口处做一人工立面，见图2）；
3. 靠山窑（用砖或石材在靠近山坡箍起的拱型建筑，见图3）；
4. 独立式窑（即在平地箍起的拱型建筑物，见图4）。

图1　土崖旁挖掘的土窑

图2　下沉式土窑

图3　靠山窑群

图4　独立式窑

目前，黄土高原地区乡村居住建筑中的90%是窑洞民居，其中，土窑的比例在逐渐降低，砖石窑的数量还在不断增加。在经济高速发展、城市化进程加快、人们对改善居住环境质量的要求日益提高条件下，我们面临一个严重挑战：四十多万平方公里的黄土高原地区，数千万人使用的窑洞民居将如何发展（现有千百万孔窑居怎么办？新的居住建筑体系是什么？）？如果改用简易砖混结构房屋（图5），建筑运行能耗和污染物的排放量将数倍增加。而黄土高原地区的自然条件则难以满足几千万人按现代城市生活方式使用能源和资源，更难以承受现代生产生活方

图5　窑居聚落中的简易砖混结构房

式所排放的各种有害物和废弃物。进而,具有悠久历史的传统窑居建筑文化也将随之消失。

因此,应当寻求一种适合于黄土高原地区自然环境特点、能源资源条件、生产生活水平的居住模式和居住建筑形态,以促进该地区人居环境的可持续发展。

二、研究目的

传统窑居建筑中蕴涵有丰富的生态建筑经验,如冬暖夏凉(节约能源)、节约土地、就地取材、施工简便、经济实用、窑顶自然绿化、污染物排放量小、利于保护自然生态环境等,这些是中国传统优秀地区建筑文化的核心部分;但传统窑居建筑普遍存在空间形态单一、功能简单、保温性能失衡(如正立面很差)、自然通风与自然采光不良以及室内空气质量较差等问题;以砖混结构为主体的现代居住建筑体系,虽然能满足人们对建筑空间环境的多种生理和心理需求,但存在能耗大、物质资源消耗多、污染物排放量大等缺点,因而其与传统乡土民居建筑具有极强的互补性。本项目研究拟通过对传统窑洞民居生态建筑经验的定量化研究,以现代绿色建筑及住区可持续发展的基本原理为指导,合理运用现代绿色建筑技术,研究、创作、设计、试验出一种建立在黄土高原地区社会、经济、文化发展水平与自然环境基础之上,继承了传统窑居生态建筑经验,适合黄土高原乡村地区现代生产生活方式的新型绿色窑居建筑体系,从理论和实践上解决黄土高原乡村人居环境的可持续发展问题。

三、技术路线和研究方法

学术界对传统窑居建筑的理论和实验研究已有多年,起因于传统窑居在处理人与自然关系方面具有强烈的地域性特征,以及众所周知的"冬暖夏凉"热环境特性。后因某些其他原因,很多人加入了"研究"窑洞的行列,上世纪后期曾有过一场轰轰烈烈的研究窑洞的运动。回顾和总结这段历史与成就,发现研究窑居建筑空间形态的多,研究其产生、立足和演变的社会、文化和经济背景的少;定性研究或半定量研究表面现象的多,定量研究内在规律和发展过程的少;研究窑居冬暖夏凉等技术特性的多,研究其如何发展和改进的少;按研究者的意愿进行试验研究的多,而综合考虑当地社会经济技术发展水平、将新技术与传统窑洞民居有机结合进行理论与应用试验研究的少。因而造成人们把传统窑居视为"穴居(Cave Dwellings)",是黄土高原贫穷、落后的象征,是终将被淘汰的"生土掩体"。但"老百姓还是采用传统的方法建造自己的窑洞"。

围绕研究目标,项目研究汲取前人的经验和教训,综合运用地域建筑学、文化人类学、建筑环境工程学和生态学的方法,包括对窑居住户的主观反映调查分析、社会经济发展水平统计分析、客观环境指标现场测试、物理环境量场的数值模拟、适宜性技术的优化选择、新型窑居的规划与设计创作等,探讨传统窑居建筑的再生与发展问题。技术路线主要分为五个步骤:

1. 通过大量主观反映调查、现场客观测试、数值计算模拟分析,将传统窑洞民居建筑和住区中的节能等"绿色"建筑技术和经验科学化、定量化;

2. 综合考虑社会经济发展水平和速度、地方传统文化与生产生活方式,灵活运用现代生态建筑科学的理论、方法和技术,进行新型绿色窑洞民居建筑设计创作研究;

3. 建设具有广泛应用和推广意义的试验示范工程和基地。示范基地所有新型窑居的建设资金由住户自筹,实施方案由项目组和住户及政府管理部门反复协商确定,项目组给予现场技术指导;

4. 对首批试点示范窑居建筑的社会调查、客观测试分析和经济评价，反复改进试点方案，寻求适宜的绿色窑居建筑模式和形态；

5. 通过各种途径推广新型绿色窑居建筑，以促进黄土高原窑居住区的可持续发展。

四、关键技术研究

1. 传统窑居生态建筑经验的科学化与技术化研究

1.1 窑居建筑热稳定性（冬暖夏凉特性）的测试评价；

1.2 窑居建筑冬、夏季室内热环境及PMV-PPD指标；

1.3 窑居建筑室内光环境及采光系数的测试评价；

1.4 传统窑居居民视觉状况的测试评价；

1.5 窑居建筑室内IAQ（浮尘、CO_2、CO、氡辐射）测试评价；

1.6 窑居建筑炉灶-火炕热能再生利用效率测试评价；

1.7 窑居建筑采暖与空调能耗指标的测试评价；

1.8 窑居建筑全寿命周期能耗分析评价；

1.9 窑居建筑的构造特点及稳定性；

1.10 传统窑居建筑的符号体系。

部分测试分析结果见图6~10。

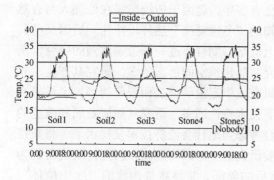

图6 夏季传统窑居室内外温度分布

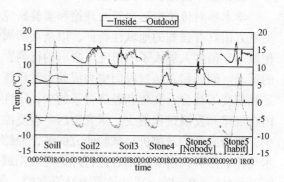

图7 冬季传统窑居室内外温度分布

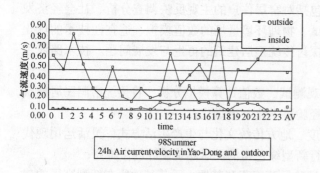

图8 传统窑居室内外气流速度逐时分布

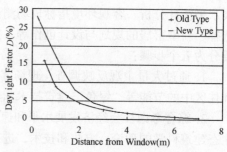

图9 传统窑居采光系数（沿进深）

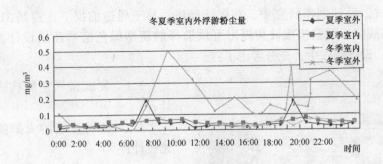

图10 冬夏季传统窑居室内外空气中浮游粉尘量

2. 窑居建筑被动式太阳能利用与应用（图11～14）

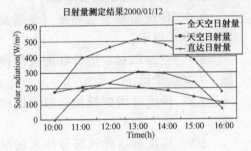

图11 冬季典型日太阳辐射

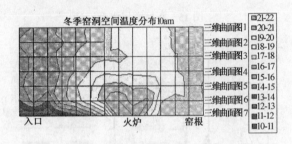

图12 冬季入口温度明显低于室内

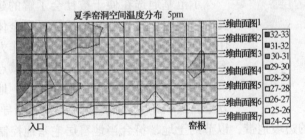

图13 夏季入口温度明显高于室内

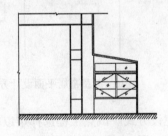

图14 加设阳光间剖面

2.1 窑居建筑冬季、夏季室内热环境评价设计标准；

2.2 冬季太阳能采暖利用率指标；

2.3 附加阳光间在窑居建筑中的应用形式；

2.4 附加阳光间的稳态与动态热过程；

2.5 太阳辐射对夏季室内热环境的影响；

2.6 零辅助能耗窑居太阳房热工设计；

2.7 试点工程多种方案应用试验研究。

3. 新型绿色窑居建筑方案设计与创作研究

新型绿色窑居建筑方案设计创作的关键是将传统窑居生态经验与现代绿色建筑技术的

有机融合与集成。设计创作研究中，在保证经济、易于建造前提下，遵循3R原则（reduce，reuse，recycle），项目组成员共提出可供选择的新型绿色窑居建筑设计方案数十套（见图15、16）；设计创作中，充分考虑了：

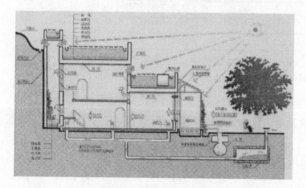

图15 新型窑居概念设计

3.1 复式窑居空间构成与构造设计；

3.2 窑居建筑的太阳能利用与采光设计；

3.3 窑居建筑的防潮设计；

3.4 自然通风（风压通风、热压通风）设计；

3.5 地冷地热利用技术设计；

3.6 传统窑居节能特征（冬暖夏凉）技术的继承；

3.7 就地取材、造价低廉及简便施工方式的继承；

3.8 传统窑居建筑构造技术的继承；

3.9 传统窑居建筑符号体系的继承和发展。

4. 试点工程建设——试验示范研究

示范基地选在便于被社会了解的延安市枣园村。建设之初，反复听取全体住户、地方政府职能管理部门对创作方案的意见，共同优选、修改和确定试点示范工程方案。采用住户出资建设、地方工匠组织施工、课题组给予技术指导

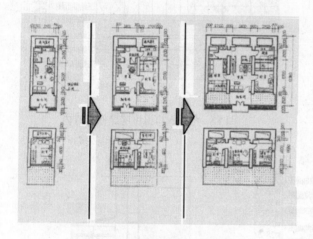

图16 新型窑居平面设计方案之一

的建设方式。试点工程选择难以耕种的边坡地带，以节约土地，符合当地窑居宅基地控制政策。图17是经多次修改最终实现的典型新型窑居建筑剖面，图18、图19和图20是联排新型窑居建成后的实景。

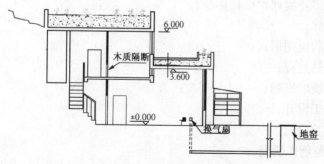

图17 最终实施方案之一剖面

图18 新窑居正立面

图19 新型窑居及阳光间侧景

图20 新型窑居实景

5. 新型绿色窑居建筑的科学评价研究

5.1 新型窑居太阳房动态热过程模拟与测试评价；

5.2 新型窑居太阳房零辅助能耗热工计算与评价；

5.3 新型窑居建筑太阳能利用率测试评价；

5.4 新、旧窑居建筑采光系数的对比测试与评价；

5.5 新、旧窑居建筑室内空气品质（IAQ）的对比测试与评价；

5.6 新、旧窑居建筑室内空气温度、相对湿度、气流速度及MRT的对比测试与评价；

5.7 地冷地热利用通风系统性能测试与评价；

5.8 新型窑居建筑自然通风效率的模拟与综合测试评价；

5.9 新型窑居建筑的主观反映（问卷调查）评价研究；

5.10 庭院式窑居能源与热环境性能的模拟分析和测试研究。

部分对比测试结果见图21～图27。

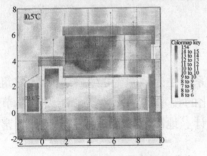
图21 新窑居室内外温度空间分布

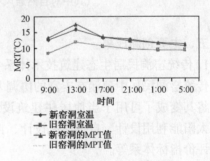
图22 新旧窑居辐射温度（MRT）对比

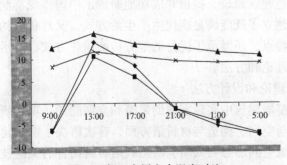
图23 新旧窑居室内温度对比

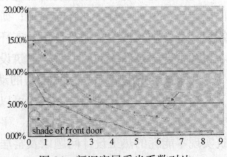
图24 新旧窑居采光系数对比

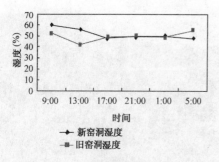

图25　新旧窑居相对湿度对比

图26　新窑居自然通风组织

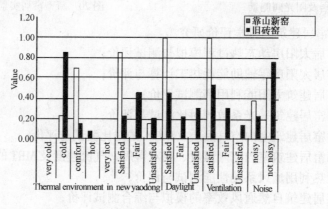

图27　80住户对新旧窑居环境主观反映对比
（其中对自然通风和自然采光的满意率为100%）

五、主要创新成果

1. 传统窑洞民居生态建筑技术体系

传统窑洞民居中蕴涵有丰富的协调人与自然关系的生态建筑经验；采用现代建筑科学方法将其变成了可用于当地居住建筑设计的定量化的技术体系，包括节能设计、节地设计、太阳能利用设计、自然通风设计、自然采光设计、地冷地热利用技术与设计、窑居热舒适评价指标体系等。

2. 新型绿色窑居建筑设计理论和方法

运用人居环境可持续发展的思想和绿色建筑原理，提出并成功地验证了中国传统窑洞民居建筑再生和可持续发展的理论；研究建立了既能满足现代生产生活方式，又具备节约能源、高效利用资源、保护自然生态环境特点，还继承了优秀的地方传统居住方式、生活习惯和生态建筑经验的新型窑居建筑设计理论和方法。

3. 新型零辅助能耗窑居太阳房的动态理论和设计方法

合理的空间形式和构造方法，可以在窑居建筑中实现零辅助采暖和空调能耗；项目研究从人体热感觉、窑居热环境需求、平面与空间、构造与材料诸方面，首次解决了窑居建筑实现零能耗的热工设计问题以及窑居建筑空间形态与太阳能动态利用有机结合的关键技术问题。

4. 新型窑居建筑绿色性能与物理环境评价指标体系

通过理论分析和对传统窑居与示范工程的几个冬夏季的对比测试研究，首次建立了新型窑居绿色性能与室内外物理环境的评价指标体系。

5. 新型绿色窑居建筑及示范工程

新型绿色窑居建筑为黄土高原地区提供了一种新的适宜的居住模式。在延安枣园村进行的试点示范工程建设是整个项目研究成功的关键，也是项目研究中条件最为艰苦、难度最大、遇到问题最多的子项，当然也是研究目的和意义最大的体现。几年不懈的努力，在实现80户"绿色"窑居建筑的过程中，培训出了80户"绿色"居民，他们已经成为新型绿色窑居建筑的受益人和推广者。

6. 初步建立了传统民居生态建筑经验科学化及再生研究的思想和方法

新型绿色窑洞民居建筑的研究成功，表明我国不同地区优秀传统民居与现代绿色建筑原理和绿色建筑技术相结合，是传统民居建筑的发展方向。同时，为中国传统民居建筑文化与生态建筑经验的再生提供了样板，从理论和实践上为解决我国西部乡村人居环境的可持续发展提供了一条捷径。新型绿色窑居建筑在陕北延安地区成为一种"时尚"居住建筑，彻底改变了"传统窑居＝低级落后"的观念，许多人们期望建造、拥有一套新型绿色窑居，见图28。

图28 群众自发联建新窑居

刘加平　西安建筑科技大学建筑学院　教授　邮编：710055

丹麦区域供热收费体系

丹麦区域供热委员会

1. 概述

本篇文章主要介绍丹麦区域供热系统应用的收费体系，文件由丹麦区域供热委员会中国分会提供。

本篇文章探讨建立适当收费体系和热耗计量的益处，从而达到减少供热成本、节约能源和改善环境的目的。

经验证明，引入适当收费体系和计量管理系统，并结合二级系统与所连接建筑的供热控制，与提高用户节能行为意识之间有不容置疑的联系。

以下图表表明了丹麦自1973年至1997年每平方米房屋面积能量消耗的减少量。在这期间，能耗减少了大约50%。

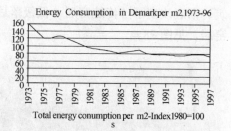

Total energy conumption per m2-Index1980=100s

丹麦真正获得区域供热发展是在20世纪50年代和60年代初期。最初的契机源于燃油的低廉价格。相当数量的供热系统在那时建立起来，通常工程或承包公司发起热力管网和热力站的建设。一般来讲，这些供热系统的建立按照独立的合作化模式，或是由用户组成的合伙体制。当然，市政机构也会投资建设一些供热系统。

当时在丹麦，92%的能源供应依赖进口，但1973年发生能源危机引起燃油价格首度暴涨，因此人们开始尝试各种努力减少对燃油的依赖。十多年来，丹麦的能源供应以燃煤为主；大量电厂转成热电联产的方式，并在一些大型区域供热系统中应用，形成对当地现有采暖系统的联网和延伸。同时，许多城市也利用垃圾作为燃料。

整个80年代，政府颁布法令要求各级市政管理部门建立各城镇范围内的区域供热总体规划，明确所有地区的供热方式，例如集中供热、燃气或其他供热体系。如今大多数城镇采用区域供热系统，占到丹麦全国所有建筑物供热方式采用的55%以上。

提高用户节能行为意识与分户计量和相应的收费体系有着显而易见的联系。总体经验表明，采用分户计量和供热控制系统可使能耗明显降低，通常节约30%左右。

另外，一系列其他措施对于丹麦的整体节能成就也很重要，例如，提高能源供应系统的效率（在热源及热网中加设计量装置等）以及改善建筑物总体标准。

从1970年到2000年，通过广泛应用这些措施，丹麦室内采暖总能耗降低了50%，特别应指出的是建筑物的总采暖面积相应增加了45%。

这些令人印象深刻的数字是各种措施的综合结果，其中最为重要的一项内容是丹麦在所有建筑物中广泛实行分户计量。

2. 收费系统

2.1 总则

在计划经济体制下，采暖费被纳入到房租中而且享受很高补贴，因此人们完全没有意识到供暖是一种费用支出。这直接导致了低效、能源浪费以及不必要的环境污染。通过引入收费体系，使用户支付实际耗热量，会使这种状况得到改善。

根本上讲，建设和运行供热系统的成本应从用户上缴的热费中全部回收。在许多情况下，即使成本全部回收不可能在一夜之间完成，但是引入适当收费和计量体系是促使用户提高节能行为意识，最终达到减少补贴、健全系统经济的惟一途径。

如果用户按照热耗量交费，基本条件是用户可以自行调节室内温度。这样，用户可以自由选择自己所需热量的多少。换句话说，用户有降低热费账单的可能性。

另外一个重要因素是政策法规、所有权等问题。通常来讲，政府指导方针对于保护用户权益很有必要（即非盈利原则）。然而，建立区域供热体系中的健全经济仍将成为最终目标。

2.2 收费原则

无论供热系统是私营企业还是公共设施，收费体系必须反应出供热的固定成本和可变成本两部分。因此，收费体系必须包含两个不同因素：

固定费用因素——即供热系统中的固定成本——这部分成本不随售出热量多少而变化。

可变费用因素——即从热源到用户的可变成本，主要受燃料成本以及运行和维护费用的影响而变化。

收费体系应以公平、实际供热系统的真实成本为基础，反应固定成本与可变成本的真正发生与分配，从而避免供热公司出现财务问题。

不同地区的收费体系存在着细节上的差异，原因在于各系统的运行成本和财政安排不同。某些情况下，当大型供热系统的资本投入远远大于燃料成本或热电联产供热成本时，明智的选择是根据真实成本分配调整收费项目。这种调整目的在于激励用户提高节能意识，同时确保供热公司在一个健全的经济体制下运行。根据政府的指导方针，即收费体系应反映出供热的真实成本，并基于非盈利原则，因此收费体系的制定应遵循以下总体规则：

* 成本应由收费所得弥补是合理的。
* 每个用户必须承担供热总成本中的相应部分，从而保证其他用户的利益不受侵犯。
* 收费体系应易于管理。
* 收费体系必须体现透明原则并使用户容易理解。

2.3 成本构成

固定成本组成：

* 供热系统建设投资（本金和利息）
* 管理费用
* 运行及维护费用中的固定部分
* 其他确定费用（如税费、水损失和热损失）

可变成本组成：

* 燃料成本（包括燃料税），电费

* 运行及维护费用中的可变部分

丹麦区域供热委员会出版的热收费指南中对固定成本和可变成本划分的一些细节分别做了解释。当然，这仅是丹麦的应用经验，各国情况不同，适用收费体系也会有些具体变化。但基本上，上述成本的划分应纳入收费体系，即包括固定成本因素和根据耗热量发生变化的因素。

2.4 收费因素

收费体系中固定因素收入用于弥补所有固定费用，可变因素收入用来弥补所有可变费用。以下收费因素组成是丹麦区域供热委员会推荐的标准构成：

固定费用组成：

* 连接费用

* 服务管线费

* 固定费用

可变费用组成：

* 消耗费用

因此，当新建系统时，与用户签订的供热合同中应确定一次总付的连接费用，规定年度固定费用，以及根据计量结果支付的可变费用。这份合同通常为长期合同，并在一个固定时间段内有效，如20年。

如果是对旧有系统进行供热计量，同类合同也应规定出年度固定费用和根据计量结果支付的可变费用。

2.4.1 连接费用

连接费用是对区域供热系统建设基本投资的弥补，具体包括建设管网、热力站或其他热源（热电联产），以及热交换站和其他区域供热系统的共用设施。

连接费用指用户在与集中供热系统连接时应支付的费用，否则用户将不得不建立自用热源（"用户"在此可定义为住宅小区、房地产公司、所有者协会或是个体公寓所有人/住户）。连接费用应根据用户的实际系统安装需求能力而定（如建筑物规模、热损失计算、安装的采暖表面/功率或根据供热能力实际需求）。

原则上讲，所有用户缴纳的连接费用应与总额相符。但建设费用通常发生在收取连接费用之前，有时需要贷款。实际上，连接费用通常用来弥补供热系统投资。一般情况下，集中供热公司常用连接费用弥补部分投资，用固定费用来补偿另一部分财务费用。

2.4.2 服务管线费

此项费用用于区域供热管网至用户之间的设备维修。一般来讲，服务管线（热量表、截止阀和连接用户与主网之间管线）由区域供热公司发起建立（或所有），用户缴纳相应费用。管线与热表安装等服务项目通常使用标准价格。一般情况下，当用户与热网连接上后，就应向供热公司支付这笔费用。

2.4.3 固定费用

固定费用是用户支付的运行和维护成本，与实际耗热量没有关系，而且如果连接费用不能弥补初次投资中的全部成本，其余部分必须由固定费用补偿。

运行和维护成本多少会包括一些固定成本（如员工工资、管理及办公费用、日常维护工作等等），也包括一些直接与产热量和输送量相关的可变成本。

与供热系统产热量和输送量无关的运营和维护成本被认为是维持运营能力的基本费用，应属固定费用。

固定费用的确定可根据建筑物供热系统的安装能力或是基于供热面积，而与热耗有关的费用应记在消耗费用中。

2.4.4 消耗费用

消耗费用应包括所有与产热量或供热公司以外的单位（如热电联厂）购买的与供热有直接关系的费用。

这包括燃料费、购热费、泵用电费、补水费、水处理使用的化学药剂费，或许还有其他与系统产热量、购热量或输送量有直接关系的费用。

通常，消耗费用的多少以年度预算为基础，然后根据实际用量进行调整，价差并入下一年费用。

消耗费用应根据用户的热耗计量进行，计量可以是从区域供热公司到分输公司或直接到用户。对于旧有或新建住宅小区，热费收取一般不会在各公寓用户与供热公司或分输公司之间直接进行。通常作法是在小区建筑物的热力入口处安装主热量表，这样热费收取就成为大厦所有者与各用户之间的问题。在大部分现有楼房中，对个体用户热耗费用的公平收取依据是安装在所有室内散热器上的热分配表。因此，大厦主热量表计算的热耗总费用根据各用户的热耗费用收取，每套公寓热费的计算基于热分配表上的年度读取数据。各用户年度读取数据和热费账目通常由大厦管理机构指定的专人管理，负责准备热费账单和收取用户费用。

只有在极少情况下，特别是当用户不能进行自我调节室内温度时，用户热费收取将依据用户公寓面积大小或是容积立方米而进行。

在拥有双管供热系统的新建房屋中（水平安装），通常可为每套公寓安装一个小型热量表和热耗分配器。消耗费用的分配与旧有建筑物的方式相同。

3. 计量

热耗计量系统有以下类型：流量表、热量表、热分配表。

各类计量方法特点和优缺点简述如下：

3.1 水流量计量（流量表）

按照消耗集中供热的立方米水量支付消耗费用而不考虑用户水冷却的程度，是丹麦区域供热公司广泛应用的计量系统。这种计量原理会促使用户尽可能降低回水温度。这种方式的优势在于管网和泵的能力被最大限度的利用。而且流量表价格便宜、安装简单、维护费用低廉。

既然收费标准应以计量为基础，而按水量计量没能直接测量热量消耗，那么它不应成为收费的根本。由于在实际中不可能使管网每一处都保持相同的供水温度，用户不可能享受同等条件的供热而且这样也不公平，所以集中供热公司尝试通过在管线系统中建立旁通管来解决这一问题。这一方法可以减小水压差并提高回水温度，从而导致管线热损失的增加。

3.2 热能耗计量（热量表）

根据计量的热量进行收费是目前丹麦广泛使用的计量方法，其原理是通过对流量和供、回水温差的测定而由计算装置求得热量。热量表在丹麦区域供热系统中普及多年，至今仍应用在大部分楼宇的供热系统中。

虽然这种热量表价格稍贵，但优势在于用户仅需支付实际消耗的热量。美中不足的是这种计量原理不能促使用户尽可能降低水温。

由于安装用户冷却水装置是区域供热系统具有高效和经济特点的关键所在，因此人们采用各种鼓励措施促使用户降低水温。

许多现代供热系统采用的计量方式之一是读取用户的总计水量和总热耗量。两数相除可得到一个区域供热水冷却的平均温差表格，通过表格可清楚地看出谁是"问题用户"。在此基础上，区域供热公司联络当事用户，寻求问题的技术解决方案。在某些情况下，人们也采用经济刺激促使用户降低水温。实际上某些热量表将这些特征加以整合。

市场上常见的热量表有三种类型：机械式、超声波式和电磁式，欧盟对此的相应标准是EN1434。根本上讲，三种类型具备相同功能，但价格和性能存在差异。为了尽可能保持较低的计量成本，应选择使用年限期间总成本最低的热量表。

3.3 热能耗计量（热分配表）

大多数旧有建筑和某些新建房屋采用垂直连接的采暖方式（即每套住房内有一套或多套垂直供热管道），在这种情况下，不可能对每个用户从一处地方进行热计量——因此无法使用热量表计量。但是如果散热设备都配有散热阀（如温控阀），用户可以自行调节室温，那么就可通过散热器散热量测定住户的用热量。

安装在散热器上的热分配表有蒸发式和电子式两种。这两种热表在散热器上的正确安装位置对于准确记录用热量以使两者具有可比性极为重要。对此欧盟有相应的标准：EN834-蒸发式热分配表；EN835-电子式热分配表。

蒸发式热分配表价格较低，便于维护。它包括一个固定在散热器上的导热板，一个嵌在导热板内的玻璃管，一个散热器散热量相应的表盘和一个盖子。玻璃管内液体蒸发量反应散热器散热量。

在进行年度数据读取时，以表盘上的"单位数"为单位记录下玻璃管内对应的液体量。同时取下旧管，换上新的玻璃管。蒸发式热分配表有两种型号：传统型热表有一个稍厚的玻璃管，可以在表盘零刻度以上装盛一定量的液体，至少相当120天的冷蒸发量。而现代毛细管型分配表可以装满相当于365天冷蒸发量的液体，使用这种分配表，可以确保读取数据更精确；如果散热器不使用，不会有热消耗记录。

电子式热分配表有一块背板、一个电子元件盒、一个显示屏、一个电池和一个盖子。以"单位数"记录热能消耗。它的价格比蒸发式热分配表高，但具备许多其他优势。电子式热分配表可对温度、期间读取数据以及错误信息（如因人为破坏而报错）等数据进行储存。而且，可以进行户外读值，这就是说只有当更换电池时，工作人员才有必要入户。

4. 总结

1. 热耗计量是节约能源、改善环境的重要手段。
2. 主热量表应归区域供热单位所有，他们负责主热量表的管理以及数据读取。
3. 热表选择应符合技术标准和质量要求。热表在规定使用期间应提供准确和可靠的运行，不应出现停止工作和维修现象。
4. 计量不仅是用户付费的基础，它也为控制和优化供热系统的生产和输送提供了可能性。

5. 热计量应落实在每一层面。为使能源节约意识达到一个可接受的程度，重要的一点是为每个用户安装计量装置，如每套住房。

6. 计量每个用户的热耗量要求一名公共管理人员负责向供热单位支付热费，提供用户热费账单分配，以及向用户收取热费。

外墙外保温技术与分析

钱美丽

【摘要】 本文参照国内外资料,首先较详细地阐述了外保温墙体的优点及其主要技术问题,接着扼要介绍了三种外保温体系的做法,最后评述了以上三种外保温体系的优缺点并提了几点建议。

【关键词】 外保温墙体 外保温体系

节约能源是我国经济建设中的一项长期战略任务。改革传统的墙体提高其保温性能,是降低我国采暖建筑能耗的重要措施。为了较大幅度地提高外墙的保温性能,应坚决贯彻实施民用建筑节能设计标准的规定,很明显,采用黏土空心砖、各种混凝土空心砌块、加气混凝土砌块或条板等单一墙体材料已难满足节能50%的要求。大幅度地提高外墙保温性能的惟一途径是采用结构材料与高效保温材料结合而成的复合墙体。复合外墙的保温方式有三种,即内保温、中间夹芯保温及外保温。上世纪90年代以前,国内常用的保温方式为内保温及中间夹芯保温。外保温与其他两种保温方式相比有许多突出的优点,因此,外保温复合结构墙体已成为墙体保温方式的发展方向,特别在寒冷与严寒地区应用更能显示其优越性,理应发展和大力推广。北欧各国外保温复合墙体早已普及,其他欧美国家紧随其后也已广为应用。我国研究与应用外保温墙体较晚,自90年代初,我国积极引进多种外保温体系,在北方大城市已得到推广应用,本文参照国内外资料及多年工作经验,试图对外保温墙体的优点、主要技术问题、三种外保温体系的特点等进行阐述。外保温不仅适用采暖民用建筑和空调建筑,也适用于工业建筑,外保温既可用于新建筑,也可用在旧建筑上,这种保温做法在低层、多层及高层建筑上都可应用。总之,外保温墙体适用面极广。

一、外保温墙体优点

1. 基本上可以消除热桥

采用外保温在避免出现"热桥"方面比内保温有利,如在内墙与外墙、外墙与楼板、外墙角以及门窗洞口等部位,内保温无法避免"热桥",外保温既可防止"热桥"部位产生的冷凝水,又可消除"热桥"造成的额外热损失。

2. 改善室内热环境质量和减少采暖热负荷

室内热环境质量受室内空气温度和围护结构内表面的影响。这就意味着,如果提高围护结构内表面温度,而适当降低室内空气温度,也能获得室内舒适的热环境。因此,旧房节能改造后，墙体外侧附加了保温层，其内表面温度必将提高，这就有可能在不降低室内热环境质量的前提下，适当降低室温就可以减少采暖负荷。

3. 减少降温冷负荷

若在夜间引入室外冷空气则有利于蓄冷。此外，除外侧保温外，可再增设通风空气层以减少太阳辐射热对冷负荷的影响。

4. 热容量得到提高

采用外保温之后，结构层墙体部分的温度与室内温度接近。这就意味着，室内空气温度上升或下降时，墙体能够吸收或释放能量，这有利于室温保持稳定。虽然墙体热容量高并不能降低热损失，但能充分利用从室外通过窗户投射进室内的太阳能。

5. 墙体潮湿状况得到改善

采用外保温做法，无需设置隔气层，可确保保温材料不会受潮而降低其保温效果，还由于采取外保温措施后，包括结构层或旧墙体在内整个墙身温度会提高，从而降低其含湿量，故能进一步改善墙体的保温性能。

6. 墙体气密性能得到提高

如果外保温用在气密性能差的墙体上，如加气混凝土、轻骨料混凝土、空心砌块、木结构等结构层，则可大大提高其气密性能，从而取得进一步节约能源的效果。

7. 有利于保护基层墙体

如果基层墙体是混凝土，且为内侧保温，因受室外气候及日照的影响，使保温墙体的温度发生很大变化，并导致墙体的热胀冷缩。但是墙体同时又受到柱子和楼板的约束，墙体的伸缩将使受约束部分为中心处产生热应力，这种热应力可能是拉应力，也可能是压应力。因为混凝土的抗压能力强，而抗拉能力弱，故随温度变化而发生反复伸缩，容易导致混凝土墙体出现龟裂。如采用外侧保温，则混凝土墙体的温度变化大为减弱，往往可以避免龟裂现象的产生。

8. 便于改造与经济性好

对于旧房节能改造，进行附加外保温施工时居民仍可留在家中，无需临时搬迁，不影响住户的正常生活，且附加外保温可少占使用面积3%左右，还不致与住户引起不必要的纠纷。做外保温不影响室内装修，故深受居民欢迎。

对于旧建筑，如果外墙已有外装修，墙面已很平整，那么采用附加外保温是特别合适的。当外墙必须进行整修或抗震时，同时做附加外保温是合适的时机，也是最经济的方案。

二、主要技术问题

通常，外保温墙体是由功能分明的基层墙体、保温层、保护层及饰面层四部分组成。起承重作用的基层墙体主要有钢筋混凝土、混凝土空心砌块、黏土实心砖及黏土空心砖；保温材料通常选用矿棉、玻璃棉、聚苯乙烯板及超轻保温灰浆；保护层必须采用增强粉刷，常用多孔金属网、钢丝网、耐碱玻璃纤维以及钢纤维等作为粉刷保护层的增强措施；外饰面层除了美化建筑物外观外，还应具有防火、防水、抗冲击、抗日晒、抗冻、抗裂等优良性能；常用的外饰面材料有着色涂料、瓷砖及大理石等。如何使上述材料彼此牢固地结合在一起并与基层墙体相连接，还应确保耐候性能强和避免表面产生裂纹，这是外保温墙体的三个关键技术问题。

1. 抹灰保温层与基层墙体连接

抹灰保温层是指保温材料及其增强抹灰保护层。作用在基层墙体上的这部分额外负荷从最轻的聚苯乙烯板外保温到较厚的水泥粉刷矿棉外保温，其重量约为 10 kg/m² 和 50 kg/m²，几乎毫无例外，这部分额外负荷对基层墙体并没有多大影响，因而可忽略不计。但由保温材料及其增强抹灰保护层和饰面层所构成的矿棉外保温比较重，其自重必须考虑在内。

抹灰保温层与基层墙体主要有以下四种连接方法：

（1）连杆托架

连杆托架起到悬臂托架作用，用它来支承抹灰保温层的自重，这是一种刚性连接方式，如用于矿棉外保温体系。

（2）斜连杆托架

斜连杆托架也称摆式连杆托架，用它来支承抹灰保温层的自重，这是一种柔性连接方式，可避免与减少抹灰层产生裂纹，适用于矿棉外保温墙体。

（3）长螺杆

采用长螺杆支承聚苯板的自重，并把聚苯板固定在基层墙体上。

（4）胶粘剂

采用胶粘剂把聚苯板贴在基层墙体上，抹在聚苯板上的粉刷，其弹性系数应较低，必须采用耐碱玻璃布增强，而聚苯板的刚度则较高。这种做法与灰浆抹在硬质材料的基底上很相似，两者结合的非常牢固。

（5）喷涂超轻保温灰浆

以厚厚的超轻灰浆作保温材料直接喷涂或抹在基层墙体的表面上，然后再喷涂外饰面，若需贴瓷砖则应设置钢丝网。

2. 裂纹的产生与消除

（1）产生裂纹的原因

抹灰层产生裂纹原因比较复杂，其中最主要的有：因抹灰层自重引起的位移和应力。对于用泡沫塑料保温板上抹增强粉刷层的做法，因自重引起的位移很小，所以不应该产生任何问题，因抹灰层开始凝固硬化而产生收缩位移，这种现象很难避免。为了尽可能减少因收缩而引起的裂纹，最重要的是应采用抗裂砂浆，还应注意施工季节。如刚做完抹灰层后受大雨淋湿，抹灰层的含水量很快达到饱和状态，随后立即受到强烈的阳光照射，抹灰层会很快干燥而产生收缩裂纹。在抹灰层内温度波动几乎完全取决于室外空气温度、垂直面上的太阳辐射强度、抹灰层外表面材料的太阳辐射吸收系数及其外表面换热系数。综合温度随年和日变化，此值越高，抹灰层内产生的热应力位移越大，产生裂纹的可能性也越大。上述三方面是表面产生裂纹的主要原因。

（2）对裂纹的基本要求

彻底消除表面裂纹是不现实的，因此，解决裂纹问题实际上是限制裂纹的允许宽度问题。到目前为止，国内外对此尚无明确的有关允许裂纹宽度的规定。但在实践中应考虑到因裂纹所引起的影响因素：

——影响墙面观感；

——受大雨淋湿后，雨水渗入墙体内部；

——降低保温及气密性能。

（3）消除或减少裂纹产生的危险

细裂纹是难以完全避免的，因此任何消除在抹灰层内出现具有危险性的裂纹是主要问题，原则上，为了消除因拉伸应力而形成的裂纹，可采取如下措施：

——允许抹灰层同基层墙体间自由地移动；

——如果抹灰层具有足够的抗拉强度，若抹灰层内设置了耐碱玻璃纤维布或钢丝网，那么可以允许抹灰层内产生应力；

——适当地设置膨胀缝。

3. 增强或加筋的作用

毫无例外，外保温墙体上的抹灰层必须增强，增强措施随其所采用的材料、形状和数量而不同。如以多孔金属网、钢丝网、钢纤维或耐碱玻纤网作为抹灰层的增强或加筋措施，可起如下作用：

——抹灰层投入使用的最初阶段，采取增强措施是防止产生裂纹的关键；

——增强钢丝网可用来固定连杆和其他连接零件；

——增强措施可提高机械强度；

——增强措施可用来分散所出现的裂纹。

为此目的，必须增强充分，因此必须进行适当的设计。因为抹灰层的极限抗拉强度相当低，不大可能阻止因拉伸应力而产生的裂纹，但应使这种裂纹细小到没有危害的程度。

4. 膨胀缝

对于宽和长的墙面，会产生较大的拉伸应力，必须分割抹灰层，设置膨胀缝来限制拉伸应力，阻止其裂纹的产生。即使开裂的危险不能完全避免，设置膨胀缝也起着重要作用，因为发生在裂纹内的最大位移是由接缝之间的距离决定的。

至于设置膨胀缝的需要和膨胀缝之间的距离问题一般说来很难答复，现在只能这么说，对于采用连杆托架、摆式斜连杆托架（柔性连接）、长螺杆三种连接方法的外保温体系，设置膨胀缝是有好处的，但对于采用胶粘剂及喷涂超轻保温灰浆的两种外保温体系，只可能产生小的位移，所以不必设置膨胀缝。

5. 应力集中

通常墙面被窗户之间的垂直和水平线条所分割，从而产生应力集中，在窗户四周尤为明显。裂纹首先在应力集中的部位产生，最早出现的这种裂纹，其宽度和长度会逐渐增大和延伸，直到应力消失才终止。如果抹灰层中的增强措施还能起分散裂纹的作用，那么新的裂纹将在比较靠近最先出现裂纹的地方发生，依此类推。加筋或增强措施的分散裂纹功能描述如下：

——如果不设置裂纹分散筋，那么出现的单条裂纹，其宽度可大到 2mm 或 3mm，这种裂纹当然是有害的。

——设置裂纹分散筋不仅仅是为了防止产生裂纹，而且有可能以细裂纹替代有害的宽裂纹。

需设加强筋的主要有如下部位：

——窗户四角应力集中的部位应设置加强网加强。

——外墙角底部应用增强网加强。

6. 雨水冲刷

倾盆大雨会把墙面淋湿与浸透，大量雨水被保温材料所吸收，造成多种有害的结果。在恶劣的条件下，吸入的水分要经过若干年才能排出。为此，理所当然对抹灰层提出了很高的抗冻要求，显然，墙体外表面出现宽裂纹是不能接受的，尤其是暴露在倾盆大雨之中的墙表面，限制宽裂纹尤为重要。

7. 防火

外保温墙体的各种组成材料都要有不同程度的防火能力。

——墙体内不采用易燃材料，因而火势不会蔓延。但遭遇到火灾时有大块粉刷脱离的危险，务必加以考虑，以防伤人。

——墙内采用易燃材料能促使火焰蔓延，发生火灾时有大块粉刷脱离，十分危险。

针对层数不高而需要做附加外保温的建筑物，防火规范随着层数的增加变得越来越严格了。以4层和8层作为防火等级要求的分界线。

8. 表面性能

饰面层做在保温层之上意味着饰面材料铺在易变形和压缩的基层上面。饰面层应能承受住冲击和碰撞，其稳定性取决于基底材料的种类、饰面层的厚度及其加筋的种类。此外，小五金之类的固定方法，如天沟、落水管及标牌等均应细致地处理妥当。

9. 自重引起的位移和应力

采用胶粘剂把薄薄的抹面胶浆涂抹在聚苯板上的体系不应该发生任何问题，因自重引起的位移很小。

采用连杆把较厚抹灰层的支撑件固定于基层墙体之上，这种体系通常是基于其工作原理，这意味着应特别注意因自重所引起的位移和应力问题。

下面叙述各种不同类型的连杆工作方法：

——刚性托架支承抹灰层并固定于建筑物的勒脚底座上面。抹灰层的自重由埋在抹灰层中的直线条浇注件承受并悬垂于托架之上，这种设计方案可因勒脚承担自重造成的位移变得很小。不过，由抹灰层早期的塑性变形还可能会出现一些位移，这种位移因抹灰层加筋而受到限制。

——把连杆作为支撑托架来承载抹灰层。由抹灰层自重引起的位移，其结果是坚硬的固定连杆发生向下的弹性变形。由于每个连杆支撑的抹灰总量不大，因此由自重所引起的向下位移也不大。

——允许向下小量位移的自重支承系统会导致在连杆中产生拉力在保温材料内产生压力，涉及到的各种因素若能调节适当，就能保持其位移被控制在允许范围之内，这些因素是：

——抹灰层的自重；

——每平方米的连杆数量；

——连杆的固有角度；

——保温材料的压缩模量。

除了以上三种连杆工作原理外，还有抹灰层通过木支柱锚接的，由抹灰层自重所引起的位移应该很小。

10. 耐候性

我国幅员辽阔，地型复杂，各地气候差异悬殊。为了抵御不同气候条件下的各种气象因素对外墙外保温体系的危害，应满足耐候性要求。耐候性是指各种外墙外保温墙体抵御不同气象因素作用的性能。这里的气象因素主要有室外温度、日照、风沙及雨水等。

外保温体系在实际使用中会受到相当大的热作用，其中室外空气温度、日照及风速是决定性因素。在保温材料外侧抹灰，保护层内温度变化十分激烈，其程度比以导热材料为基底的保护层温度要大的多。由于聚苯板或矿棉板保温性能特别好，其保护层温度在夏季可高达80℃。夏季持续晴天后突降暴雨所造成的表面温度变化以及阳光照射部位和阴影部位之间的温差可达50℃之多。夏季高温与日照还会加速保护层老化。保护层中的某些材料受紫外线辐射、空气中的氧气和水分作用而失效。

外保温体系保护层材料的性能主要涉及聚合物水泥砂浆的抗裂性、与聚苯板的粘结强度、耐老化性能以及玻纤网的抗拉强度、拉伸伸长量和耐碱性。

外保温体系的施工质量问题主要有聚苯板拼接缝不严密、聚苯板打磨不平整、玻纤网增强聚合物水泥砂浆层太厚或不均匀以及玻纤网在砂浆中位置安排不当等。

外保温体系的设计问题主要涉及分割缝的设置、保护层门窗洞口与阳角部位以及与不同构造的结合等的处理是否妥当。

外保温墙体的耐候性能应按国家行业标准"JG 149—2003"《膨胀聚苯板薄抹灰外墙外保温系统》附录C的试验方法严格测定，并以被测墙体表面有无裂纹、空鼓、剥落等现象为依据作出科学的评价结论。

三、外墙外保温体系实例

1. 矿物棉外保温

矿物棉外保温可用于低层、多层或高层民用建筑，既可用于现有建筑节能改造，也适用新建筑。

（1）矿物棉外保温墙体特点

a. 本体系采用特制的柔性防锈金属连接件把矿棉板固定在基层墙体上，然后用镀锌点焊钢丝网与特种砂浆组成改性钢丝网水泥作为保护层，最后喷涂或人工涂抹着色涂料饰面或贴面砖。保护层及其饰面层相对基层墙体是可以移动的，从而阻止了因水分和温度作用引起在保温层内产生拉伸应力，导致裂纹的产生。

b. 本体系有质地坚硬、色彩丰富的饰面层，并具有抗冲击力、抗冻、防风及向室外扩散水分的能力。

c. 本体系防火性能优良，不会燃烧，火焰不会蔓延。

d. 本体系具有优异的保温性能，还可降低噪声，促使住宅区安静舒适。

e. 本体系适用于各种建筑墙体，如混凝土结构、砖混结构、加气混凝土结构及木结构等。

（2）墙体构造

a. 基底墙面　本外保温体系适用于各种结构的外墙，无论是新建筑还是旧建筑，基底无需进行任何处理，可以直接施工。

b. 连接件　本外保温体系采用特制的防锈金属柔性连接件，用射钉枪将其固定在墙面上，该连接件有较大的抗风能力并可承自重。

c. 矿棉板　容重 $100kg/m^3$，导热系数 $0.045W/(m·K)$，其厚度根据建筑节能标准要求确定。

d. 钢丝网　采用镀锌点焊钢丝网，与特种砂浆组成改性钢丝网灰浆。

e. 保护层　以水泥、石灰、集料及外加剂按一定比例配合，厚度为 10～15mm。

f. 外饰面　可喷涂料或其它饰面材料。

（3）基本质量要求

a. 必须把连接件牢固地固定在基墙上，应能承受自重与风荷载，每 $1m^2$ 墙面积不少于 3 个连接件。

b. 本体系对墙表面的平整度要求不高，但要把矿棉保温填严实。

c. 尽量避免保护层表面出现裂纹，实际上，完全消除裂纹是不现实的，问题是应消除有害的宽裂纹，对此应考虑美观要求、墙面受暴雨袭击、气密性与保温性能下降的不利影响。

2. 聚苯乙烯外保温

近年来，聚苯乙烯外保温墙体在我国得到较大的发展与应用，这种外保温体系的技术最早是从国外引进的，美国、德国及法国的同类技术大同小异，其设计原理及构造做法基本相同。

（1）聚苯乙烯外保温墙体特点

a. 聚苯乙烯外保温墙体是由基层墙体、粘结胶浆、聚苯乙烯泡沫塑料板、玻璃纤维网格布、抹面胶浆、面层涂料组成。其中粘结胶浆（同抹面胶浆）是一种液体聚合物材料，用于基层墙体上粘结聚苯板和用在聚苯板上粘结网格布以及找平外墙面，具有良好的粘结力。所采用的粘结胶浆较薄且具有较低的弹性模量。

b. 本体系具有良好的保温、防水和水蒸气渗透性能，以及合适的装饰效果，若喷涂罩面层，还可以增强系统的抗粉尘能力。

c. 由于本体系中含有易燃材料，在瑞典对于这种体系是有规定的，比如建筑物使用高度有限制，医院及疗养院等建筑不论层高多少一律不准采用。

d. 本体系使用粘结胶浆来粘结保温材料及增强网格布等，无需金属固定件，所以不存在热桥。

e. 本体系的突出优点是施工简便、省工又省料，能大大缩短工期。

（2）基本质量要求

a. 本体系所采用的材料如胶粘剂、聚苯板、网格布、面层涂料应列出其主要技术性能指标要求。可根据国家行业标准"JG 149—2003"的规定，对有关项目进行检测。

b. 基层墙体表面必须清理干净并填实补平和清除凸起部位，以利于保质保量地把聚苯板贴牢。

3. 特种保温灰浆外保温

本体系是在基层墙体表面喷或抹一层厚的特种保温灰浆。这种容量很低的保温灰浆是由聚合物胶、水泥及聚苯乙烯颗粒为集料按一定比例配制而成。

（1）特种保温灰浆外保温的特点

a. 自重轻

保温灰浆的自重及其他的作用力被粘结力所吸收，因此，本外保温体系重量轻是一个重要特点，厚度为 80mm 的保温灰浆大约相当于 15mm 厚的普通石灰水泥粉刷。此外，还有一层厚 5～8mm 的石灰水泥表面饰面层，总重量大约相当于 20～23mm 的普通石灰水泥粉刷。

b. 附着力

保温灰浆层与基层墙体之间的附着力是靠打底灰浆和增强网来保证的。

c. 防火

保温灰浆层为难燃材料，表面饰面层达一级防火标准。

d. 保温灰浆

保温灰浆以膨胀聚苯乙烯颗粒为集料，其最大粒径为 2mm，密度约 300kg/m³，导热系数为 0.080W/(m·K) 左右，比矿棉高一些。

(2) 墙体构造

本外保温体系构造比较简单，有基层墙体、涂抹底层材料做基层打底、保温灰浆层、网格布及外粉刷。

(3) 基本质量要求

基层墙体的外表面应清除干净，对于旧房节能改造工程，可保留旧的粉刷，但必须除去已松散的粉刷层，以促进附着力的产生。

本外保温体系对基层墙体外表面的平整度无特别要求。

上述三种外保温是目前国内外常见的体系，采用了不同的保温材料、不同构造方法及不同的设计原则，且有一定的代表性，它们都能满足安全、耐久、美观与适用的基本要求。

四、结语与建议

1. 结语

矿棉（岩棉）外保温体系，瑞典是该体系的发源地，已有30多年的使用历史，技术上已很成熟，能满足安全、防火、耐久、美观与适用的基本要求。

聚苯板保温体系，美国在技术上处于领先地位，也有30多年的使用历史，能满足安全、耐久、美观等要求，但防火性能较矿棉外保温体系差，胶粘剂的耐久性有待长期考察。本外保温体系施工快而简便，这是本体系的突出优点。

特种保温灰浆外保温体系，具有较良好的保温性能与防火性能，其构造简单施工方便，成本低于上述两种体系。

2. 建议

(1) 因地制宜、就地取材选择外保温体系。根据当地气候条件、节能要求、建筑材料，特别是保温材料的资源与供需状况及施工力量等因素选择应采用何种外保温墙体。

(2) 除了技术上是切实可行之外，还必须进行深入细致的经济分析。

(3) 根据我们的耐候性试验结果，本人不建议在薄抹灰外墙外保温系统上应用较重的饰面材料。以避免重蹈覆辙，造成严重后果。

(4) 应高度重视防火问题，尤其是采用聚苯板外保温体系。

参 考 文 献

Bengt Elmarsson. Plastering on top of additional insulation. Sweden, 1980.

钱美丽　中国建研院物理所　高级工程师　邮编：100044

锋尚新型组合外保温隔热技术的应用

史 勇

【摘要】 一种能够满足节能65%要求的新型外保温隔热技术在北京锋尚国际公寓经受了三年的实际使用的检验，本文具体介绍了这种技术的设计、选材及施工。

【关键词】 外保温 隔热 节能65% 空气层

目前，建筑节能技术的研究和推广在我国呈现一片欣欣向荣的局面，北京也在2004年率先开始推行强制性节能65%的标准。但是，目前市场上的大多数外保温技术还存在一些问题，其中包括：

1. 保温层与装饰面层的结合的安全性和耐久性存在问题，随着节能水平的提高，这个问题就更加突出；

2. 装饰面的方式和艺术表现力薄弱，主要采用涂料或小块轻体瓷砖（要求35kg/m² 以下），外墙可洁净能力差；

3. 缺乏有效的隔热做法，防止太阳辐射能力有欠缺，缺乏有效的排湿措施，实际使用寿命受影响，在南方地区使用时这个矛盾可能会更加突出；

4. 外保温层抗负风压能力差，易被强风破坏。

因此，需要一些新型的外保温隔热技术系统来综合解决节能与建筑外观的矛盾，并使建筑保温隔热能力能够更加持久。

作为北京市节能65%试点工程的北京锋尚国际公寓，是由北京锋尚房地产开发有限公司自主设计、开发的高舒适度低能耗公寓，2003年3月全部入住。因全面采用高舒适度低能耗技术，而使得该公寓达到并超过节能65%的水平，同时创造了更加理想的室内健康舒适环境。

要降低建筑能耗，墙体非常重要，由北京锋尚房地产开发有限公司、北京威斯顿设计公司及其他国内外科研、设计与施工企业联合研制了适合于我国大多种气候条件下的新型组合外保温隔热技术。

一、系统的特点

1. 极大地提高了墙体的保温效果，其综合传热系数为 $0.3W/(m^2 \cdot K)$，比我国现行的节能50%的建筑节能设计标准《民用建筑节能设计标准（采暖居住建筑部分）北京地区实施细则》中的 $1.16W/(m^2 \cdot K)$ 的要求高近4倍，比节能65%要求外墙传热系数达到 $0.6W/(m^2 \cdot K)$ 高2倍。

2. 适应范围广，从低层、多层到高层，从砖混、框架、钢结构到剪力墙结构，从南方炎热地区到北方严寒地区均能适用。

3．抗震、抗雨水、抗冻融、抗风压能力强。

4．装饰效果好。因采用大块瓷板，最大可到800mm×1200mm，可以有多种表现方法，装饰效果与小瓷砖和涂料的有很大不同，在高档住宅中有着很大的市场。

5．持续保温能力好。流动的空气层将冷凝水、雨水、湿汽自动挥发，确保保温材料的干燥，延长保温材料的寿命。

6．采用装配化施工，施工安装方便，效率高。

7．维修方便，系统可支持任意一块瓷板的更换。

二、系统的材料选择及参数

1．聚苯乙烯板保温材料（如果使用玻璃棉板，就会极大增强其防火灾的能力）发泡阻燃自熄型，其性能参数见表1。

聚苯板性能　　　　　　　　　　　　　　　　　表1

表面密度 kg/m³	导热系数 W/(m·K)	吸水率 %（V/V）	氧指数 （%）	厚度偏差 （mm）	EPS板符合GB 10801—89标准中ZR阻燃型第一类要求
25	≤0.041	≤6	≥30	±2	

2．胶粘剂：丙烯酸聚合物水泥砂浆，由乳白色液体和灰白色粉体双组分组成，胶体应无沉淀、均匀、无成块现象；粉体应均匀，无结块、变色现象；产品应无肉眼可见外来杂物；该胶粘剂设计寿命60年以上。理化性能见表2。

瓷板理化性能　　　　　　　　　　　　　　　　表2

项　　目		要　　求
与混凝土抗拉粘结强度	干燥状态	≥0.30，且粘结面不应出现任何脱胶
	经48h浸水，出水2h	≥0.10，且粘结面不应出现任何脱胶
	经48h浸水，再干燥7d	≥0.30，且粘结面不应出现任何脱胶
与聚苯板抗拉粘结强度	（MPa）	≥0.10，且粘结面不应出现任何脱胶
与聚苯板相容性	（mm）	降解厚度≤1
蒸汽渗透阻值	（m²·h·Pa/g）	≤3×10³
不透水性	（h）	整个表面全部湿透的时间≥2
吸水率（重量比）	（%）	≤20

3．瓷板：锋尚使用的常规尺寸为200mm×600mm，系统可支持的最大瓷板尺寸为800mm×200mm，13～15mm厚；允许误差见表3；表面质量要求见表4。

瓷板允许误差　　　　　　　　　　　　　　　　表3

项　　目	允许偏差值		检查方法
	饰面用瓷板	地面用瓷板	
长度、宽度	±1.5mm	±1.5mm	用钢尺
厚　度	+1/-0.5mm	+1/-3mm	用游标卡尺（最小刻度为0.02mm）

续表

项 目	允许偏差值		检查方法
	饰面用瓷板	地面用瓷板	
边 直 角	±1mm	±1mm	按 GB 11948 检查
直 角 度	±0.2%	±0.2%	同 上
中心弯曲度	±2mm	±2mm	同 上
翘 曲 度	±2mm	±2mm	同 上

瓷板表面质量要求　　　　表 4

缺陷名称		表面质量要求	
		饰面用瓷板	地面用瓷板
分层、开裂		不允许	不允许
裂纹		不允许	不超过对应边长的6%
斑点、起泡、溶洞、落脏、磕碰、麻面、疵火		距离板面2m处目测，缺陷不明显	距离板面3m处目测，缺陷不明显
色差		距离板面3m处目测，色差不明显	同 右
抛光板	漏磨	不允许	不明显
	漏抛	不允许	板边漏抛允许长度≥1/3边长，宽限3mm
	磨痕、磨划	不明显	稍 有

4．幕墙金属件及龙骨：钢制，热镀锌。瓷砖卡件为铝合金阳极氧化处理。

5．螺丝螺母：不锈钢制，外露部分加聚氨酯发泡材料保温。

6．金属埋件隔热断桥：5mm 厚尼龙隔热垫。

三、特殊部位的处理

1．女儿墙部分，该部分国内通常不做保温，不仅会形成热桥带来能耗的增加，也会导致室内一侧结露发霉。锋尚的女儿墙高约 1.9m，用同样的保温材料一直将女儿墙完全包裹起来，并与屋面保温连接起来。

2．阳台及空调室外机板部分，也用同样的保温材料完全包裹起来，以消除热桥。

3．地下部分，外墙外保温层一直延伸到地下 1.5m 处，北京地区的冻土厚 0.8m，减少室外地坪的热桥作用(见图 1)。

4．出屋面楼、电梯间也全部做上 100mm 厚的外保温。

四、与其他保温方式的比较

1．与传统的外墙内保温方式比，基本消除了冷桥；保温的同时也保护了建筑的主体结构，延长了建筑的使用寿命；增加了房屋的使用面积。

2．与外墙外粘贴聚苯乙烯保温板再刷涂料或贴小瓷砖的保温方式比，能更有效地避免冻融现象；抗风压能力强，尤

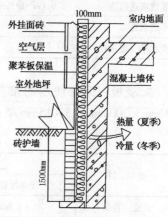

图 1　地下保温示意

其是开放式的空气层,消除了负风压对保温层的影响;抗雨水性能好;因不需通过保温材料传力至幕墙,因此能增加保温材料厚度,可适应更高的保温要求;

3. 干挂幕墙系统为独立受力体系,因而可采用较大规格的瓷板作为外饰面,装饰效果明显;且自洁性能好,有利于城市面貌的整洁;这种保温方式更有利于高层建筑上的使用,适合我国的具体情况。

4. 由于有着空气层和瓷板幕墙,保温材料受因太阳辐射而引起的温度和紫外线影响很小,寿命更长久。

五、施工技术

1. 施工技术要点

(1) 安装主龙骨金属预埋件

在结构施工安装幕墙预埋件时必须确保预埋件的位置准确,为外保温隔热系统的施工顺利进行创造有利条件。

为保证预埋件位置正确,需将埋件厚度设计此墙厚小1mm,使埋件与模板系统结合起来。这样,内外模板可夹紧埋件,避免了埋件向内外、左右偏移。同时,埋件又对模板起到支撑作用,保证了墙体截面尺寸控制在允许范围之内。见图2和图3。

图2 预埋件安装图

图3 预埋件安装效果图

另外,预埋件锚固端的加工可利用现场短钢筋进行焊接,既利用了短钢筋又降低了加工成本。

(2) 外墙基层处理与清理

A. 对外墙大角及门窗口的垂直度进行拉通线检查;大面的平整度用靠尺检查,超差部分剔凿并用聚合物砂浆修补找平。

B. 墙体基面必须清理干净,没有油污、浮尘等杂物,没有凹凸不平现象。油污用火碱水和钢丝刷清理。

(3) 放线

A. 因外墙面为干挂饰面砖幕墙,龙骨较复杂,施工前应进行排板设计。

B. 根据排板图,在墙上弹出横竖控制线,并标注板号。

C. 放龙骨位置线,主龙骨为竖向,连接主龙骨与预埋件的角钢设于竖向板缝中。

(4) 安装主龙骨连接件、安装主龙骨及安装次龙骨主龙骨连接件为不等边角钢,采用满焊连接的方法固定在预埋件上。焊接前在角钢上钻长孔,以便保温板施工完毕后用螺栓安装主龙骨及便于调节位置。保温板施工完毕后,先在主龙骨上钻好螺栓孔,再用螺栓将主龙骨安装在连接件上,穿螺栓时必须垫好隔热垫片。次龙骨采用沉头螺丝固定在主龙骨上。见图4和图5。

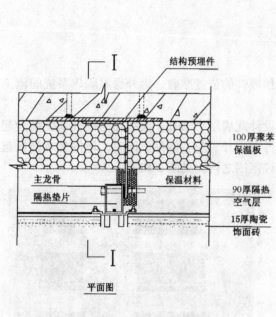

图4 龙骨安装平面图

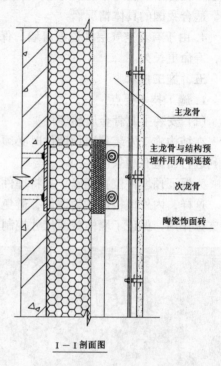

图5 龙骨安装Ⅰ—Ⅰ剖面图

(5) 配制粘结胶浆

A. 将SR-1胶乳液和粉料按1:3的质量(重量)比用电动搅拌器充分搅拌均匀,注意徐徐加料,并加入适量清水。

B. 不得一次过多投入粉料,加水量要适中,以不离析为度。

C. 胶搅拌好后必须静置5分钟后方可使用。

D. 配置好的粘结胶浆必须在3小时以内用完。

(6) 安装聚苯保温板

A. 安装顺序:自下而上,沿水平方向一排排地安装。

B. 用搅拌均匀的粘结胶浆在聚苯板四边打胶,厚度控制在8~10mm,宽度为30~50mm,并在聚苯板中部均匀地打6或8个直径为100mm的粘结点,厚度控制在8~10mm。

C. 将有胶浆的聚苯板粘贴在墙面上,粘贴时可小范围地滑动,使聚苯板与墙面有效粘结。

D. 聚苯板上下要错缝粘结,聚苯板上下错缝1/2;阴阳角处相邻的两个墙面聚苯板必须交错连接,见图6。

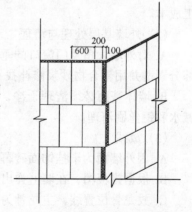

图6 阳角外保温做法示意图

E. 门窗洞口处保温做法见图7。

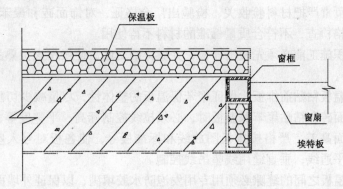

图7 门窗洞两侧保温做法示意图

F. 龙骨处保温做法见图8。

G. 每粘完一块板，应及时清除多余的胶粘剂，板与板之间不许留有剩余胶浆；板与板之间不得留有间隙，如出现间隙，应用相应宽度的聚苯板填塞。

H. 粘贴时严禁用手和其他工具拍打聚苯板，尤其是板的四角。

Ⅰ. 自然养护：自然养护8小时以上，再进行下一排板的安装。

（7）干挂陶瓷饰面砖幕墙的安装本工程采用 $600mm \times 200mm$ 的饰面砖。每块瓷板上下两个侧面有两条预制凹槽，利用它可将面砖卡在次龙骨上。大面分格采用拉丝金属线嵌缝，见图9。

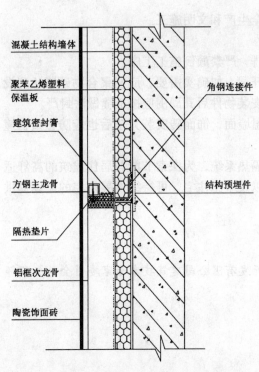

图8 龙骨处保温做法示意图

图9 干挂陶瓷饰面砖幕墙效果图

2. 质量保证措施

(1) 由专人负责严把材料验收关，检验出厂合格证，对饰面砖和聚苯板的规格尺寸、平整度等进行严格检查，不符合质量标准的材料不得使用。

(2) 在大面积施工前必须先做出样板，并做详细交底，使操作人员熟悉施工工艺和施工质量要求。

(3) 聚苯保温板粘贴前排板，保证聚苯保温板的整体性，尽量减少切割量及碎块量。

(4) 安装饰面砖和粘贴聚苯保温板时，必须拉线控制标高、平整度等，并随时控制调整相邻两板的表面高差。严格按排板图放线和标准板号，使各板对号入座。安装每一排板，都必须挂水平通线，垂直缝用线坠吊线控制。

(5) 所有保温板之间的缝隙必须用专用发泡防水胶填满，以保证外墙面的防潮效果。

(6) 干挂饰面砖前应对其进行预排，水平方面要求水平缝与窗台齐平，竖直方向要求阳角与窗口处都是整砖，并根据已确定的缝做分格条。

3. 安全要求

(1) 施工用架子必须有可靠的安全保护措施，搭设完并经验收合格后方可使用。

(2) 架子上操作人员必须戴好安全帽、系好安全带，不得在架子上打闹，安装用工具应放入工具袋，以防坠物伤人。

(3) 保温板、外墙饰面砖上架子时数量不宜过多，且不得集中堆放，严禁超载。

(4) 保温板安装时要临时固定，以防板材滑落。

(5) 严禁任意拆改脚手架，如确有需要应由专业架子工操作，其他任何人不得私自改动或移动架子。

(6) 严格遵守有关安全操作规程，确保安全生产和文明施工。

4. 成品保护措施

(1) 施工中各专业工种密切配合，合理安排，严禁颠倒施工工序。

(2) 对安装完毕的外保温墙面，严禁剔凿开洞。如确实需要，应在聚合物砂浆达到设计强度后，用无齿锯或薄壁钻由外向内开洞，安装物件后其周围应按板缝做法封严。

(3) 保温板安装完一天内应该严防碰撞保温墙面，饰面砖安装完毕后也应防止重物撞击。

北京锋尚国际公寓采用的新型复合外保温隔热系统，为探索节能与居住建筑的高舒适度进行了有益的尝试，将为我国今后节能建筑以及生态住宅、可持续发展住宅的建设提供参考。

史勇　国家一级注册建筑师　北京锋尚房地产开发有限公司建筑技术专家委员会总工程师
邮编：100089

欧文斯科宁保温隔热系统在建筑围护结构中的应用分析

张瀛洲　王嘉琪

【摘要】 本文首先简要介绍了欧文斯科宁外墙外保温系统和倒置式屋面系统的构造。然后评价了这两种保温隔热系统在建筑围护结构中应用时可以达到的节能效果，及其在工程应用中的安全性。最后，扼要介绍了这两种保温隔热系统在施工中需要注意的事项。

【关键词】 外墙外保温系统　倒置式屋面　围护结构　保温隔热

一、前言

建筑节能一般通过增强建筑围护结构保温隔热性能和提高采暖/空调设备的能耗比来实现。建筑外围护结构主要包括屋面和墙体。其中屋面隔热有两种做法：传统屋面和倒置式屋面；墙体隔热有三种形式：外墙外保温、外墙内保温和外墙夹心保温。与外墙内保温和外墙夹心保温相比，外墙外保温技术有明显的优点，因此，该技术的发展速度最快，应用也最广泛。外墙外保温技术早在16世纪就已经出现，欧美国家称之为 EIFS（Exterior Insulation and Finishing System，外墙保温及装饰系统），在19世纪70年代能源危机后得到长足的发展。

二、欧文斯科宁外墙外保温系统

作为世界保温领域的先驱和领导者，欧文斯科宁公司在北美率先与外墙保温系统供应商 Parex 公司合作推出当今最先进的基于欧文斯科宁 Foamular 保温板、预搅拌干混聚合物砂浆的外墙外保温体系 IC—Gold，并在北美得到充分的实践和应用。

欧文斯科宁（中国）投资有限公司2000年引进并消化吸收北美、欧洲外墙保温系统，建立了适合中国建筑体系的外墙保温系统 FEWEIS（Foamular Exterior Wall External Insulation System），中文注册商标"惠围"，寓意改善、提高、保护建筑围护结构。"惠围"系统由6种材料组成：外墙专用挤塑聚苯乙烯泡沫板（FWB）、界面剂、特用胶粘剂、耐碱网格布、聚合物砂浆和专利固定件。"惠围"系统构造如图1所示。

由图1可以看出，"惠围"系统犹如给建筑外墙穿了一套"棉衣"，这套"棉衣"可以有效地减少外围护结构对热量的传递，即冬天可以减少室内热量的损失，夏天可以阻止室外热量迅速地向室内扩散，从而既保证建筑室内冬暖夏凉，提高室内人体舒适度，又有效地降低了空调开启的时间，节约能源。南京市某建筑的节能计算结果（计算软件 DOE2）表明，采用欧文斯科宁25mm厚 FWB 板的"惠围"系统和40mm厚 Foamular 板的倒置式屋面，配合符合《夏热冬冷地区居住建筑节能设计标准》（JGJ 134—2001）要求的门、窗、地面等围护结构，建筑物可以节能65%。

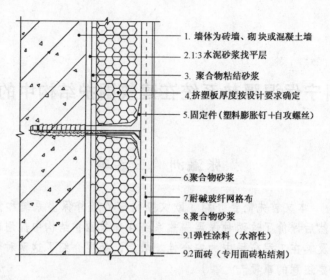

图1 "惠围"系统构造

三、欧文斯科宁倒置式屋面保温隔热系统

通常将防水层设置在保温层之下的屋面称为倒置式屋面，这种屋面设计理论由来已久，但是首次应用是在20世纪40年代的美国。经过二十多年的探索和完善，尤其是挤塑板的出现使得倒置式屋面在北美得到广泛推广。70年代中期德国率先在欧洲大陆采用此项技术，然后，北欧各国以及日本等相继研究和发展了这种新型屋面系统。

倒置式屋面的出现是由于传统屋面存在着先天的缺陷，传统屋面中保温材料置于隔气层与防水层之间，一旦湿气突破隔气层或雨水渗入防水层，保温材料性能将大大降低，并造成夏天防水层起鼓，冬天冷凝水积聚等问题。

倒置式屋面的特点是把防水材料设置在结构层之上、绝热材料之下，兼作隔气层。其主要优点是：

（1）由于绝热材料的保护作用，使防水材料避免受到室外空气温度的剧烈波动变化、紫外线辐射影响；

（2）避免施工人员来回走动、施工机具来回搬动而造成防水层的损坏；

（3）防水层处温度接近室内温度，所以夏天防水层不会起鼓，冬天保温层以下不会结露；

（4）防水层紧靠坚实的结构层上施工，既可以保证施工质量，也可以保证使用功能，避免施工在遇水软化的材料上造成的防水层撕裂现象。

从以上优点可以看出，采用倒置式屋面可以大大地延长防水材料的使用年限，从而有效地解决了屋面防水层寿命短和容易产生渗漏现象的问题。

欧文斯科宁倒置式屋面保温层采用的是欧文斯科宁 HYDROVAC™ 专利技术生产的闭孔 Foamular 板，其体积吸水率低于1%，强度高且保温性能持久，即使使用50年，其保温绝热性能仍能保持80%以上，是目前市场上倒置式屋面系统中最为有效的一种材料。1999年以来，该倒置式屋面系统在全国各地已经得到广泛应用，实际施工的屋面面积超过3000万 m^2。

四、欧文斯科宁保温隔热系统的安全性评价

欧文斯科宁倒置式屋面系统已经得到了业内同行的认可，其安全性没有问题，这里着重论述"惠围"系统的安全性。欧文斯科宁的企业标准对"惠围"系统中各原材料性能指标的要求都高于建筑工业行业标准《膨胀聚苯板薄抹灰外墙外保温系统》（JG 149—2003）中的各项指标；冻融循环的加速老化试验（ASTM C-666 方法 A）证明 Foamular 板在经过 200 次冻融循环后热阻保留率仍达到 83%；系统本身也符合 JG 149—2003 中相应指标的要求。因此，可以认为"惠围"系统中的原材料及系统本身的性能优异，关键在于保温材料与基层墙体连接的安全性及系统外饰面为面砖时的安全性。

目前外墙外保温系统根据保温材料的不同、安装方式的不同，主要有 5 种固定方式将保温材料安装在基层墙体上：

（1）粘结固定方式，即用聚合物胶浆将保温材料粘结在墙体上。这类方式是建立在一种假设之上的，即聚合物胶浆性能在外墙外保温服务期内不会大幅度衰减。虽然众多厂家提出的试验数据说明，仅聚合物胶浆就可以提供 10 倍以上的安全系数，但有许多失败例证也说明只要有局部粘结出问题就将造成连续的、多米诺现象的破坏。

（2）干挂固定方式，即机械固定保温材料、饰面材料。幕墙系统是这种固定方式应用较成熟的系统。近年来，国内模仿欧洲底层建筑岩棉外墙外保温体系，采用简易的机械固定方式固定保温材料并在其上施工面层砂浆、涂料，但是由于此类系统尚未在国内经历长期工程实践的检验，因此其安全性仍待进一步观察，并且该体系的造价较高，施工条件要求也高，不利于广泛应用。

（3）粘钉结合的固定方式，即用聚合物胶浆粘结加机械锚固件把保温材料固定在墙体上，是目前国际保温工程界普遍认可的安全性最高的外墙外保温固定方式。这种固定方式克服了方式（1）容易由局部破坏导致整体破坏的缺陷，使破坏风险离散化。同时，又由于有粘结层的存在，从而不会形成连续空腔，避开方式（2）负风压造成的空腔内强负压，这种强负压可将装饰面的雨水吸入保温系统内而使系统失效。

（4）整浇模板方式，即将聚苯乙烯板预先放入外模板内侧，并插预埋件待与混凝土锚接。此系统明显优势在于可以省掉后安装保温板的工序，但对施工精度要求极高。目前此种系统已经历了从早期的双面膨胀聚苯乙烯板钢丝网架、单面聚苯乙烯板钢丝网架，到现在的无钢丝网架体系的发展过程，但仍存在一些有待解决的问题，比如保温层与基层的粘结强度、平接板缝、无网翻包、压缩变形以及施工精度等。

（5）涂抹方式，即将搅拌好的糊状浆料类保温材料像涂抹砂浆一样抹到墙体上，但必须严格每次涂抹的厚度以保证施工质量。

虽然第三种外墙外保温固定方式已逐渐成为业界标准，但国内有些系统简单地模仿而不进行科学的试验，也造成过惨痛的教训。如北京某工程以膨胀聚苯乙烯板为保温材料，采用粘钉结合的固定方式仍然未能阻止由于局部破坏而造成的整个系统的脱落，其破坏形式为要么锚固件被拉脱，要么膨胀聚苯乙烯板被拉穿，锚固件形同虚设。

事实上，膨胀聚苯乙烯板的力学性能并不能保证其不被拉穿。在欧洲，人们通过选用更厚膨胀聚苯乙烯板、增加锚固件数量或提高膨胀聚苯乙烯板机械性能来保证系统的安全性。

欧文斯科宁在中国市场上推出的"惠围"系统，是在充分吸收、借鉴国内外各种外墙外保温系统的长处而开发的符合中国建筑体系的保温系统。该系统是采用保温性能和机械性能皆非常优异的Foamular墙体专用挤塑板FWB为保温材料，与国际一流聚合物供应商共同开发的挤塑板专用聚合物干混砂浆，以及为系统开发的专利产品——保温钉为机械锚固件的外墙外保温系统，从设计、检测和工程实践都证明这种安装方式是相对最为安全的。

五、欧文斯科宁保温隔热系统施工注意事项

欧文斯科宁的保温隔热系统的施工均需严格按照相应图集或技术规程的要求进行。这里要强调"惠围"系统外饰面材料必须与"惠围"系统相容。如果选用涂料为外饰面，则必须为水溶性涂料。如果使用底涂和腻子，也应为水溶性弹性底涂和腻子。如果选用面砖为外饰面，挤塑板与基层墙体的粘结面积不小于30%，固定件需提高一个等级，面砖采用重量小于$35kg/m^2$且单块面积小于$0.01m^2$的面砖，粘贴面砖采用专用瓷砖胶粘剂，勾缝应采用具有抗渗性的柔性材料。另外，外墙饰面砖粘贴应设置伸缩缝。

张瀛洲　南京城镇建筑设计院　院长、高级工程师　邮编：210000

连续使用重型结构建筑外保温和内保温动态热性能分析

王嘉琪　尹义青

【摘要】 本文介绍了国外对重型围护结构动态热性能（DBMS）及整体建筑在周期性温度变化条件下的动态热性能的研究成果。通过分析这些研究成果，作者得出了外保温比内保温具有更高的动态等效热阻；在连续使用的建筑中，外保温比内保温节约运行成本 7.6% 的结论。

【关键词】 动态热性能　DBMS　等效热阻　稳态热阻

1. 前言

稳定状态条件下建筑围护结构外保温和内保温的优缺点，在国内建筑师和热工专家中早已形成共识，关于外保温和内保温优劣的比较也很多，其中有代表性的是房志勇等编著的《建筑节能技术》一书[1]。在本文中，作者对外侧绝热和内侧绝热的不同点进行了比较。内容详见表1。

外侧绝热与内侧绝热的比较　　　　　表1

	外 侧 绝 热	内 侧 绝 热
1. 对壁体的保护	由于受太阳辐射而产生的热应力很小，对壁体无损害	由于受太阳辐射会产生热应力，混凝土壁体易遭损害
2. 热桥	因产生温热桥，不会带来危害，多数热桥部位的处理比较容易	因有冷热桥，可产生局部结露，多数热桥部分由于施工及美观等方面的原因，保护处理较为困难
3. 表面结露	对于反复供暖的房间，当供暖停止时，壁体内表面温度高，且最低温度也较高，故不易产生内部结露	供暖停止时，壁体温度低且壁体内表面温度更低，故易产生结露。当换气不充分时，就更容易结露
4. 内部结露	由于混凝土及绝热材料布置得正确，室内侧不设防潮层，也不会产生结露。但因外部装修材料的种类不同，可能在外装修材料与绝热材料之间的交界面上发生结露。在这种情况下，要设防潮层或加强换气	由于混凝土及绝热材料布置得不正确，除非在绝热材料内侧设高质量的防潮层，否则难以防止内部结露
5. 供暖负荷	基本上与绝热材料置于内、外侧无关，其大小取决于供暖运行方式。考虑到一般建筑结构上的热桥以及供暖停止时混凝土的蓄热，大多可使供暖负荷变小，但其变小值不大	对使用时间较少的会场等公共建筑较为有利。 适用于礼堂、俱乐部等短期适用的房间

续表

	外 侧 绝 热	内 侧 绝 热
6. 供冷负荷	与绝热材料置于内外侧基本无关。若供冷时夜里引入室外冷空气，则对蓄热有利。另外，可以利用通风空气层以预先减少太阳辐射对热对冷负荷的影响	与绝热材料置于内、外侧基本无关。在夜里不引入室外冷空气时，蓄热负荷往往比外侧绝热时小
7. 室温的变化	室温的变化小，尤其当供暖停止时，温降小。由于室内侧混凝土的热容量作用，阻止了室温的变化。夏天可以防止"烘烤"	室温波动比外侧绝热时大，尤其在停止供暖时，温降较大。夏天由于混凝土的蓄热，往往使室内的人们有"烘烤"的感觉

从表 1 的比较我们可以看出，基于稳定状态下的热工分析，作者认为除了供暖负荷和供冷负荷外，外侧保温比内侧保温具有更多的优点。但需要指出的是，随着对热工研究的深入，尤其是对于重型围护结构动态热性能研究的深入，发现内侧保温和外测保温的动态热性能也有很大的区别，外侧保温具有除了上述稳定状态下的优点外，还具有更好的动态热性能，包括较大的动态热阻和较低的能量消耗。

2. 国外关于 DBMS（Dynamic Benefit for Massive System）**的研究**

国外对建筑动态热性能的研究成果很多，波兰科学院生态建筑组的 Dr.E.Kossecka 和 Oak Ridge 国家实验室的 Dr.J.Konsy 等于 2001 年在 Oak Ridge 国家实验室网站上发表的名为 Dynamic Thermal Performance and Energy Benefits of Using Massive Walls in Residential Buildings[2] 的文章的研究成果是其中最深入最有代表性的。他们运用热箱试验和计算机模型测试分析了美国 6 个城市中分别用重型墙体（混凝土）和轻型墙体（木框架）建造的居住建筑的动态热性能。通过测试和模拟，他们认为重型墙体外保温构造具有最好的动态热性能，而内保温的动态热性能最差，并定义了反应动态等效热阻和稳态热阻关系性能的指标 $DBMS = {}_m R_{eqv} \cdot 1/R$。其中 ${}_m R_{eqv}$ 是重型系统的等效热阻，R 是稳定状态条件下的热阻。通过分析他们的试验数据得出，重型墙体外保温构造比内保温构造平均可增加动态热阻 32.8%。试验数据和分析结果见表 2 及表 3。

外保温的 DBMS 表2

R	Atlanta	Denver	Miami	Minneapolis	Phoenix	Washington	平均 DBMS
3.30	2.15	1.85	2.44	1.47	2.46	1.83	2.03
2.29	2.11	1.88	2.2	1.49	2.57	1.8	2.01
1.58	1.94	1.8	2.1	1.4	2.58	1.7	1.92
0.88	1.49	1.41	1.48	1.05	2.11	1.29	1.47
平均 DBMS	1.92	1.74	2.06	1.35	2.43	1.66	1.86

内保温的 DBMS 表3

R	Atlanta	Denver	Miami	Minneapolis	Phoenix	Washington	平均 DBMS
3.30	1.34	1.4	1.07	1.3	1.44	1.34	1.32
2.29	1.33	1.42	1.08	1.31	1.47	1.35	1.33
1.58	1.32	1.39	1.03	1.24	1.52	1.31	1.30

续表

R	Atlanta	Denver	Miami	Minneapolis	Phoenix	Washington	平均 DBMS
0.88	1.08	1.14	0.74	0.94	1.33	1.05	1.05
平均 DBMS	1.27	1.34	0.98	1.20	1.44	1.26	1.25

分析表2和表3的数据可以得到，不管是内保温还是外保温，动态的平均 DBMS 值都大于1，说明其动态热性能都优于稳定状态下的热性能。对于外保温，墙体的总热阻越大，其 DBMS 值也越大，动态热性能也越好，6个城市各种热阻下的平均外保温 DBMS 值为1.86。内保温，除了 R = 0.88 外，其他三种情况 DBMS 值差别不大。6个城市各种热阻下的内保温平均 DBMS 值为1.25，比外保温平均 DBMS 值小32.8%。由此可见，外保温比内保温具有更好的动态热性能。

为什么会出现上述的现象呢？Dr. E. Kossecka 和 Dr. J. Konsy 在他们的另一篇文章 Effects of Different Sequences of Materials in the Massive Walls on Energy Consumption in Continuously used Residential Buildings[3]中认为材料组合对墙体的动态热性能有影响，并提出了结构因子（structure factors）的概念及它们对墙体动态热性能影响的数学表达式。见公式(1)、(2)、(3)、(4)和(5)。

$$\varphi_{ii} = \frac{1}{R_T^2 C} \sum_{m=1}^{n} C_m \left[\frac{R_m^2}{3} + R_m R_{m-e} + R_{m-e}^2 \right] \tag{1}$$

$$\varphi_{ie} = \frac{1}{R_T^2 C} \sum_{m=1}^{n} C_m \left[-\frac{R_m^2}{3} + \frac{R_m R_T}{2} + R_{i-m} R_{m-e} \right] \tag{2}$$

$$\varphi_{ee} = \frac{1}{R_T^2 C} \sum_{m=1}^{n} C_m \left[\frac{R_m^2}{3} + R_m R_{i-m} + R_{i-m}^2 \right] \tag{3}$$

$$Q_i(t) = \frac{t}{R_T} [T_{i2} - T_{e2}] + C\varphi_{ii}\Delta T_i + C\varphi_{ie}\Delta T_e \tag{4}$$

$$Q_e(t) = \frac{t}{R_T} [T_{i2} - T_{e2}] - C\varphi_{ie}\Delta T_i - C\varphi_{ee}\Delta T_e \tag{5}$$

公式(1)、(2)和(3)表述的是结构因子与系统热阻和热容的关系。(4)和(5)反应的是内外表面蓄热量与结构因子和内外温差的关系。从(1)、(2)和(3)可以看出，当墙体材料的大部分热容位于内表面和大部分的热阻集中在外表面时，φ_{ii}较大而φ_{ee}较小，反之亦然。当热容较大的材料位于中间而绝热材料对称分布在两边时，φ_{ie}最大。因此，应该是外保温的φ_{ii}最大而φ_{ee}最小。为了证明这一理论，作者测试了墙体材料及墙体总厚度、总热阻和总热容完全相同而只是材料组合不同的6种重型墙体（图1）。测试结果见

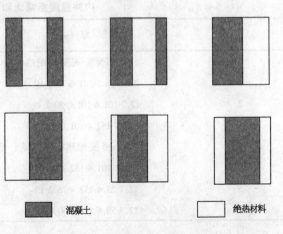

图1 墙体材料的6种组合形式

表4。

各种组合形式的结构因子　　　　　　　　　　　表4

序号	层厚（mm）	φ_{ii}	φ_{ie}	φ_{ee}
	石膏板-混凝土-绝热材料-混凝土-粉刷层			
1	12.7-76.2-101.6-76.2-19	0.408	0.048	0.496
2	12.7-101.6-101.6-50.8-19	0.530	0.053	0.363
3	12.7-152.4-101.6-0-19	0.770	0.068	0.094
	石膏板-绝热材料-混凝土-绝热材料-粉刷层			
4	12.7-101.6-152.4-0-19	0.034	0.040	0.885
5	12.7-25.4-152.4-76.2-19	0.460	0.187	0.167
6	12.7-50.8-152.4-50.8-19	0.234	0.222	0.322

公式（4）表明，系统内表面地蓄热量与 $C\varphi_{ii}$ 和 $C\varphi_{ie}$ 直接相关。表4中的数据表明外保温的 φ_{ii} 和 φ_{ie} 均比内保温大，因此当外界温度变化时，外保温墙体可以蓄存更多的热量，降低外界温度波动对系统内部温度变化的影响，保证了系统的热稳定性，从而提高系统的动态热性能。

3. 国外关于整体建筑在周期性温度变化条件下的动态热性能研究

Dr. E. Kossecka 和 Dr. J. Konsy 在同样的文章 Effects of Different Sequences of Materials in the Massive Walls on Energy Consumption in Continuously used Residential Buildings[3] 中给出了一个单层建筑的研究成果。作者考虑一个单层的长方体建筑，一维热传播，定时通风和换气，在周期性波动的外界温度 T_e 作用下的内部温度。假设 T_e 是谐波函数，角频率 ω，振幅 A_{te}，则周期性波动的内部温度 T_i 也是谐波函数，角频率 ω，只不过振幅为 A_{Ti}，时间向后延迟了 τ_{Ti}，见等式（6）和（7）。

$$T_e(t) = A_{Te} e^{i\omega t} \tag{6}$$

$$T_i(t) = A_{Ti}(t) e^{i\omega(t+\tau_{Ti})} \tag{7}$$

A_{Ti}/A_{Te} 值越低，系统的热稳定性越好。6种墙体的 A_{Ti}/A_{Te} 值和 τ_{Ti} 值见表5。

内外温度振幅比和延迟时间　　　　　　　　　　表5

序号	层厚（mm）	A_{Ti}/A_{Te}	τ_{Ti}
	石膏板-混凝土-绝热材料-混凝土-粉刷层		
1	12.7-76.2-101.6-7602-19	0.04	-2.878
2	12.7-101.6-101.6-50.8-19	0.041	-2.490
3	12.7-152.4-101.6-0-19	0.047	-1.996
	石膏板-绝热材料-混凝土-绝热材料-粉刷层		
4	12.7-101.6-152.4-0-19	0.222	-5.330
5	12.7-25.4-152.4-76.2-19	0.142	-2.087
6	12.7-50.8-152.4-50.8-19	0.184	-2.880

从表5可以看出，外保温的 A_{Ti}/A_{Te} 只是内保温 A_{Ti}/A_{Te} 的约1/5，所以说外保温的热稳

定性比内保温好得多。

(6) 和 (7) 的热平衡等式见公式 (8)。

$$C_V \frac{dT_i}{dt} = -S_w q_i - C_V n(T_i - T_e) \quad (8)$$

解方程 (8)，可以得到内部温度的数学表达式如等式 (9)：

$$T_i(t) = T_e(t) \frac{C_V n + (S_w/B(i\omega))}{C_V[n + i\omega] + S_w(D(i\omega)/B(i\omega))} \quad (9)$$

(8) 和 (9) 中的 $C_V = \rho c_p V$ 是空气的体积热容，n 是换气次数，S_w 是墙体的面积，这三个量都是常量，不随时间变化。从 (9) 可以看出，系统内表面的温度随着 $1/B$ 的增加而增加，随着 D/B 的增加而减少。$1/B$ 就是墙体的衰减因子，与 $R_T C\varphi_{ie}$ 有如下近似关系（$r^2 = 0.985$）：$1/B = \dfrac{1}{\sqrt{1 + a(R_T C\varphi_{ie})^b}}$，其中 $a = 0.014$，$b = 2.495$。而 D/B 是与 $\sqrt{k\rho c_p}$ 有直接关系的因子，相当于蓄热系数 $S\left(S = \sqrt{\dfrac{2\pi}{z}\lambda C\rho}\right)$。其中起决定性作用的是 D/B，其次是 $1/B$。外保温墙体热容大的重型结构位于内表面，蓄热量大，且 $1/B$ 比内保温小，因此系统稳定，内部温度波动小。在连续使用的建筑中，外保温系统的年能耗量应该比内保温小。但究竟能小多少呢？作者用 DOE-2 模拟了表 2 中的国外的 6 个城市，得出表 6 的数据。

国外 6 个城市外保温和内保温年耗热量和耗冷量及总能耗量的差别　　表 6

能耗差（%）	Atlanta	Denver	Miami	Minneapolis	Phoenix	Washington
年耗热量	4.4	3.5	65.6	0.9	43.1	2.3
年耗冷量	34.5	157.5	7.4	73.8	7.0	58.2
年总耗能量	11.3	6.5	8.0	2.3	11.0	6.7

表 6 的数据告诉我们，外保温与内保温相比，年总耗能量差最高达 11%。分析这些数据可知，6 个城市平均年耗能差可达 7.6%。因此可以说，外保温比内保温更节能。

4. 结论

在国外，建筑系统动态热性能研究是近几年来比较热门的课题之一，研究成果层出不穷。波兰科学院生态建筑组的 Dr. E. Kossecka 和 Oak Ridge 国家实验室的 Dr. J. Konsy 的成果是其中最深入，也是最有代表性的。通过分析他们的研究成果得出以下结论：

(1) 外保温的 DBMS 值比内保温高 32.8%，即外保温比内保温具有更高的动态等效热阻。

(2) 在连续使用的建筑中，外保温比内保温平均可节约能源 7.6%，因此可以认为在冷库、商业建筑及连续使用的居住建筑中，做外保温比做内保温节约运行成本 7.6%。

(3) 外保温比内保温具有更好的动态热性能的原因，在于这两种保温形式的材料组合形成了不同的结构因子和不同的热容分布，因此造成系统对外界环境温度和内部温度变化的响应不同。

参 考 文 献

1. 房志勇等. 建筑节能技术. 北京：中国建材工业出版社，1997
2. Dr. E. Kossecka, Dr. J. Konsy. Dynamic Thermal Performance and Energy Benefits of Using Massive Walls in Residential Buildings.
3. Elisabeth Kossecka, Jan Kosny. Energy and Building (J) 34 (2002) 321~331

王嘉琪　欧文斯科宁（中国）投资有限公司　工程师　邮编：210002

BT型密实混凝土外墙外保温（装饰）板

赵一兴

建筑外墙体的外保温技术，因其保温节能效果显著，且便于旧建筑的节能改造，已成为当今的发展方向。

北京百通科技贸易有限责任公司开发的"BT型密实混凝土外墙外保温板（可带饰面）"简称"BT"板，1996年通过建设部鉴定，1999年获准为发明专利（专利号：ZL97103938.0）。BT板是一种适合国情且生产、施工简便的小块预制构件板。

一、外墙外保温的主要技术难点和BT板的设计构思

我们认为，要做好外保温，必须处理好以下三方面技术难点：

1. 要设计一种可保护好松软保温层的结构，使保温层的热性能稳定、持久，即不应使其在外墙上因受力而引起变形、变质，甚至松散脱落。

2. 要求外围护层不仅应具有一定刚度与强度，还应能抗恶劣外环境的影响，不裂不渗，并抗老化，能延年。

3. 如何在满足上述要求下，把保温层和外围护层两者复合起来，并使其与墙体间实现可靠、牢固的联接，能抗风暴和地震灾害。

针对以上技术难点，BT板巧妙地采用以普通水泥、砂、石为基材，并以镀锌丝网和钢筋加强的小板块预制盒形刚性骨架结构，将松软的保温层（如阻燃型发泡聚苯板，按北京区地区节能65%要求，厚度应大于7 cm）复合于其内，既满足了保温节能指标，又有优良的力学性能（抗折、抗压、不变形）。BT板与外墙体间的联接则采用粘、挂相结合的做法，牢固、安全可靠且耐久。

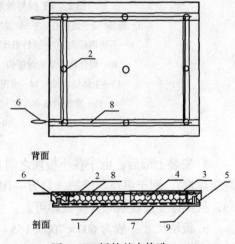

图1 BT板的基本构造

1—板体 2—钢混凝土连接柱 3—钢混凝土内框（与外墙面粘接） 4—保温层 5—板边四周边槽 6—不锈钢挂钩 7—镀锌铅丝网 8—钢混凝土内框配筋 9—外饰面材料

二、BT板的构造、与外墙复合的构造和BT板的主要技术特点

图1为BT板的基本构造，1为单面盒形板体（作外围护层用），3为一封闭的矩形内框（与外墙面粘接用），两者间借助若干个小圆柱2相联，从而构成一刚性骨架结构，在其内复合填充以一定厚度的保温层4。图2为BT板与外墙复合的构造。由图不难看出，BT板的主要

技术特点为：

1. 由于作为外围护层的板体 1 为单面盒形结构，是以水泥、砂、石为基材并以镀锌铅丝网加强，故其刚性和强度均好，且耐老化，即板块的外围护层的寿命与混凝土相当。

2. 由于复合在该刚性骨架内的保温层在外墙上不承重、不受力，热性能得到充分保护，使整个保温结构更稳定、可靠。

3. 由于加工生产时采用了专用机械设备并经密实震捣，使收缩率小于 0.2%，不仅确保了上墙后无开裂，且提高了力学性能。

4. 如图 2 所示，板块通过内框 3 用聚合物砂浆实现与外墙体间的牢固粘接（其抗剪切强度为板自重的 100 倍以上），为了增加联接的可靠性，还借助吊挂钩实现挂接，做到万无一失。

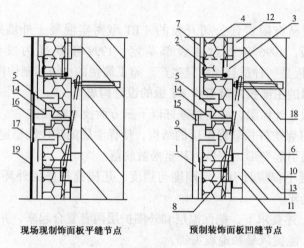

图 2　BT板与外墙复合的构造和板缝节点做法

1—板体　2—连接柱　3—钢混凝土内框　4—保温层　5—聚丙发泡材料嵌缝
6—不锈钢挂钩　7—镀锌铅丝网　8—钢混凝土内框配筋　9—外饰面材料
10—聚合物砂浆密封挂钩　11—聚合物砂浆粘结材料　12—空气层
13—主体结构墙　14—水泥砂浆嵌缝柔压密实　15—防水胶（硅酮）
16—涂塑网格布　17—防水防裂胶泥密封条　18—胀管螺丝
19—现场现制饰面

5. 安装上墙后，由于各小板块之间互不受力，且各自独立封闭，利于抗震（更适用于高层建筑），利于更换、维护，且万一因某处受损而渗水时，不会扩展渗漏，不会影响全局，只要将受损板剔除并换板即可。

6. 板块尺寸一般为 600×700×(65~85)，重约 12 kg，生产时易得到充分养护，上墙施工安装极简便。由于粘结面仅为内框四边及中心点，因此可大大减少墙面清理工作量，也无需做墙面找平层，省工省料。板块还可按需（如遇室外楼梯或墙的边角等特殊情况时）任意裁切。

7. 取材容易，成本低廉，适合国情，且可按需预制成各种带饰面（如花纹、图案及浮雕、金属面等）的板块，一次成型，省工省时。

三、BT 板的上墙安装施工和板缝的处理

上面已经提到，BT 板的上墙安装简便，工效较高。首先应按墙面分块设计图在墙面上准确放线，然后按各板位钻挂钩孔并插入膨胀螺栓。安装板块应由下而上进行，采用十字塑料模块来控制板缝，在板块后背钢筋骨架上抹胶粘剂（聚合物砂浆），上墙就位时用橡胶锤轻轻敲击，使板块平整，并拧上固定螺丝即成活。

关于板缝的抗裂处理。如相邻两板块的保温层间有空隙，应将薄片保温条用开刀嵌严，或事先在板缝中附加聚苯条。其外侧板缝深为 1 cm。对于带装饰面的板块，应做凹缝处理（缝深 2 mm），即应在缝中嵌 8 mm 厚硅酮胶，勾平，以防水抗裂；对于要求素面板、做平缝、大面现场喷涂装饰者，其板块需在生产加工时，四边预留宽 25 mm、深 3 mm 边槽，缝内嵌入硅酮胶后，外抹网格布，用聚合物砂浆刮平。

四、BT 板的技术性能

BT 板的技术性能见表 1。

BT 板的物理和力学性能　　　　　　表 1

	干密度 kg/m^2	导热系数 $W/(m·K)$	收缩率 %	整板自然重 (600×700) N	抗折强度 MPa	芯材	密度 kg/m^2	导热系数 $W/(m·K)$
面层	约 2000	0.55	0.02	约 120	>3.5		16~18	0.041
板材	面密度 kg/m^2	含水率 %	传热系数* $W/(m^2·K)$	抗弯荷载 N	抗冲击性垂直冲击 10 次板面无裂		冻融 25 次无变化表面无破损和裂纹剥落现象	
	约 40	≤5	<0.6	>800				

* 与 200 现浇混凝土墙复合。

五、工程应用及前景

多年来，在北京地区已有多处住宅工程采用，例如北大清华蓝旗营教师住宅小区、八角锦江之星饭店等处，外墙应用面积已达约 13 万 m^2，用户反映良好。

赵一兴　北京百通科技贸易公司　总工程师　邮编：100083

窗与幕墙节能技术

铝合金断热窗的改进设计与节能分析

曾晓武

【摘要】 本文通过实验室检测和理论计算相结合的方法，对市场上普遍采用的标准系列铝合金断热窗与优化设计的新型铝合金断热窗的保温性能进行比较分析，说明改进后的新型断热窗的节能效果。

【关键词】 铝合金　断热窗　节能

在铝合金断热窗引进我国的初期，国内的幕墙、门窗公司主要是模仿国外产品进行制作，比较注重型材截面尺寸是否合理、五金件的选用是否安全、窗排水是否顺畅等问题，但对保温方面考虑不周，即使是形成了标准系列的断热窗（以下简称断热窗），主要的型材截面变化也不大。为满足节能门窗的需要，提高铝合金断热窗的热工性能，现开发出一种新型的铝合金断热窗（以下简称新型断热窗），希望能和大家共同研究。

一、影响标准系列断热窗节能效果的主要原因

目前，市场上普遍采用的标准系列断热窗（节点详图见图1）主要存在四个方面的问题：一是玻璃扣条处的气密性差；二是胶条与窗扇料连接处的热传导；三是窗扇易下坠；四是框窗比较大，这些问题在一定程度上影响了断热窗的正常使用和热工性能，下面结合图1分别对这些问题进行分析。

1. 玻璃扣条处的气密性差

扇料与玻璃扣条形成的空腔处的气密性较差是断热窗存在的一个普遍问题，由于玻璃扣条是在安装好玻璃后再扣上去的，与扇料的配合难免存在缝隙，而玻璃与扇料间通常采用胶条密封，一旦胶条与玻璃存在缝隙，在室内外的温差作用下将产生热流，从而在此处造成能量的损失，最明显的现象就是在保温性能检测过程中玻璃扣条位置易产生结露，详见图2。在实际工程中，需在玻璃端头与窗扇料处通长

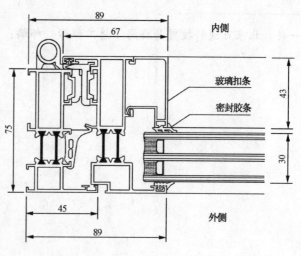

图1　断热窗节点

填充保温材料以阻止热流的形成。

2. 胶条与窗扇料连接处的传导热损失

断热窗存在的另一个较普遍的问题是胶条与窗扇料连接处产生的传导热损失。在断热窗产品设计过程中，设计人员往往只是注意采用胶条密封，形成前后两个空腔，却忽视了胶条与窗扇料搭接不足，存在一定的空隙，从而在整个窗扇的周围有一圈通长的外露部分，使外腔内的冷空气直接与窗扇料内侧接触，造成断热不彻底，窗扇内侧可能产生结露，详见图3。

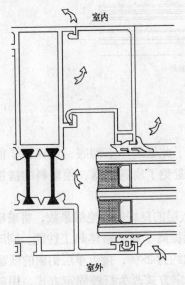

图2 玻璃扣条处

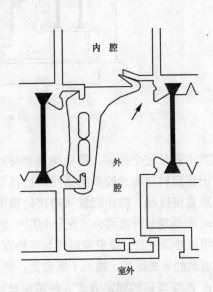

图3 胶条与扇料连接处

3. 框窗比较大

普通单玻铝合金窗的框宽比一般为25%～27%，而断热窗的框窗比一般为35%～40%，增加了40%以上。框窗比增大，造成采光面积减少，将会增加室内照明能耗，同时增加了感热面和放热面的表面面积，影响窗的整体热工性能。

4. 窗扇易下坠

由于玻璃用铝合金扣条固定，玻璃镶嵌在型材槽口内，与型材槽口仅是通过胶条进行固定，同时扇料本身刚性较差，造成玻璃与扇料组成的窗扇整体性较差，易产生平行四边形变形，加上中空玻璃自重较大，从而发生下坠现象，影响窗体整体外观和窗扇的正常关闭，严重时还直接影响到整窗的水密性和气密性。

二、新型断热窗

1. 新型断热窗构造的优化设计

针对断热窗存在的问题，对原型材进行了逐项改进，重新设计窗节点，详见图4，主要改进如下：

a. 取消玻璃扣条。由于玻璃与扇料没有空隙，玻璃阻隔了热流的产生，提高了窗的气密性能。

b. 将窗扇料的"I"字形断热条改为"T"字形或"丁"字形，中间的密封胶条与断热

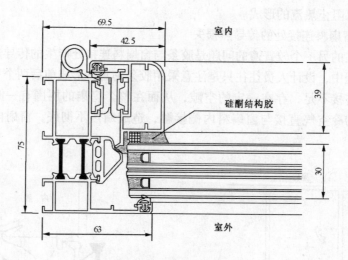

图4 新型断热窗节点

条的挑出部分完全搭接,避免扇料型材外露,既解决了此处断热不彻底,又保证了前后腔断开。将扇料与密封胶条的搭接位后移至胶条内侧,避免了扇料外露,使扇料的搭接位不与外腔直接接触,防止能量从搭接处损失。

c. 取消扇料外露部分。充分利用中空玻璃密闭空气层的良好的热绝缘系数,将玻璃伸入框内组成外侧空腔,避免窗扇料与室外直接接触,从而提高了窗的整体热工性能,同时,增加了玻璃的采光面积,减小了框窗比。经计算,框窗比约为28%,接近单层铝窗的框窗比。

d. 改变玻璃的固定方式。将原窗玻璃扣条压紧固定方式改为打胶固定方式,用硅酮结构胶将玻璃与扇料粘接成整体,极大地提高了窗扇的整体性,窗扇的下坠现象得到了有效的解决。

2. 新型断热窗保温性能实测结果

结合清华大学超低能耗示范工程项目,我们研制了新型断热窗的样窗。样窗外形尺寸为1198 mm(宽)×1380 mm(高),玻璃真空、Low-E玻璃组成的双中空Low-E玻璃5+6A+4+N+4+6A+5,玻璃生产厂家提供的玻璃计算传热系数为1.15W/$(m^2 \cdot K)$,框料型材断热条高度为20 mm,框窗比为28%。经国家建筑工程质量监督检验中心检测,该窗的传热系数为1.6W/$(m^2 \cdot K)$,达到了预期的节能效果。

三、新型断热窗与原标准断热窗保温性能的比较

1. 原标准窗传热系数计算

由于缺少断热窗实测数据,现通过计算得出与样窗尺寸、玻璃等条件相同的断热窗传热系数,对两者进行比较,从而比较改进后的新型断热窗的节能效果。

国外已有较成熟的计算方法,本文主要采用ISO10077—1 "Thermal performance of windows, doors and shutters——Calculation of thermal transmittance" 的第一部分"简单计算方法"来计算原断热窗的传热系数。

下面通过ISO 10077—1来计算对比断热窗的传热系数。

a. 已知:

该窗的外形尺寸为 1198 mm（宽）×1380 mm（高），面积为 1.653 m²。

玻璃采用 5+6A+4+N+4+6A+5 真空和双中空 Low-E 玻璃，传热系数为 1.15W/(m²·K)，框料型材断热条高度为 20 mm，铝型材间最小距离为 17 mm。

b. 计算

首先查表 D.4 得 $U_{f0} = 2.9$ W/(m²·K)

铝框热阻 $R_f = \dfrac{1}{U_{f0}} - 0.17$

$= \dfrac{1}{2.9} - 0.17$

$= 0.175$ m²·K/W

由于该窗采用了低辐射玻璃，根据欧洲标准 EN673 可知，

$$1/R_{si} = \dfrac{4.4\varepsilon}{0.837} + 3.6$$

$$= \dfrac{4.4 \times 0.15}{0.837} + 3.6$$

$$= 4.388 \text{ W/(m}^2\cdot\text{K)}$$

内表面热阻 $R_{si} = 0.228$ m²·K/W

外表面热阻 $R_{se} = 0.04$ m²·K/W

按断热窗已知参数可得（详见图1），

铝窗框内侧投影面积 $A_{f.i} = 0.591$ m²

铝窗框内侧表面积 $A_{d.i} = 0.841$ m²

铝窗框外侧投影面积 $A_{f.e} = 0.591$ m²

铝窗框外侧表面积 $A_{d.e} = 0.706$ m²

铝窗框投影面积（取大值）$A_f = A_{f.i} = A_{f.e} = 0.591$ m²

玻璃净面积 $A_g = 0.980$ m²

玻璃净周长 $L_g = 6.356$ m

查表 E.1 得玻璃与铝框间线性传热系数 $\Psi_g = 0.08$ W/(m·K)

铝窗框传热系数：

$$U_f = \dfrac{1}{R_{si}A_{f.i}/A_{d.i} + R_f + R_{se}A_{f.e}/A_{d.e}}$$

$$= \dfrac{1}{0.228 \times 0.591/0.841 + 0.175 + 0.04 \times 0.591/0.706}$$

$$= 2.712 \text{ W/(m}^2\cdot\text{K)}$$

所以断热窗传热系数：

$$U_w = \dfrac{A_g U_g + A_f U_f + L_g \Psi_g}{A_g + A_f}$$

$$= \dfrac{0.980 \times 1.15 + 0.591 \times 2.712 + 6.356 \times 0.08}{0.980 + 0.591}$$

$$= 2.06 \text{ W/(m}^2\cdot\text{K)}$$

2. 新型断热窗与标准窗节能效果分析

计算和实测结果表明,在相同的尺寸、玻璃等条件下,断热窗的传热系数为 2.06 W/($m^2 \cdot K$),新型断热窗传热系数的检测值 1.60 W/($m^2 \cdot K$),考虑到实验室实测的误差为 ±5%,新型断热窗的传热系数为 1.60±0.08 W/($m^2 \cdot K$)。

以北京市某建筑为例,断热窗面积为 1.653 m^2,设冬季室内计算温度 t_n 取 20℃,冬季室外计算温度 t_w 取 -9℃。在这种工况下,分别计算两种窗的传热量。

a. 断热窗每平方米传热量

$$Q = KF(t_n - t_w)$$

其中:

K——断热窗的传热系数,取 2.06 W/($m^2 \cdot K$);

F——断热窗面积;

t_n——冬季室内计算温度,取 20℃;

t_w——冬季室外计算温度,取 -9℃;

$$Q = 2.06 \times 1.653 \times (20+9)$$
$$= 98.75 \text{ W}$$

b. 新型断热窗每平方米传热量

$$Q = KF(t_n - t_w)$$

其中:

K——新型断热窗的传热系数,取 1.60+0.08=1.68 W/($m^2 \cdot K$);

$$Q = 1.68 \times 1.653 \times (20+9)$$
$$= 80.53 \text{ W}$$

从以上计算可以看出,新型断热窗样窗的传热量为 80.53W,而断热窗的传热量为 98.75W,耗热量减少 18%,按新型断热窗节点设计的改进窗保温性能较好,节能效果较显著。

曾晓武　深圳市方大装饰工程有限公司　副总工程师　邮编:518055

节能65%后建筑外窗的配置建议

崔希骏　廖建峰

【摘要】 贯彻节能65%是一项建筑节能的综合性工程，其中外窗是建筑节能的重点部位。本文对塑料窗、隔热铝合金窗、铝塑复合窗等节能窗为适应新要求的配置进行简要分析并提出了粗浅的看法和建议。

【关键词】 传热系数　气密性　窗墙比　遮阳　通风　示范工程

继北京，天津之后，青岛在2005年也成为贯彻节能65%的城市。要求建筑节能幅度在1980年基准水平上提高到65%。进一步降低能耗的措施完全由建筑围护系统承担。建筑外窗是建筑围护系统的重点部位，必须做好建筑外窗的节能。青岛地处我国寒冷地区，冬季采暖期较长，近5个月达140天，夏季日最高气温30℃左右的天数也将有一个多月。青岛市要以冬季采暖节能为主，兼顾夏季空调制冷节能。这就要深入研究建筑外窗的保温、隔热、密封、遮阳、通风等节能技术，完善本地区节能窗的配置，推广应用适宜本地区的节能窗。

一、建筑外窗的节能要求

节能要求包括：窗的保温、隔热性能要好，传热系数 K 值 $\leq 2.8 W/(m^2 \cdot K)$；窗的气密性要好；对窗墙面积比要做出合理规定；重视夏季的空调节能和外窗遮阳，减少西晒的室内得热；室内自然通风要好。

在外墙、屋面达到节能率65%的指标下，要求建筑外窗的传热系数 K 值 $\leq 2.8 W/(m^2 \cdot K)$。对于使用 $(4+12a+4)$ mm 中空玻璃的平开塑料窗，只要型材是三腔室以上，而且气密性要好，此指标是完全可以达到的。对于使用 $(4+12a+4)$ mm 中空玻璃的隔热铝合金窗，玻纤增强的PA66隔热条宽度一般为14.8 mm，由于穿条滚压后与铝型材不接触的隔热条宽度仅8 mm左右，隔热性能受到了限制，这种隔热铝合金窗的传热系数均大于 $2.8 W/(m^2 \cdot K)$，不符合节能65%的要求。必须对隔热铝型材的隔热条加宽，进一步改进，或采用保温性能更好的中空玻璃，才能降低整窗的传热系数。

要重视气密性对保温性能的影响。建筑外窗的气密性不好，在冬季采暖和夏用空调时造成的能耗是不能忽视的，否则的话将严重降低外窗的实际保温隔热能力。

由于外墙和屋面的传热系数远小于外窗，建筑外窗的窗墙面积比过大对建筑节能不利。对不同朝向的外窗要规定合理的窗墙比，这就限制了大型落地窗和外飘窗的应用。

夏季必须用节能窗进行隔热。但是还有一个遮阳问题。在青岛地区值得注意的是减少夏季西向窗的室内阳光得热。西向窗经受太阳长时间的低角度照射，太阳热量长驱直入，烤热室内物品，使人备受煎熬。所以必须采取遮阳措施，达到低能耗和提高舒适性要求。

二、节能建筑外窗的配置建议

1. 塑料窗

现阶段要推广使用（4+12a+4）mm 中空玻璃的内平开塑料窗，要求 PVC—U 型材分类至少要达到国标 M—I—B 类。逐步由三腔室两密封内平开塑料窗向四腔室三密封内平开塑料窗过渡，最终选用 S—II—A 类型材，保证其传热系数 K 值 $\leqslant 2.8$ W/$(m^2 \cdot K)$，且气密性 $q_2 \leqslant 1.5$ m^3/$(m^2 \cdot h)$。

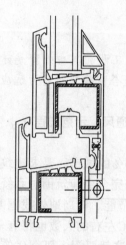

窗特点

型材：58 平开系列，S—II—A 类，设计合理，倾斜的内槽口设计使排水更加顺畅

玻璃：（4+12a+4）mm 浮法中空

性能：抗风压性能 6 级

气密性 5 级

水密性 5 级

传热系数：$K = 2.55$ W/$(m^2 \cdot K)$

窗规格：1470×1470

双扇内开，兼有下悬功能

图 1　三腔两密封内平开窗断面图

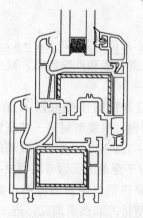

窗特点

型材：65 平开系列，S—II—A 类，环保无铅四腔三密封设计，保温、隔声、密封性能卓越

玻璃：（4+12a+4）mm 浮法中空

密封：主型材是特制软硬后共挤胶条

玻璃压条是前共挤胶条，均预留槽口方便更换

传热系数：$K = 2.51$ W/$(m^2 \cdot K)$

窗规格：1470×1470

双扇内开，兼有下悬功能

图 2　四腔三密封内平开窗断面图

普通中空玻璃塑料推拉窗传热系数稍好的一般在 3.0 W/$(m^2 \cdot K)$ 左右，达不到节能 65% 的要求。要改进普通推拉塑料窗的型材设计和整窗的结构设计，进行工艺技术创新。建议增加型材厚度和腔室数量，框采用三腔室，扇采用二腔室以上，推拉扇要改使用普通毛条为带隔片的硅化毛条，最好采用特殊结构的专用胶条密封。还有一种固定推拉窗也有利于节能并有较好的性价比。

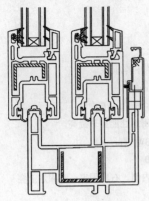

窗特点
型材：90推拉系列，S—Ⅱ—B类，推拉框三腔室，扇两腔室
玻璃：(5+12a+5) mm 浮法中空
密封：推拉扇用独特结构的胶条密封，玻璃压条是前共挤胶条，显著提高了保温、密封性能
传热系数：$K=2.30$ W/$(m^2 \cdot K)$
窗规格：1470×1470
　　　　两扇左右推拉

图3　节能型推拉窗断面图

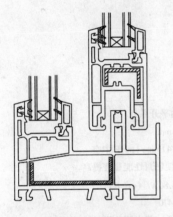

窗特点
型材：85固定推拉系列，S—Ⅰ—B类，推拉框三腔室，推拉扇两腔室
玻璃：(4+12a+4) mm 浮法中空
密封：一侧的固定扇采用胶条密封，另一侧的推拉扇采用带隔片的硅化毛条密封，提高了整窗的保温密封性能
传热系数：$K \leqslant 2.80$ W/$(m^2 \cdot K)$
窗规格：1470×1470
　　　　一扇固定，另一扇推拉

图4　固定推拉窗的断面图

2．隔热铝合金窗

对于现在市场上普遍使用的隔热条宽度为14.8 mm的隔热铝合金平开窗，要想达到节能65%的要求，必须使用Low-E中空玻璃或三玻中空。(4+12a+4) mm Low-E中空玻璃的传热系数K值为1.6 W/$(m^2 \cdot K)$，能保证整窗的传热系数K值≤2.8 W/$(m^2 \cdot K)$。但这种窗子的价格偏高，使用将受到一定的限制。在使用(4+12a+4) mm中空玻璃的前提下，研究开发加宽隔热条或型腔内充填聚氨酯（PU）发泡保温材料等提高保温性能的方法，使隔热铝合金窗满足节能65%的要求。

3．铝塑复合窗

铝塑复合窗几乎包括了铝合金窗和塑料窗的所有优点。

铝塑铝平开窗是铝合金型材在内、外两侧，中间的PVC—U型材必须是二腔室以上，以燕尾槽形式插接嵌合在一起，经开齿滚压紧密复合成一体。成窗时铝—铝是组角工艺，塑—塑是专用胶粘剂粘接工艺，组角——粘结同时完成。铝塑之间的开齿滚压紧密复合极大地限制了PVC-U型材的热胀冷缩。专用胶粘剂固化后仍保留的强结构性能保证了窗角部位的水密性。这种铝-塑-铝紧密复合设计的型材做成的中空玻璃平开窗完全能达到节能65%的要求。

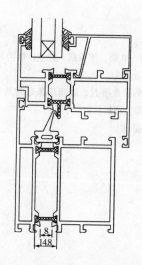

窗特点：
型材：隔热65内平开系列
隔热条宽度：14.8 mm
玻璃：(6 + 12a + 6) mm Low-E 中空
密封：等压胶条使密封性能显著提高
传热系数：$K = 2.63 \text{W}/(\text{m}^2 \cdot \text{K})$
窗规格：1470 × 1470
　　左扇内开内倒，右扇固定，有固定上亮

图5　Low-E中空隔热铝合金平开窗断面图

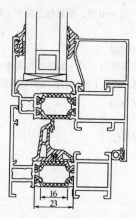

窗特点：
型材：隔热68内平开系列
隔热条宽度：23 mm
玻璃：(6 + 12a + 4) mm Low-E 中空
密封：等压胶条使密封性能显著提高
传热系数：$K < 2.80 \text{W}/(\text{m}^2 \cdot \text{K})$
窗规格：1470 × 1470
　　双扇内开，兼内倒功能

图6　宽隔热条铝合金平开窗断面图

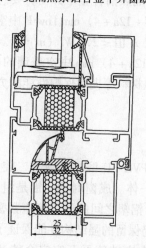

窗特点：
型材：隔热77内平开系列，隔热腔被保温材料分割成多腔室，玻璃压条胶条使最薄弱部位保温性能提高
隔热条宽度：32 mm
玻璃：(6 + 12a + 6) mm Low-E 中空
密封：等压胶条使密封性能显著提高
传热系数：$K < 2.00 \text{W}/(\text{m}^2 \cdot \text{K})$
窗规格：1470 × 1470
　　双扇内开，兼内倒功能

图7　高性能隔热铝合金平开窗断面图

另一种铝塑复合平开窗是铝-塑型材插合式复合，内侧是二腔室以上的PVC-U型材，制作时窗角是采用焊接工艺。外侧铝合金型材窗角是采用组角工艺。其加工顺序是PVC-U型材焊接后与铝合金型材侧向插拼齿扣组合，最后铝合金型材组角，紧密结合成为一体。必要时铝塑复合部位涂专用胶粘剂保证密封。

还有一种铝塑复合推拉窗。其型材也是采用侧间插拼齿扣结合，窗角仍采用塑焊接-铝组角工艺。成窗采用上部披水、下部排水、侧部密封结构设计，实现了最佳的防水功能；采用独特的四道胶条式密封结构，在两道推拉扇之间形成"楔形导向密闭结构"，整窗不使用毛条，显著地提高了保温性能；内扇带披水结构，使成品窗的密封性能增强；采用双铝合金滑道结构，使窗推拉更加轻盈。

铝塑复合窗是近年迅速推广应用的新产品，性价比具有明显优势，是一种具有中国特色的节能窗。

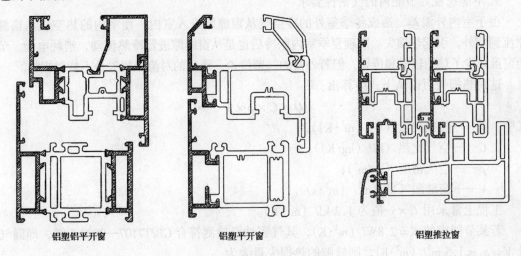

图8 铝塑复合窗断面图

4. 中空玻璃

凡是节能窗都要使用中空玻璃，但要执行节能65%，外窗的传热系数 K 值 $\leq 2.8\text{W}/(\text{m}^2 \cdot \text{K})$，对中空玻璃的保温要求将要有明显提高：

（1）中空玻璃间层气体若为干燥空气时，建议使用12mm或更宽间隔层的中空玻璃。6mm间层和9mm间层只能应用在充惰性气体的中空玻璃上。

（2）禁止使用单道密封的中空玻璃。双道密封铝隔框式中空玻璃目前常用的四角插角型铝间隔框将被连续折成型铝间隔框所代替。这样能彻底解决四个拐角可能存在的密封隐患，提高了中空玻璃的使用寿命，并为间层充惰性气体创造了条件。

（3）由于铝隔框是热的良导体，造成铝隔框式中空玻璃边部易结露结霜，影响使用进而导致中空玻璃失效。而非金属暖边中空玻璃解决了这一问题。无论从保温性能和使用寿命上都有很大程度地提高。

（4）使用的玻璃要从普通浮法玻璃逐步向低辐射镀膜玻璃（Low-E玻璃）过渡。Low-E玻璃能有效地阻挡阳光中的远红外热辐射，并同时保证可见光的透过率，还有阳光控制功能，是当今公认的综合节能效果最优秀的玻璃。

(5) 中空玻璃的高性能配置是：Low-E 玻璃、间层充惰性气体，采用非金属暖边间隔条，三者缺一不可。

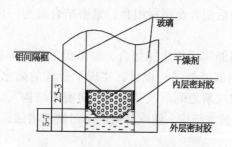

图9 双道密封铝隔框式中空玻璃

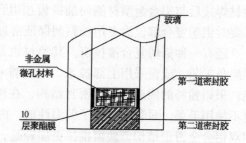

图10 非金属暖边间隔条式中空玻璃

5. 不能忽视对节能窗的气密性要求

由于室内外温差，造成冬季室外的冷空气从窗缝隙进入室内，而室内的热空气从窗缝隙流到室外，引起热损失。同理夏季室内制冷后也是从窗缝隙进行冷热流动，消耗电能。节能窗虽减少了热的辐射和传导，但若外窗的气密性差，造成的对流热损失是不能忽视的。

这种热损失可以从下式中算出：

$$Q = C \times \rho \times V$$

式中　Q——热损失量（W/（m²·K））；

　　　C——空气比热（kJ/（kg·K））；

　　　ρ——空气密度（kg/m³）；

　　　V——窗缝漏气量（m³/（m²·s））。

工程上常采用 $C \times \rho$ 值为 1.2 kJ/（m³·K）。

若某节能窗的 $K = 2.8$ W/（m²·K），其气密性经检测符合 GB/T7107—2002 5级，即漏气量 $V = q_2 \leq 1.5$ m³/（m²·h），则缝隙的热损失最大为：

$$Q = 1.2 \times 10^3 \times 1.5/3600 = 0.5 \text{ W/（m}^2\text{·K）}$$

这就是说气密性为5级，传热系数为 2.8W/（m²·K）的节能窗实际的最大保温性能是 2.8 + 0.5 = 3.3W/（m²·K），属 GB/T8484—2002 保温6级。

同上述算法，若气密性为4级，则漏气量为：$4.5 \geq q_2 > 1.5$（m³/（m²·h）），窗缝隙的热损失最大为：$Q = 1.2 \times 10^3 \times 4.5/3600 = 1.5$W/（m²·K），该外窗的实际保温性能是 2.8 + 1.5 = 4.3W/（m²·K），属保温4级。

气密性相差1级造成外窗的实际保温性能相差2级。也就是说后一种外窗根本不属于节能窗了。由此得出结论：节能65%以后，外窗的传热系数 K 值≤ 2.8 W/（m²·K）的情况下，外窗的气密性必须达到国标5级［$q_1 \leq 0.5$ m³/（m²·h）或 $q_2 \leq 1.5$ m³/（m²·h）］。对建筑外窗保温性能要求，不但看传热系数，而且要看气密性等级，否则很多气密性差的窗户也成了保温性能好的窗子。

两密封内平开塑料窗的弱点就是水密、气密共处一个腔室，互相影响不可兼得。笔者几年来收集各地的有关检测报告，两密封内平开塑料窗同时达到 GB/T7107—2002 气密性5级和 GB/T7108—2002 水密性5级的实属罕见，为此特推荐图1的两密封内平开窗。上世纪末普遍应用的60系列两密封内平开窗，若想水密性达到国标5级，窗的实际保温性能≤

2.8W/（m²·K），也就是气密性还要达到5级，将是很难做到的。

三密封内平开塑料窗解决了上述技术难题。由于在框、扇型材设计中增加了中间密封胶条的独特设计，使气密与水密形成两个独立的腔室，同时提高了窗的气密性和水密性的等级。

中间密封方式有两种：一种是中间密封胶条嵌在扇型材上如图2，另一种是在框型材上如图11。以中间密封胶条嵌在框型材上的技术含量高，密封效果更好，这种中间密封胶条嵌在框型材的塑料窗，框扇闭合后，被中间密封胶条分成两个腔室，当风雨原因造成外腔气压较高时，中间鸭嘴形密封条被风压紧在窗扇的突沿上，风雨越大压得越紧，雨水无法渗入内腔，并迅速从外腔的排水孔排出，使得整窗在具有良好的防雨水渗透性能的同时具有优良的气密性。这是玻璃

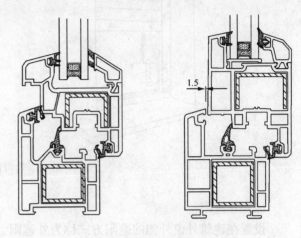

图11 带等压密封胶条的塑料窗

幕墙设计中经常应用的雨幕原理在塑料窗设计中的成功应用范例。这种密封方式可以不使用外侧密封条，设计成留有1.5 mm缝隙，形成典型的等压腔，密封效果也相当好。所以，在贯彻节能65%的地区，建议推广应用多腔室三密封内平开塑料窗。

6. 根据窗墙比，合理确定建筑外窗的传热系数

窗墙面积比的确定是建筑设计部门的工作，其确定原则是以满足室内采光要求为基准，对于较大进深的房间窗墙面积比则较大。近年来青岛地区建筑的窗墙面积比有越来越大的趋势，这是因为都希望自己的住宅更加通透明亮，能够南观黄海东眺崂山，临街的建筑立面要美观，许多新式窗型如：水平式或竖式带形窗、大固定小开启窗，落地窗，外飘窗等层出不穷。但窗墙面积比过大时，对节能不利，应首先考虑减小外窗的传热系数，以利于节能。太阳辐射通过窗户直接进入室内的热量在冬季虽然对采暖有利，但太阳落山后由于外窗保温要比外墙差，导致室内温度下降幅度大，对冬季取暖不利。夏季太阳辐射也是造成室内过热的主要原因。所以，外窗的面积不应过大。不同朝向、不同窗墙比的外窗，其传热系数 K 值应该是不一样的。窗墙比越大，外窗的 K 值应越小。

7. 建筑遮阳

采用现代遮阳技术，既能控制眩目的阳光照射，又能引入适当的自然光线采光，还可阻挡太阳辐射的入侵，有效地降低空调电能消耗，达到建筑节能的目的。主要的建筑遮阳方式有：

（1）卷帘窗

卷帘窗是由若干帘片穿插扣挂而成，通过装有密封胶条的轨道落锁在窗底边。室外防盗，室内可以轻而易举开启。铝制窗帘片填充聚氨酯发泡保温材料，具有良好的保温性能；PVC-U 塑料窗帘片保温隔热性能更佳，应用前景广阔。卷帘窗还可以用来遮风挡雨、隔声降噪。卷帘窗要安装在建筑外窗的外侧，卷帘全部放下后，可将阳光全部阻挡在室

外。新型卷帘窗被业内人士称为建筑门窗最后一批尚待开发的大市场。

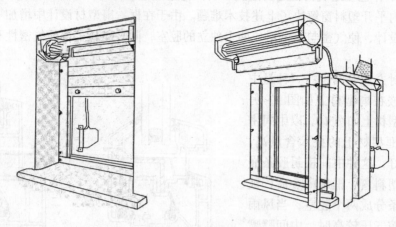

图 12　卷帘窗

(2) 外遮阳

设置在建筑外窗外侧的遮阳方式称为外遮阳。从窗外设置的固定遮阳构件到可调整角度的遮阳篷、遮阳百叶等，从遮挡全部光线到有选择性地遮挡远红外线或紫外线都说明了遮阳技术的发展。窗式遮阳篷能实现整幢楼的外窗覆盖，提升建筑的整体外观的同时，达到节能的目的；曲臂式遮阳篷适宜于阳台和一楼或平房户外；天顶遮阳篷适用于各式玻璃阳光房；遥控电动遮阳软帘，夏季降下可有效阻挡太阳辐射降低空调负荷，冬季收起遮阳软帘又可充分吸收太阳辐射热能，降低供热负荷，从而起到节能降耗的作用，所以，遮阳已成为建筑节能的重要途径。

(3) Low-E 玻璃

Low-E 玻璃的低辐射镀膜层的作用首先是反射太阳中的远红外热辐射，其次是反射热源的热辐射，还能有选择地降低玻璃的遮阳系数 S_c。Low-E 中空玻璃则具有更低的传热系数，更大的遮阳系数 S_c 选择范围（0.20～0.70），因此，其功能是全面的。Low-E 玻璃在阻挡太阳热能时并不过多地限制可见光透过，换句话说，太阳光经 Low-E 玻璃过滤后成了"冷光"，这对建筑物采光极为重要。不同气候的地区应选择不同的 Low-E 玻璃品种以达到最佳节能的效果。传统型 Low-E 玻璃具有较高的透光率（$T_r > 60\%$）和遮阳系数（$S_c > 0.5$），它更适合于以采暖能耗为主的严寒地区使用。冬季可使更多的阳光进入室内以利于采暖，但夏季也必然有更多的阳光热能进入室内而影响制冷，考虑到制冷能耗所占的比重小，综合节能效果仍然明显；遮阳型 Low-E 玻璃具有较低的遮阳系数（$S_c < 0.5$）和透光率（$T_r < 60\%$），适用于我国绝大部分地区，冬季可有效地阻止室内暖气泄向室外，夏季可有效地阻挡太阳热能及其他热辐射能进入室内；对于只用空调而不用暖气的极热地区的建筑，选择更低遮阳系数的 Low-E 玻璃是最合适的。

8. 室内的自然通风

房间不经常通风容易造成室内空气污浊，二氧化碳气体增加，细菌病毒滋生，影响人的身体健康。不及时通风还能引起室内严重的潮湿现象，尤其是在春秋两季和冬季，最容易在家具、画板后面的墙壁上以及窗玻璃内侧和室内角落处出现成片的湿痕、霉斑和结霜。做饭、晾衣、淋浴、浇花，直至人们呼出的气体里都产生水汽，积累过多遇到温度下降，如果达到了饱和时，露水就会在阴冷的墙角、玻璃或壁龛处生根落脚。

因此，通风的任务在于保障人的身体健康，防止潮气对室内造成的危害。与那些旧式的密封性能很差的门窗相比，关闭着的节能窗使室内外的温度和湿度无法自行平衡和调节，节能窗的高密封性能使室内的小气候与外界的大气候形成了一定程度的隔离。所以，要进行室内的自然通风。

传统的中国建筑物的朝向大都是采用南北向或接近南北向，这种布局有利于自然通风。要组织好建筑物室内外春、秋季和夏季凉爽时间以及冬季温暖时间的自然通风，不仅有利于改善室内的热舒适程度，而且可减少开空调和采暖的时间，有利于降低建筑物的实际使用能耗。因此，要重视建筑外窗开启扇的布局，使之有利于自然通风。冬、夏两季室外的新鲜空气进入室内，一方面有利于确保室内的卫生条件和舒适度，但另一方面又要消耗大量的能量，因此要确定一个合理的换气次数。

正确的通风，不仅可以获得新鲜的空气，还可排除多余的水汽。正确的通风防结露的方法是：
(1) 上午将所有的门窗彻底打开通风一次，时间10~15分钟，特别是卧室；
(2) 每天进行2~3次间歇通风，时间5~10分钟一次；
(3) 开启门窗通风器或将平开下悬窗开启到下悬位置；
(4) 彻底通风或间歇通风时，关闭空调或供暖设施；
(5) 保持室内温度不要低于15℃。

崔希骏　青岛澳柯玛门窗装饰技术有限责任公司　高级工程师　邮编：266300

论幕墙设计

谢士涛　郑金峰

【摘要】 从"幕墙设计"到"建筑幕墙设计",两字之差体现了由点到面,由局部到整体的转变。文章通过对幕墙设计工作的进一步认识,分析了幕墙设计工作的重点与发展方向,对幕墙设计的管理与体系建立提出了看法。

【关键词】 幕墙设计　建筑设计　建筑幕墙

1. 概述

我国建筑幕墙工业从1978年起步,经过20多年的发展,特别是90年代的高速发展,到今天,已发展成世界第一幕墙生产大国和使用大国。国内企业已能为各种不同的建筑提供所需的各种类型的幕墙,国内企业在国内市场中占有约90%左右的市场份额。不少企业已成功走出国门,参与国外的幕墙建设。20多年来,幕墙设计在国内已取得长足的进步,但是总的来讲,国内幕墙产品仿制的多、创新的少,幕墙技术还没有达到相应的国际水准。

纵观国际幕墙技术的发展,每次幕墙新技术的突破都来自建筑师的一些看似不合理的要求。在国内建筑设计市场上,由于种种原因,幕墙设计与建筑设计的协作还远没有形成。国内大多数项目的建筑设计图中的幕墙部分还停留在"由幕墙公司完成"阶段,幕墙公司的幕墙设计也只是按照现有的幕墙产品进行套用,幕墙技术的发展创新缺乏应有的机制。

因而,重新认识幕墙设计,分析幕墙设计的发展方向,为建立科学完善的幕墙设计工作体系,对提高国内幕墙设计水平乃至国内的建筑设计水平具有重要意义。

2. 引导国内幕墙设计发展的三个文件

自从建筑幕墙在国内使用以来,国家建设行政主管部门针对幕墙工程的管理文件中,涉及到幕墙设计的有三个重要的文件。它们对国内幕墙设计的发展起到了很好的推动作用。

建设部1994年12月20日发布建监[1994]776号文,"关于确保玻璃幕墙质量与安全的通知"中对玻璃幕墙的设计作了明确规定,原文为"负责幕墙设计的建筑设计单位与玻璃幕墙制作图设计单位应协同配合并明确设计责任。鉴于玻璃幕墙设计涉及多环节、多专业的特点,建筑设计单位和制作厂家不应单独承担,需协同完成。建筑设计单位在玻璃幕墙设计中负责选型、提出设计要求。幕墙制作图设计单位根据建筑设计单位提出的设计要求具体负责玻璃幕墙的技术设计,确定幕墙材料、选择制作厂家及施工单位,全面负责制作加工、施工安装工程的质量,它是玻璃幕墙设计的专项负责单位。"

本文件的发布时间是国内玻璃幕墙发展较快的时期,处于玻璃幕墙工程由境外总承包转向国内独立承包阶段。当时还没有颁布相关的标准与规范。从文件的用词来看，当时对幕墙的认识仅为"玻璃幕墙"，对幕墙设计的认识为"制作图设计"，幕墙工程质量的责任单位是"幕墙的设计单位"。发文的目的是强调玻璃幕墙工程的质量与安全的问题，侧面反映了幕墙设计的重要性。

第二个文件是建设部在1997年7月8日发布的建建［1997］167号文，"关于印发《加强建筑幕墙工程管理的暂行规定》的通知"，文中对幕墙设计的管理又有了更进一步明确的规定，原文如下：

第五条 各级人民政府建设行政主管部门在对建筑工程项目扩初设计或施工图设计审查时，应将建筑工程中的建筑幕墙作为主要审查内容。

第六条 承担采用各类建筑幕墙工程的建设项目的建筑设计单位与建筑幕墙工程施工企业要做好协同配合工作。建筑设计单位主要应考虑幕墙工程的防火、防雷、光环境污染和连接预埋件的结构安全等因素，并对建筑幕墙工程提出具体设计要求并负相应的设计责任。

建筑幕墙工程施工企业应根据设计要求提出有关施工安装的技术要求并对幕墙材料、幕墙结构设计和加工制作部件等的工程质量负责。

文件将幕墙设计纳入建筑设计的主要审查内容之一，其出台背景主要是针对当时反映强烈的"光污染"问题。文件的发布时间是在行业标准《建筑幕墙》（JG3035）与《玻璃幕墙工程技术规范》（JGJ102）颁布实施之后。"建筑幕墙"、"幕墙结构设计"的用词，体现了此阶段幕墙外延的延伸与幕墙设计对结构安全性的关注。

第三个文件是2000年6月30日建设部发布的建设［2000］126号文，即"关于印发《轻型房屋钢结构工程设计专项资质管理暂行办法》和《建筑幕墙工程设计专项资质管理暂行办法》的通知"。文件是针对幕墙设计专项资质申报的，表明国家建筑行政主管部门对幕墙设计的认识的提升，幕墙设计被作为建筑设计领域的一个专项而独立存在。

从上述三个文件不难看出，对建筑幕墙设计工作的认识与要求是随着我国建筑工程对建筑幕墙的广泛使用而逐步深入的。从"制作图设计"到"建筑幕墙结构设计"，再到发放专项的设计资质，经历了短短的五年半时间，也表明了我国建筑幕墙行业发展的速度。但从2000年的126号文至今五年多的时间已经过去，我国幕墙行业又有了飞速的发展，加上国内建筑市场的国际化的深入，幕墙设计的发展与管理又有了新的要求，建筑设计与幕墙设计的协作关系，幕墙设计新的管理与运作体系还有待与时俱进，还需要我们更好地去探索、去发展。

3. 国内幕墙设计的现状与存在的问题

国内幕墙设计的现状主要可以概括为三点：一是具备幕墙设计资质的单位都是幕墙施工单位，也就是幕墙设计由幕墙施工单位完成；二是幕墙设计工作开展一般在建筑设计完成、建筑施工开始以后；三是大部分幕墙工程的设计与施工同时招标。

随着建筑个性化发展要求，建筑对幕墙的要求也越来越多、越来越高。幕墙设计的现状与建筑设计需求间的矛盾也越来越突出，存在的主要问题有：

一、对幕墙设计重要性的认识问题，大部分的建筑设计单位、建设单位对幕墙设计在建筑工程设计中的重要性认识不足。哪些由幕墙设计完成，哪些由建筑设计单位完成，目前尚无明确界定，建筑设计单位为了省事，将诸如幕墙的钢结构、金属屋面等在建筑图上常常是"由幕墙公司完成"几个字代替。建设单位往往在工程已经开工、需要预埋时才进行幕墙招标，待招标完成、幕墙设计开始介入时，往往主体施工早已开始，由于幕墙设计滞后，造成增加结构梁柱、降低选用产品档次的现象时有发生。此举不仅造成建筑成本的增加，也给幕墙系统增加不安全的因素。

针对这一问题，建议有关部门在制定或修订相关规定时，充分考虑幕墙设计的重要性，对幕墙设计工作的范围与设计工作的展开进行规定。建设单位在签订设计合同时，要充分地考虑到幕墙工程的特殊性，提前进行相关的招标工作。

二、幕墙设计与施工一体化机制，不利于幕墙工程建设与幕墙技术的进步。幕墙设计依附于施工单位、依赖于施工单位，设计为施工服务、设计为施工"让路"已是不争的事实，幕墙工程的质量安全在目前没有专业幕墙监理的情况下让人担忧。幕墙招标过程中，残酷的市场竞争与低价的市场取向往往使技术含量最低的幕墙产品占尽优势，幕墙新技术新产品的应用与开发失去了应有的动力。

建议相关部门制定相关法规，对相当规模的幕墙工程采用专项设计、专项监理。幕墙招标时采取设计与施工分开招标的方式，由幕墙设计中标单位与建筑设计单位配合完成幕墙的设计工作并对幕墙技术负责，并规定设计中标单位不得参与施工投标，以利于施工招标的公正性。适时制定相关法规，促进幕墙设计与施工的分离。

三、幕墙设计限于结构与构造设计，缺少对建筑设计的理解与贯彻。建筑设计由原来的"适用、经济、美观"的基本要求发展到"安全、节能、可持续发展"的更高要求，对幕墙设计的认识发展也应从"制作图设计"、"幕墙结构设计"发展到"建筑幕墙设计"。即幕墙设计应有整个建筑的大局观念。幕墙设计需将建筑外观、建筑功能、建筑节能有机地联系起来。这是幕墙设计水平的问题，对幕墙设计师提出了更高的要求。

4. 幕墙设计的工作分析

4.1 幕墙设计工作范围与责任

建设部勘察设计司《建筑幕墙工程设计专项资质分级标准》（暂行）中规定："本标准适用于建筑外围护结构的玻璃幕墙、金属幕墙、石材幕墙、组合幕墙以及采光顶建筑幕墙工程。其他类型的建筑幕墙可参照本规定执行。"

不难看出幕墙设计资质对幕墙设计的范围定为建筑外围护结构中的建筑幕墙与采光顶部分。但从实际工程中，幕墙设计的工作已远远超出本范围，如建筑门窗、遮阳系统、金属墙面、金属屋面、玻璃屋面、隔断、各种装饰架构等，表明建筑幕墙设计的范围已大大加宽，建筑幕墙资质的涵盖范围需要重新修订。

建设部2000年126号文《建筑幕墙工程设计专项资质管理暂行办法》中第五条"建筑幕墙设计单位应依据建筑主体设计单位提供的建筑物基本性能从事幕墙的总体设计，同时要与建筑主体设计单位协作，明确双方的分工、义务和责任，并与其积极配合共同完成工程设计任务。"表明幕墙设计工作需幕墙设计单位与建筑主体设计单位共同完成，责任为双方协作时明确。但基于目前的幕墙市场供大于求的状况，一般为幕墙设计单位承担了全部的责任。

4.2 幕墙设计的原则

4.2.1 服从于建筑设计，服务于建筑设计

幕墙是从室内空间到室外空间的过渡层，是可供观赏的外表，是体现建筑设计外观，

传达建筑设计理念的基础，所以幕墙在建筑设计中理应倍受重视。可以说，幕墙设计的成败直接影响到建筑设计的成败。幕墙设计服从于建筑设计的意义也就不言而喻了。

世界著名的法国罗浮宫玻璃金字塔就是幕墙服务建筑的经典之作。罗浮宫最初的设计备受争议，很多人认为在罗浮宫这座古代宫殿建筑的中心位置，建一个钢架玻璃的入口显得不伦不类，有损罗浮宫的古典风格。但是，当这座金字塔外型完全用玻璃罩盖的入口大厅和完备的配套设施展示在人们面前的时候，人们赞叹不已，赞赏有加。可以说是建筑师的大胆构思与幕墙技术的创新成就了建筑的经典，体现了幕墙与建筑的完美结合。

服从于建筑设计、服务于建筑设计是幕墙设计的根本。不难想象，将建筑设计放在一边，大量生硬地套用各类幕墙产品的建筑，会成为一座什么样的建筑。而将幕墙设计完全放任，只单纯地追求建筑外观而忽视建筑的整体，这样建筑只能成为一件艺术品，它永远也成不了建筑精品。

4.2.2 服从法规、规范的要求

幕墙除了要服从于建筑设计的要求，满足建筑设计的各项性能外，作为一种外围护结构，与混凝土结构、钢结构一样，其结构安全性也是设计应关注的重点。国家颁布实施的《工程建设标准强制性条文》，以及幕墙相关的国家标准行业标准，都是我们幕墙设计过程中需遵守的基本原则。目前国内幕墙技术标准已形成了一个较完整的标准化体系，正确地理解和应用规范，遵守规范要求是幕墙设计的责任。

5. 幕墙设计的发展方向

5.1 国外幕墙设计体系

众所周知，国内幕墙新技术新产品大都来源于国外建筑技术发达的欧美国家，除了幕墙在国外起步早有关外，还有一个很重要的原因就是他们的幕墙设计体系较我们科学健全。

从建筑项目国际招标的情况来看，国外建筑设计中标的项目与国内设计项目有三大区别：一是在投标阶段，建筑师在进行建筑方案设计的构思时会专门征询幕墙顾问的意见，也就是在建筑方案阶段幕墙设计就已经开始介入；二是建筑设计深化阶段都有幕墙顾问的参与，有较完善的幕墙设计方案图；三是幕墙施工单位必须完全服从幕墙顾问的设计要求。

另据了解，在建筑师的培养方面，国外部分国家已将建筑幕墙纳入教科书的一个章节，作为建筑师的必修课，让建筑师在基础的学习阶段对幕墙就有较深刻的认识。

5.2 国内幕墙设计发展方向

随着国内建筑市场的国际化，建筑设计与国际的接轨必然导致幕墙设计向国际惯例靠拢。随着对建筑幕墙认识的深入，对幕墙设计的新要求会促进幕墙设计工作的新变化。这些变化将体现在：

一、更加注重与建筑设计的整体配合。幕墙作为建筑结构的一个重要元素，与建筑设计中的通风、节能（采暖、空调）、采光、防火、电力配置等都有着密切的关系，随着建筑设计向着节能、环保与可持续发展的方向，建筑幕墙必然成为关注的焦点，建筑师对幕墙的关注与要求将超过以往，幕墙设计也将更加注重与建筑设计的配合。

二、幕墙方案设计将由幕墙顾问完成。国内建筑设计市场的成熟，以及人们对幕墙认识的提高，幕墙图纸将是建筑图的一个不可缺少的部分。目前幕墙设计单位与施工一体的

现状，以及大多数建筑设计院不具备幕墙设计能力的情况下，幕墙方案设计将由幕墙顾问公司承担。鉴于国内幕墙咨询业务尚未展开，国外幕墙咨询公司在国内大行其道。国内从事幕墙设计的施工单位其设计的工作重点将是幕墙的施工图深化与制作图设计。

三、幕墙设计师参与建筑方案设计。随着国内建筑师对幕墙在建筑中的作用认识的深入，建筑师对幕墙设计师的依赖感将增加，建筑方案的设计过程中他们开始主动地征询幕墙设计的意见。为便于相互沟通，建筑师主动学习幕墙，幕墙设计师也主动学习建筑。

6. 结束语

幕墙是实现建筑外观、建筑功能以及建筑效能的直接载体，幕墙设计是幕墙实施的基础。建筑设计的发展与幕墙技术的创新是相辅相成的，正确地认识和把握幕墙设计，在现代建筑设计快速发展的今天具有深远的意义。

面对越来越多外国建筑师的作品在中国大陆上展现，人们在感叹中国建筑"殖民化"的同时也应包含了幕墙设计的问题。国内建筑师们在与国外建筑师合作、交流、竞争中已悄然长大，在一些项目中已开始崭露头角。而我们的幕墙设计师们在与国外公司"师徒关系"式的合作中也渐渐提高，但却未能广泛地为建筑设计提供良好的服务，促进建筑设计与幕墙技术的共同进步。

谢士涛　方大集团股份有限公司设计院院长　邮编：518057

门窗幕墙节能任重道远

谢士涛

提高门窗幕墙的性能，大力推广使用节能门窗幕墙是降低建筑能耗的必要举措。多年来，各种类型的节能门窗幕墙产品层出不穷，部分产品已达到或超过发达国家水平。但由于种种原因，节能门窗幕墙产品的推广应用却步履艰难，究其原因，笔者认为有如下几个方面：

1. 对建筑门窗幕墙的认识造成设计滞后，影响节能门窗的推广与应用。

我国的建筑门窗幕墙行业至今只有10多年的历史，10多年来，门窗幕墙专业在我国得到了飞速的发展，建筑的个性化要求使门窗幕墙的概念已得到了很大的扩充，除简单的围护、采光、通风、装饰功能外，还增加了保温、隔热、遮阳、通风换气、建筑艺术表现等多项性能。建筑个性化的要求与门窗幕墙技术的专业特性，已很难形成标准化的门窗幕墙产品。建筑门窗幕墙是一项专业性很强的建筑技术，在进行建筑能耗的设计计算时，就应该充分地考虑其各项性能要求并进行针对性地设计，以实现建筑能耗的基本保证。传统的在标准图集中选用门窗幕墙产品的设计方法，在个性化强烈的建筑项目中已经过时。

目前国内大多数建筑项目设计，还是按照传统的建筑设计习惯，门窗幕墙的设计还没有纳入建筑设计范畴，建筑门窗幕墙的施工图表达大多是见"标准图册×××"或"由施工单位完成"的文字表述，对门窗幕墙的热工要求不具体。最终结果是等到施工单位招标确定后，由于设计要求、工程造价、施工工期以及相关专业已经完成设计或已经开工等诸多因素，使门窗幕墙在深化设计时很难对其节能方面的性能进行充分考虑。

建筑节能，要从设计开始。提高对门窗幕墙的认识，将门窗幕墙的设计纳入建筑设计的正常轨道，是节能门窗推广应用的关键，也是建筑门窗幕墙节能落到实处的第一步。

2. 建筑门窗幕墙的工程预算体系不完善，影响节能门窗幕墙的推广与应用。

2003年7月1日国家标准《建筑工程工程量清单计价规范》（GB 50500—2003）颁布实施，建筑门窗幕墙工程也必须按照此规范执行。由于在建筑设计阶段一般不出门窗幕墙施工图，但建筑的施工图完成后一般要编出工程预算，因此，预算的结果往往就是没有门窗幕墙的专项费用预算，或只是简单地套用以往的工程定额标准进行估算。更有甚者，就是有了门窗幕墙的施工图，但由于其专业性强，牵涉面广，一般工程预算人员很难把握门窗幕墙图纸所涵盖的真正内容，造成预算费用偏低。由于门窗幕墙预算严重偏低而导致招标流产的事时有发生。

由于门窗幕墙工程的个性化差异很大，专业性很强，材料种类多，新材料、新工艺、新技术发展很快，而我们的预算方法与定额标准很难适应这种变化。按照目前的预算办法和定额标准形成的门窗幕墙工程预算，往往与实际需要偏离很大，所以在落实到门窗幕墙的设计施工时，只能是选用廉价的低性能产品，高性能的节能产品无法得到很好的推广应用。

建筑节能门窗幕墙产品的应用，除了有专业的设计，还得有专业的工程预算体系、相对准确的工程预算来保证，因此，必须对建筑工程预算体系进行改革。

3. 无序的市场竞争与简单的最低价中标法，影响节能门窗幕墙的推广与应用。

简单的门窗幕墙产品的技术含量不高，企业多且参差不齐，造成市场上鱼龙混杂，竞争的结果是低劣的产品充斥市场，造成人们对门窗幕墙产品的认识出现偏差。节能门窗幕墙技术是一项专业性很强的建筑技术，不是单纯的使用某些材料拼凑就能达到效果的。目前，相同资质等级企业的技术能力差别很大，产品的档次差别也很大。由于门窗幕墙市场竞争的白热化，最低价中标法的市场导向使价格成为惟一的标准。没有统一的施工图标准，没有相对准确的工程预算基础，使招标方失去了对低价的判断能力。由于低价中标而最终降低产品性能要求、降低工程质量、偷工减料甚至中止合同的事情比较普遍。

无序的市场竞争与简单的低价中标法，使很多好的节能门窗幕墙产品，只有深置闺中，叫好不叫座。建筑节能门窗幕墙的推广，还需要我们去理性地选择、合理的判断。

4. 门窗幕墙节能与节能门窗幕墙的宣传力度广度不够，影响节能门窗的推广与应用。

节能门窗幕墙的宣传分为两层，即门窗幕墙节能的宣传与节能门窗幕墙的宣传。前者宣传的目的是让建筑项目的开发者、设计者、使用者知道建筑门窗幕墙节能的必要性与重要性，后者宣传的目的是让建筑项目的开发者、设计者、使用者了解并正确选用节能门窗幕墙产品。

目前在业内对建筑节能的宣传较多，从法规到建筑设计标准、设计规范等都有要求，建筑设计方对这些比较了解，但真正落实的却并不太理想，原因是大多数的地产开发商或建设单位、购房者对门窗幕墙节能的价值和意义不清楚，购房者对节能产品的需求并不强烈，造成开发商不愿在建筑节能方面增加投入。

节能门窗幕墙产品的研发大都是建筑门窗幕墙的施工单位自愿地进行，其产品的研发也大多依赖于在建工程的需要。工程产品的个性化特点，使很多很好的节能门窗幕墙产品，在工程完工后很少作定量的分析和专门的推广。形成建筑设计师并不清楚目前的节能门窗幕墙产品的性能状况，建设单位不清楚采用节能门窗幕墙产品的回报期是多久等等。

建筑节能，门窗幕墙先行。从实际来看，门窗幕墙节能，并不存在多大的技术问题，更多的是我们对它的重新认识与合理运用问题。随着国家各项节能政策法规的深入贯彻，相信建筑节能门窗幕墙产品将逐步得到推广应用。

谢士涛　方大集团股份有限公司设计院院长　邮编：518057

铝门窗幕墙行业的竞争力分析与对策

谢士涛

20多年来,我国铝门窗幕墙这一新兴的产业发展很快,已经具有相当的规模。铝合金门窗幕墙作为建筑物重要的组成部分,得到了人们广泛认同。据统计,我国每年竣工的门窗幕墙面积都在 1500 万 m^2 以上,产品的规格、品种日益增加,档次不断提高,技术含量逐步加强,应该说门窗幕墙产业给建筑业带来了全新的气象。随着人们对建筑门窗幕墙产品档次需求的提高,国外产品纷纷进入国内市场,也使铝门窗幕墙市场的竞争更加激烈。

一、铝门窗幕墙行业的主要特点与问题

1. 铝门窗幕墙行业的上中下游的关联性较为单纯,其市场经营的风险基本上集中在惟一的下游产业,行业的兴衰则取决于建筑业的发展和景气度。

2. 行业的成熟度不断提高,竞争日趋激烈。由于本行业的技术门槛低,准入条件不高,加上分包挂靠现象普遍存在,使目前市场竞争已经到了白热化的程度,成本价格的竞争成了关键中的关键。

3. 大企业优势并不明显,规模大并不一定经济。相当数量规模小、加工技术和质量参差不齐的"店头加工厂"活跃在铝门窗幕墙市场上,凭借其经营的灵活性,成为市场的不可缺少的补充。而那些规模大、管理强的企业在不规范的市场面前却显得力不从心,使这些大企业不得已退而求其次,分包挂靠应运而生且愈演愈烈。

4. 同行业无序竞争严重,垫资惊人,应收款大,拖累发展。

二、铝门窗幕墙产品的主要特点

1. 铝门窗幕墙产品的体积大、产品形成的过程长。受运输成本、关税的影响,铝门窗幕墙市场基本属于地域性市场,国内企业的经营和产品有90%以上是以国内市场为主。

2. 铝门窗幕墙产品发展限制相对较少,使产品和技术的创新在铝门窗幕墙领域有很大的空间,同时也是竞争的焦点。

3. 由于铝门窗幕墙行业的技术进步主要来源于仿制,加上产品的开放性,使其技术的保密性大大降低。同时,由于残酷的低价竞争,使价格相对较高的新产品推广困难。

4. 国内市场的铝门窗幕墙产品以低端市场为主,技术含量不高,通用性强。高端产品技术含量高但市场份额少。

三、铝门窗幕墙行业产品的发展趋势

随着建筑个性化特点的加强,以及可持续发展的要求,建筑门窗幕墙产品将随着建筑新型材料的发展而进步,通过与信息技术的紧密结合而更新,以体现建筑主体风格、节能环保、舒适三者的完美结合。其发展趋势为:

1. 节能将是铝门窗幕墙产品的一个强制性的新要求。建设部已经制定了强制性的建筑

节能管理规定和标准，各地政府部门也相继出台建筑外围护结构节能规定。对于不符合建筑节能要求的铝门窗幕墙产品将不允许使用，对于节能效果好的门窗幕墙产品将得到广泛的推崇。

2. 建筑的个性化特点使越来越多的门窗幕墙新产品出现，幕墙的概念得到延伸。如上海震旦大厦、上海花旗银行大厦将智能信息系统与幕墙紧密结合，出现彩显幕墙等。

3. 高性能、高质量的门窗幕墙产品将越来越受到青睐。

4. 新型环保型建筑材料的出现与应用，将推动建筑门窗幕墙新产品新技术的发展。

四、竞争力分析与对策

根据行业的现状与产品的特点，结合行业产品的新趋势，要在未来的市场中处于不败，可从如下方面着手：

1. 加强市场建设，建立广泛的营销体系。由于行业的依赖性，为寻求长远发展，取得市场竞争优势，需在建筑业建立广泛的营销体系，走联合结盟的发展道路。

2. 加强品牌战略管理，维护市场形象。白热化竞争的结果是优胜劣汰，在以成本和价格为主要竞争手段的市场时期，尤其要注意加强品牌保护，把质量服务放在重要位置，把保存实力苦练内功作为工作重点，切忌盲目扩张。

3. 在国内市场国际化的今天，积极地积累国际投标经验和技术水平，提高公司的整体实力，利用成本较低的相对优势，拓展国外市场。

4. 加大新产品开发与技术创新力度，在提高产品性能上下功夫，力争在高端产品上寻找利润点。

5. 利用现有资源优势，寻求多元化发展。在上中游产业方面作文章，以规避企业单纯经营下游产品的风险。

建筑业已经成为我国相当长一段时间内的消费热点和经济增长点，为我国铝门窗幕墙行业的发展提供了广阔的市场。面对国家宏观经济调控及全国乃至世界经济的新形势，结合我们行业与产品的特点，制定相应的对策，是我们立于不败之地的根本。

谢士涛　方大集团股份有限公司设计院院长　邮编：518057

建筑节能进展

胡锦涛总书记在绿景苑话建筑节能

　　2005年8月22日中共中央总书记、国家主席胡锦涛在湖北省和武汉市领导的陪同下视察了国家康居示范工程绿景苑小区。该小区开发企业的负责人王海春陪同并进行了汇报。

　　据王海春介绍，在视察结束离开小区时，胡总书记语重心长地说，你们抓建筑节能很有成效，这项工作很有意义，要坚持做下去。我们这么大的一个国家，要把节能工作做好，一方面是建筑节能，另一方面是汽车节能，两个方面都要抓，尤其是建筑节能，住宅的建设量很大，你想想，如果这个工作做好了，将节约多少能源。过去我们在这方面做得不够，这个课题要补回来。把住宅节能抓好了，不仅老百姓受益，也有利于国家的建设和循环经济的可持续发展。胡总书记还说，你们这个小区建设起来非常不容易，下一步是怎样管理好的问题，小区的节能设施好，环保设施也很好，关键是要管好。

　　在视察中，胡总书记还详细了解了墙体保温情况及使用后的效果，并关切地询问采用墙体保温措施后成本增加多少。当得知外墙外保温技术的应用增加成本每平方米40~70元时，总书记高兴地说，既然节能住宅造价不高，就应大力推广。当听到在采用外墙外保温的同时也解决了墙体开裂渗透这个建筑质量通病时，总书记指出，这就是依靠科技进步的结果。

据《住宅节能》2005年第9期

国家能源领导小组成立

按照中共中央、国务院的安排，国家能源领导小组已于2005年成立。作为目前中国能源工作的高层次议事协调机构，国家能源领导小组组长由国务院总理温家宝担任，国务院副总理黄菊和曾培炎出任副组长。领导小组成员包括国家发展与改革委员会主任马凯、交通部长李肇星、财政部长金人庆和商务部长薄熙来等。

国家能源领导小组的主要任务为，研究国家能源发展战略计划，研究能源开发和节约、能源安全与应急、能源对外合作等重大政策，向国务院提出建议。

与此同时，国家能源领导小组办公室也已成立。能源办主任由国家发展与改革委员会主任马凯兼任，属副部级单位。国家能源领导小组办公室设于国家发展与改革委内部，承担国家能源领导小组日常工作。其任务有：督办落实领导小组决定，了解能源安全状况，预测预警能源宏观和重大问题，向领导小组提出对策建议；组织有关单位研究能源战略和规划；研究能源发展开发与节约、能源安全与应急、能源对外合作等重大政策；承办国务院和领导小组交办的其他事项。

（能　建）

中国发展高层论坛"建设节约型社会"国际研讨会在京召开

为了贯彻党的十六大精神、落实科学发展观,宣传建设节约型社会的重大意义,研讨相关重大理论和实践问题,交流国内外成功经验,大力推进节能、节水、资源综合利用和发展循环经济,加快建设节约型社会,国家发展和改革委员会与国务院发展研究中心于2005年6月25～26日在北京举办了"中国发展高层论坛2005国际研讨会",研讨会主题为:建设节约型社会。

中共中央政治局委员、国务院副总理曾培炎到会致开幕词并做了演讲。世界银行常务副行长张晟曼在大会致辞。国家发展和改革委员会主任马凯做主题报告。

国家发展和改革委员会副主任姜伟新、美国麻省理工学院教授普可仁、丰田汽车公司副社长稻叶良见、全国人大环境与资源保护委员会副主任委员冯之俊、前美国联邦核电监管委员会委员彼得·布雷德福、日本政府经济产业省大臣官房审议官深野弘行、德国联邦议院环境、自然保护与核安全委员会主席恩斯特·乌尔里希·冯·魏茨泽克、国家发展和改革委员会副主任张晓强、美国能源基金会执行副主席欧道格、美国斯坦福大学教授詹姆士·斯文尼、中国水利部部长汪恕诚、世界银行能源和水资源局局长杰穆·赛伊尔、香港中文大学校长刘遵义、世界银行东亚及太平洋地区能源与矿业发展专业局主任吴君辉、亚洲开发银行东亚与中亚发展局局长罗萨提、国家气候变化对策协调小组办公室主任高广生、瑞典郎德大学国际工业环境经济学国际研究所所长托马斯·乔汉森、美国环保协会首席经济学家杜丹德、奥地利可持续欧洲研究院高级研究员吉尔·詹格尔、庞巴迪运输集团总裁那瓦利、ABB集团执行副总裁彼得·史密斯、道康宁公司总裁兼首席执行官伯恩斯、英国首席气候变化特别代表亨利·德文斯、BP集团总裁尼克·巴特勒、美国哈佛大学教授迈克尔·迈克艾瑞、美国斯坦福大学教授尼古拉斯·霍普等代表在大会上作了精彩的发言。

全国政协副主席、中国工程院院长徐匡迪也发表了演讲。

来自国内外的200多位官员、专家、学者以及国际知名企业的高层领导出席了会议。

国务院发展研究中心主任王梦奎、全国人大环境与资源保护委员会主任委员毛如柏、全国人大环境与资源保护委员会副主任委员钱易、中国发展研究基金会秘书长卢迈、国务院发展研究中心副主任刘世锦、全国人大农业与农村委员会主任委员刘明祖、中国科学技术协会副主席邓楠、国务院发展研究中心副主任谢伏瞻、中国煤炭工业协会会长、中国工程院院士范维唐以及国家发展和改革委员会副主任姜伟新等分别主持了会议。

中外官员、专家、学者及企业家以建设节约型社会为主题,在建筑节能、公共交通、国土资源、节水、节电、节材、资源的合理有效利用、化石资源的规划开采和使用等问题,发表了精彩的演讲并进行了热烈的演讲和讨论。

(芳 盛)

建设部科技委贯彻中央"节能省地型"建设方针科技座谈会在京召开

由建设部科学技术委员会、建设部科技发展促进中心主办的贯彻中央"节能省地型"建设方针科技座谈会2005年4月18日在北京召开。会议由建设部科技发展促进中心张庆风副主任主持。

针对城乡建设能源资源紧缺的严峻形势，中央最高决策层从国家战略高度出发，倡导"节能省地型"建设方针。温家宝总理也明确提出"建设节能省地型住宅和公共建筑"。"节能省地型"建设方针的提出，为房地产行业扭转"高投入、高消耗、高污染、低产出"的粗放型生产方式指明了方向，更为建筑节能工作带来了战略机遇。建设部已将"节能省地型"建筑作为建设节约型城镇的一项重要内容和今后一个时期的工作重点，决定"把大力推进节能省地型建筑与住宅作为一项战略性的平台工作来抓"。

会上，建设部总工程师王铁宏对建筑的节地、节能、节水、节材研究与推广工作、遏制城乡建设占用耕地总量过快增长、制定完善建筑节能标准、开展建筑节能示范工程等问题作了讲话；建设部科技司倪江波处长就"节能省地型建筑"及相关工作和研究做了发言；中国建筑业协会建筑节能专业委员会会长涂逢祥教授对建筑围护结构的保温隔热性能、室内冬暖夏凉对人们健康舒适条件的重要性等问题作了讲话；中国房地产协会副会长兼秘书长顾云昌、锋尚房地产公司总经理张在东、当代置业有限公司副总经理王岩、南京朗诗置业公司总经理田明、浙江金都集团总裁吴忠泉、浙江莱茵达集团董事长高继胜、皇明置业（北京）有限公司总经理谭洪起、北京五合建筑设计公司副总经理卢求、招商局地产控股公司副总经理胡建新等在会上也就房地产业在节能建筑及示范工程方面讲了话。

建设部科技委常务副主任金德钧在会议结束前对"节能省地型住宅和公共建筑"的思路及系统工程等当前面临的问题做了总结。

（京　建）

《公共建筑节能设计标准》师资培训班在京开办

由中华人民共和国建设部人事教育司、标准定额司主办的首批《公共建筑节能设计标准》师资培训班2005年5月31日在京开班。为更好地配合《公共建筑节能设计标准》的宣传、贯彻、执行，用正确的观点引导各地设计、施工、监理及节能检测人员的实际工作，打下良好的基础。

在2005年7月1日开始实施的《公共建筑节能设计标准》是第一部国家有关公共建筑方面的节能设计标准，同样也是建筑行业第一部公共建筑方面的节能设计标准。针对当前国家能源紧缺的实际情况，以及大量非节能公共建筑采暖/空调能耗居高不下，能源极其浪费的现实，《公共建筑节能设计标准》的出台及实施，具有明显的现实意义。

培训班开班仪式由建设部标准定额司杨瑾峰处长主持。建设部标准定额司副司长杨榕、中国建筑科学研究院副院长袁振隆在开班仪式上讲了话。讲话中杨榕副司长指出：在执行《公共建筑节能设计标准》时，希望能引起政府等各级领导及各方面的高度重视，希望大家充分掌握标准的内容，学习完成后，肩负起各地区设计、监察、施工监理等方面的任务，使标准得到认真实施。建设部科技司建筑节能与新材料处梁俊强处长讲了"贯彻落实科学发展观，大力发展节能省地型住宅与公共建筑"；中国建筑业协会建筑节能专业委员会会长、首席专家涂逢祥教授，中国建研院顾问副总工郎四维研究员，中国建研院物理所所长林海燕研究员、中国建筑西南设计研究院副总工冯雅博士，中国建研院物理所周辉博士、中国建筑设计院副总工潘云钢，教授级高工、上海现代设计集团有限公司副总工寿炜炜，教授级高工、中国建研院物理所赵建平研究员分别就"公共建筑节能形势及政策"、"《公共建筑节能设计标准》编制背景及采暖通风空调节能设计"、"《公共建筑节能设计标准》及建筑与建筑热工设计基本思路"、"《公共建筑节能设计标准》及建筑外遮阳系数计算方法"、"《公共建筑节能设计标准》及能耗评估软件"、"《公共建筑节能设计标准》及通风与空气调节"以及《建筑照明设计标准》等专题进行了讲解。

来自全国16省市的建设厅、建委及各级设计、施工、监察、监理等方面的技术人员200人认真听取了讲座并取得了师资培训合格证。

（建　标）

首届中国国际遮阳技术与建筑节能高峰论坛在京召开

2005年3月10日首届中国国际遮阳技术与建筑节能高峰论坛在北京召开。此次高峰论坛由中国装饰协会与中国建筑业协会建筑节能专业委员会主办，中华建筑报社、中国建筑装饰网、中国建筑装饰协会信息咨询委员会、北京中装建筑展览有限公司承办。

会议由中华建筑报邓千总编辑主持。中国装饰协会马挺贵会长作了"能源是经济发展的命脉"、中国建筑业协会建筑节能专业委员会会长、首席专家涂逢祥教授作了"遮阳——建筑节能的重要措施、建筑热舒适的屏障"的重要讲话。几家大型遮阳设备企业也就建筑物外遮阳对于建筑节能的积极作用作了重点发言。上海青鹰遮阳技术发展有限公司总经理顾瑞青讲"建筑遮阳与遮阳建筑"及遮阳工程实例，北京风景线遮阳技术有限公司总经理金朝辉讲"建筑遮阳的智能控制"以及遮阳工程实例，法国尚飞公司中国北方区项目经理金国祥讲"建筑遮阳的智能控制"及实例，德国班贝格卡里科织造厂技术主管克劳斯·福斯曼先生介绍了德国外遮阳材料的节能、防水及环保特性等。

在我国建筑节能工作不断深入的今天，建筑遮阳已经引起业内专家及企业的重视，尤其是建筑外遮阳，对于建筑节能、夏季隔热有明显的作用。尽管目前我国建筑外遮阳还处于刚刚起步阶段，建筑物外遮阳还需得到更大的重视，我国的建筑物外遮阳还没有形成相当的气候，今后的发展道路还很长，但是，此次高峰论坛以及遮阳工程实例为我国建筑外遮阳指明了方向，将为建筑物外遮阳事业的发展起到积极的作用。

（景　明）

"建筑的未来"主题会议在沪召开

2005年5月,在春暖花开的季节,节能建筑材料领域又迎来了一个新的春天。5月11~12日,以"建筑业的未来——节能、防腐、防护、舒适、环保"为主题的研讨会,在上海浦东拜耳材料科技聚合物科研开发中心召开。由于我国建筑节能率的不断提高,几个气候区建筑节能设计标准的出台,为聚合物类保温隔热材料的即将推广应用,提供了新的契机。

此次会议顺应当前我国建筑节能不断向纵深发展的形势,为我国节能建筑围护结构的保温技术推出了聚氨酯硬泡保温隔热技术。随着我国建筑节能50%的普及,实施节能65%设计标准的进程并面临建筑物更高的节能率,传统的保温隔热材料不同程度地受到限制,而聚氨酯硬泡材料由于其优越的低导热性能,将成为新型建筑保温隔热材料的理想选择。聚氨酯硬泡材料可以相对薄的厚度达到更理想的保温隔热效果。

来自行业主管部门的政府机构领导、建筑业相关协会的领导、拜耳材料科技业务单元的主管,一些科研、设计单位和企业代表参加了会议。会议由拜耳公司行政创新部经理唐伟源先生主持。

拜耳大中华区发言人戴慕博士致开幕词并表示"不断创新是拜耳公司的特征。随着中国建筑与建设行业的蒸蒸日上,拜耳材料科技集团将依托其丰富的专业技能,广博的专业知识以及涵盖所有业务单元的雄厚创新实力,不断发展壮大。我们能够提供度身定制的先进解决方案,以便更好地满足中国相关市场的需求。"中国建筑业协会建筑节能专业委员会会长、首席专家涂逢祥教授级高工在讲话中谈到:"我国建筑节能工作近期将有巨大进展,建筑围护结构的保温隔热水平必将大为提高。聚苯乙烯、聚氨酯等高效保温材料会得到广泛应用。希望拜耳公司加强技术开发,控制材料价格,为中国建筑节能工作作出更大贡献。"

拜耳材料科技专家还就聚氨酯保温隔热材料和应用、特种防腐涂料以及聚碳酸酯材料在建筑行业的应用等方面作了发言。

与拜耳公司合作开发应用聚氨酯保温隔热材料的豪斯沃尔公司的代表,也就合作课题作了专题发言。

(芳 春)

湖北省、武汉市建筑节能又出新举措

武汉市是资源依赖型城市，在计划经济时期，武汉市被划为非采暖区，又因为武汉市房屋围护结构保温隔热性能普遍很差，在人民生活水平不断进步的今天，居民们夏季制冷、冬季采暖均使用空调器，因此，采暖/制冷能耗巨大。据统计，武汉市建筑能耗已占社会总能耗的35%。面临如此形势，武汉市在建筑节能方面做了大量工作：

一 制定标准。建立和完善标准体系，为发展节能建筑提供技术保障和支持，其中包括：湖北省地方标准《居住建筑节能设计标准》（2005）、武汉市居住建筑节能技术规定（试行）（2005）、武汉市建筑节能工程检测技术规定等。并积极转发国务院及建设部建筑节能方面的重要通知和文件。

二 强化行政监督管理，确保强制性条文的落实。开发节能设计软件和审图软件，组织专家成立节能建筑图纸审查办公室，图纸经专家审查符合节能要求，加盖节能办公室公章后，方能拿到施工许可证。已对720万 m^2 的建筑进行了汇审。汇审资料存档，在工程竣工验收时，检查节能设计方案的落实情况。

三 大力发展节能与绿色建材。武汉市出台了一系列文件，禁止使用黏土砖，积极鼓励和发展混凝土多孔砖、蒸压加气混凝土砌块等节土、节能、利废、保温隔热性能好、污染小的新型墙体材料，为发展节能建筑提供物质基础。

四 出台地方法规和经济激励政策，建设节能试点小区。加快建筑节能立法步伐，依法强制推行建筑节能标准，武汉市综合运用各种经济调控手段，促进发展节能建筑。一方面鼓励开发商建造节能建筑，鼓励人们购买节能住宅；另一方面，对不执行强制性条文规定的责任人进行处罚。

五 认真做好既有建筑节能改造调查分析工作，为既有建筑节能改造做好准备。武汉市有2亿多 m^2 的既有建筑，武汉市建筑节能办公室将对这些既有建筑进行调查研究，并分出可改造、加固并改造及拆除-不改造几类，在5年的时间内，对25%的既有建筑采取措施进行节能改造。

六 做好宣传工作。通过新闻媒体等宣传手段，大力宣传建筑节能法律法规及其重要意义，唤起社会的节能意识。让人民群众了解建筑节能达到50%节能率的目标，宣传居住环境舒适度对人们健康的好处以及节能建筑的意义。

最近，湖北省与武汉市又专门召开建筑节能会议，要求认真执行建筑节能标准，加快建筑节能步伐。

（鄂 清）

山西省土木建筑工程师大会在太原召开

随着我国建筑节能工作的步步深入，山西省这个煤炭能源大省也开始重视能源问题。为了促进山西省经济、社会、环境的可持续协调发展，逐步构建节约型产业结构和消费结构，努力缓解能源资源约束经济社会发展的矛盾，更有力地开展建筑节能工作，由山西省土木工程学会主办的山西省土木工程师大会于2005年9月17日在山西省会太原召开。

会议由山西省土木建筑学会理事长李树森主持。国家工程勘察大师王步云、山西省建设厅总工贾培亮、山西省建设厅科技处处长郝增元、山西省建筑企业家协会会长贾庭福、山西省土木建筑学会副理事长兼秘书长史应标、山西省土木建筑学会副理事长谢敏生、太原市土木建筑学会理事长芝效林、太原理工大学建工学院副院长雷宏刚、太原理工大学教授尹德钰、溯州市建设局总工杨银、大同市建委副主任李新民、长治市建设局总工郭卫光、晋城市建设局总工李晋光等出席了会议。出席会议的还有来自山西省各地市的代表300余人，并印发了"专家学术报告资料集"。

中国建筑业协会建筑节能专业委员会会长、首席专家涂逢祥教授级高工及白胜芳秘书长应邀出席了会议。涂逢祥教授在会上做了"我国建筑节能形势和技术"主题发言。山西省建设厅总工贾培亮就建筑工程方面的形势和建筑节能技术作了报告。对今后山西省推广应用节能围护结构、集中供热和热电冷联产联供技术、既有建筑节能改造等方面进行了讲解。

本着全面推进建筑节能工作，减少建筑能耗，改善和减缓能源供需矛盾的精神，山西省人民政府发出了"关于加强建筑节能工作的意见"的文件，将推进建筑节能工作作为今后工作的突出重点来抓，从城市整体规划、执行建筑节能设计标准、城镇供热体制改革与供热制冷方式改革等多环节入手，积极开展当地的建筑节能工作。此次全省土木工程师大会正是为结合这个形势举办的。

（晋　源）

武汉建筑业协会建筑节能专业委员会成立

2005年8月18日,武汉建筑业协会建筑节能专业委员会成立大会在汉口召开。参加大会的有相关院校、科研机构的专家教授和规划、设计、施工图审查、施工、监理等单位技术负责人及相关管理部门领导共40多人。

会上,武汉建筑业协会副会长兼秘书长谭先康宣读了成立武汉建筑业协会建筑节能专业委员会的批复。武汉市建筑节能办公室副主任冯强对武汉建筑业协会建筑节能专业委员会章程和组成人员推荐名单作了说明。与会代表鼓掌通过了武汉建筑业协会建筑节能专业委员会章程和组成人员推荐名单。唐昌海当选名誉会长,童惟一、谭先康当选顾问;李汉章当选会长,马保国、冯强等11人当选副会长,童明德当选秘书长,李玉云等26人当选委员。

中国建筑业协会建筑节能专业委员会会长涂逢祥,武汉市建委主任涂和平,武汉市建委副主任、武汉建筑业协会会长唐昌海,武汉市土木建筑学会理事长童惟一,武汉建筑业协会副会长兼秘书长谭先康,武汉市建筑节能办公室主任李汉章等领导出席成立大会。涂逢祥、唐昌海、李汉章分别讲话,对武汉建筑业协会建筑节能专业委员会成立表示祝贺,并提出了希望和要求。

(粤 能)

武汉建筑节能技术研讨会召开

2005年8月18日，武汉市建筑节能办公室、武汉土木建筑学会联合在汉口成功举办建筑节能技术研讨会。参加研讨会的有大专院校、科研机构的专家教授，勘测、设计、施工图审查、施工、监理等单位技术负责人，房地产开发、墙材生产企业的总经理及技术人员，管理部门的领导等近300人。

武汉市建委副主任彭浩，湖北省建设厅梁晓琼处长、武汉市土木建筑学会理事长童惟一、武汉市建筑节能办公室主任李汉章等领导出席了研讨会开幕式，童惟一、梁晓琼、彭浩分别讲话。

中国建筑业协会建筑节能专业委员会涂逢祥会长应邀参加了研讨会，并作学术报告，受到了与会代表的欢迎。

会上共交流学术论文18篇，武汉市建筑节能办公室主任、教授级高工李汉章，武汉科技大学教授李玉云，武汉理工大学教授马保国等9位专家教授作大会交流发言。这是武汉市历年来规模最大，规格最高的一次建筑节能学术研讨会。

本次研讨会协办单位有：武汉房地产开发企业协会、武汉市勘测设计协会、武汉市土木建筑学会建材学术委员会。

（粤　筑）

广州市建筑节能综合试点示范城市项目进入攻关阶段

广州市以《夏热冬暖地区居住建筑节能设计标准》为技术依据，逐步建立和完善建筑节能设计审查制度及配套政策，开展建筑节能科学研究，建立相关技术标准，提高全民的建筑节能意识和应用技术水平，为推动建筑节能工作的开展提供经验。目前，"实施建筑节能试点示范城市"项目进展顺利。

在建筑节能设计审查方面，广州市对现有的施工图设计审查制度以及现状进行了调查和研究，完成了《广州市现有建筑节能设计审查现状调研报告》。在重点工程和建筑节能示范工程中实施节能标准，制定了《广州地区高校新校区建筑节能设计标准》，对大学城校区的91个建设项目（共139幢房屋建筑，225万 m^2 建筑面积）进行了建筑节能设计审查。

在建立建筑节能相关制度方面，正在制定《关于加强广州市居住建筑节能管理工作的通知》，包括对居住建筑工程项目进行设计审查及备案制度，要求施工图审查机构对未经建筑节能设计审查或审查不合格或未进行审查备案登记的居住建筑工程项目，不得出具《施工图设计文件审查合格书》；对建筑工程项目建筑节能重要部位的实施情况进行监督检查等。近期将出台相关政策。

在专业培训方面，组织专家对省、市设计院、珠江外资设计院、住宅建筑设计院等单位进行了培训，同时将建筑节能纳入了今年的建设系统继续教育内容。

在科研方面，设立了多项建筑节能科研项目，包括《适合本地的建筑节能墙体、屋面材料及结构类型的研究》、《广州市节能建筑认证与标识体系的研究》、《居住建筑节能设计标准应用指南研究》等。目前科研项目已取得初步成果。

在建立试点示范工程方面，跑马地花园住宅小区已经通过了节能设计审查，正在进行施工；富力桃园C区工程正按节能标准进行设计。示范工程建筑面积合计约12万 m^2。

下一步的措施包括：一是建立完善建筑节能相关制度。尽快出台建筑节能设计审查制度；制定建筑节能施工监督制度；建立建筑节能验收备案制度，争取将建筑节能内容纳入设计、施工、监理、竣工验收、工程备案等多个环节。

二是加强科研，为建筑节能工作提供科技保障。加紧编制《节能设计标准》的实施细则，编制标准图集，研究适合本地的建筑节能技术体系，确定本地的建筑节能主导产品和技术。

三是开展专业培训与公众宣传。对全市建筑设计、施工图审查、建设、施工和监理等工程技术人员进行建筑节能的专业培训。通过报纸、刊物、电视、网站等媒体，继续开展多种形式的面向大众的宣传。

四是建设建筑节能示范工程。继续建设跑马地花园和富力桃园等建筑节能示范工程，组织专家解决技术难题，总结经验和宣传推广。

（穗　心）

《福建省住宅建筑节能成套技术的研究和开发》通过技术鉴定

福建省建筑科学研究院承担的《福建省住宅建筑节能成套技术的研究和开发》于2005年5月9日通过了福建省科技厅组织的专家技术鉴定。由林海燕研究员、涂逢祥教授、孟庆林教授和福建省专家组成的技术鉴定委员会听取了课题组研究成果汇报，认为该项目根据福建省气候特点，研究了建筑围护结构传热特性，使用DOE-2软件，深入分析了围护结构性能参数对居住建筑的能耗影响规律，科学合理地调整了福建省建筑节能设计分区。课题组利用理论研究成果，结合气候特点、墙材情况和试点工程的实际应用，制定相关标准、结构构造和技术措施，辅以建筑设计、审查和建筑施工等技术，并提出福建省居住建筑实现节能50%目标的建筑热工设计规定性指标。

课题组深入研究了外窗对南方炎热地区居住建筑节能的影响，创新性地规定了外窗"综合遮阳系数"限值，外墙和外窗热工性能规定值接近发达国家节能设计规定值。上述成果已编入国家行业标准《夏热冬暖地区居住建筑节能设计标准》（JGJ75—2003）。本项目全面系统地提出福建省居住建筑节能设计的控制指标、设计步骤和审查方法。所提出的围护结构节能热工参数、节能材料选择以及节能措施，经过试验工程检测验证，科学合理，切实可行，符合福建省情。在我国夏热冬暖地区率先编制完成《福建省居住建筑节能设计实施细则》，并已被颁布实施，同时完成了《外墙外保温系统施工技术规程》（征求意见稿）。建立了福建省首个"新型节能材料热工性能试验室"，系统地提出了实验室和现场热工试验检测方法，积累了较丰富的试验数据，能够为福建省节能建筑建造提供可靠的过程控制和质量控制手段。

该课题成果已得到一定的推广应用，取得了良好的经济和社会效益。课题研究成果整体达到国内领先水平，其中外窗性能对南方居住建筑能耗影响研究成果达到国际先进水平。

该重大科研项目由福建省建筑科学研究院赵士怀、黄夏东、王云新为主承担完成。

（闽　士）

大同市建筑节能工作会议召开

随着全国建筑节能工作的不断深入，煤炭资源十分丰富的山西省大同市也十分重视建筑节能工作，于 2005 年 11 月 28 日召开了大同市建筑节能工作会议。

近来，大同市委、市政府对建筑节能高度重视，脚踏实地地开展了一系列建筑节能工作，如以市政府的名义下发了关于加强建筑节能工作的意见，并出台了加强建筑节能工作的实施办法；组织成立了建筑节能领导组，由分管城建工作的副市长阎文照牵头抓建筑节能；大同市建委成立了建筑节能办公室，具体组织各项工作。这些工作的开展都走在了全省的前面。

在建筑节能工作会议上，大同市建委副主任李易新宣读市委书记来玉龙、市长郭良孝给大会的贺信；大同市建筑节能工作领导组副组长、市建委副主任李新民传达胡锦涛、温家宝同志关于建筑节能工作的指示，党中央、国务院及省部市关于大力推进建筑节能工作的有关政策和法律法规及规章；大同市副市长、市建筑节能工作领导组组长阎文照讲了全市建筑节能工作情况；大同市建筑节能工作领导组副组长、市建委党组书记、主任秦志国作"贯彻落实科学发展观，大力推进建筑节能工作"动员报告；山西省建设厅科技设计处处长郝增民也在会上讲了话。市人大代表王玉田也出席了会议。

中国建筑业协会建筑节能专业委员会会长涂逢祥、秘书长白胜芳应邀参加了会议并分别做了"我国建筑节能形势与政策"、"建筑节能技术"的主题演讲。

大同市建筑节能工作会议期间，还举办了首届大同建筑节能技术与产品展示会。30 多家企业和厂家参加了展示。大同市属的十几个区、县都派代表参加了会议并参观了展示。

大同市建筑节能工作之所以走在山西省的前列，是由于大同市领导及建委对建筑节能工作的重视。大同市建筑节能工作领导组由副市长阎文照担任组长，市建委主任担任副组长。市政府"关于加强建筑节能工作的实施办法"中更是以加强大同市建筑节能管理、降低建筑物使用能耗、提高能源利用效率、改善环境质量、促进经济和社会可持续发展为主线，明确建筑节能工作领导组及建设行政主管部门对建筑节能实施协调监督管理的责任。办法要求加强建筑节能全过程的监管，从项目的立项、规划、设计、施工图审查、施工、监理、质量监督、竣工验收、节能评定、房屋销售、物业管理等各个环节严格把关，防止不执行节能标准的居住建筑和公共建筑投入使用。建立对设计单位和设计人员进行建筑节能知识考核和考试制度；实行建筑能效评定制度；设立建筑节能专项资金和加大行政执法力度等措施。可以相信，大同市建筑节能工作将会有新的进展，为山西省建筑节能工作带个好头。

（同　新）

《建筑节能》第 33~45 册总目录

1 建筑节能综述
21 世纪初建筑节能展望　涂逢祥　第 33 册
当前建筑节能的情况与工作安排　建设部建筑节能办公室　第 33 册
建设单位是开展建筑节能的关键所在　方展和　第 33 册
关于充分发挥政府公共管理职能，推进建筑节能工作的思考　武涌　第 38 册
联合国气候变化政府间组织特别报告建筑部分（摘录）　第 38 册
促进中国采暖能源效率的提高：经验教训和政策启示　刘峰　第 39 册
以科技进步促建筑节能发展　滕绍华　第 40 册
全面推动天津市建筑节能工作向纵深发展　林彩富　第 40 册
发达国家政府管理建筑节能的共同特点　孙童　第 41 册
关于建立我国建筑节能市场机制的几点思考　康艳兵等　第 41 册
武汉市节能住宅发展研究　李汉章等　第 42 册
唐山市的建筑节能工作　唐山市建设局　第 42 册
唐山既有居住建筑节能改造　唐山市建设局　第 42 册
节能研究报告：结论与政策建议——《中国能源综合发展战略与政策研究报告》摘录　王庆一等　第 43 册
建筑节能势在必行　涂逢祥　第 43 册
建筑节能是建筑发展的必然趋势　彭姣等　第 43 册
《国际城市可持续能源发展市长论坛》关于建筑节能的讨论总结　第 44 册
坚持可持续的科学发展观　全面推进建筑节能工作——在昆明国际城市可持续能源发展市长论坛上的讲话（摘要）　许瑞生　第 44 册
对建筑节能的几点思考　龙惟定等　第 44 册
建筑管理与能源匹配中的建筑节能　彭姣等　第 45 册
严寒地区居住建筑实施节能 65% 的分析　李志杰等　第 45 册

2 建筑节能战略、政策与规划
坚持集中供热，发展热电联产，认真做好城市能源规划　许海松等　第 36 册
建设部建筑节能"十五"计划纲要　建设部　第 39 册
新能源和可再生能源产业发展"十五"规划　国家经贸委　第 39 册
墙体材料革新"十五"规划　国家经贸委　第 39 册
关于中国建筑节能的跨越式发展　涂逢祥　第 40 册
中国的能源战略和政策　陈清泰　第 42 册
优化城市能源结构，推进建筑节能，增强可持续发展能力　汪光焘　第 42 册

建筑节能研究报告——《中国能源综合发展战略与政策研究报告》摘录　涂逢祥等　第42册

政府机构节能研究报告——《中国能源综合发展战略与政策研究报告》摘录　王庆一　第42册

北京的能源规划和能源结构调整　江 亿　第42册

大学城能源规划中的节能　杨延萍等　第42册

国务院办公厅部署开展资源节约活动　第43册

2020年中国能源需求展望　周大地等　第43册

如何提高中国城市建筑领域能源与资源利用效率　苏 挺（德）　第43册

《建设部推广应用和限制禁止使用技术》更正内容对照表　建设部　第43册

关于四川地区建筑能耗可持续发展的思考　冯 雅　第43册

四川省建筑热工设计分区与节能技术对策　王 瑞　第43册

中国气候变化初始国家信息通报（摘录）　第44册

全球气候变化问题概述——《中国能源发展战略与政策研究》摘录　徐华清等　第44册

能源活动对环境质量和公众健康造成了极大危害——《中国能源发展战略与政策研究》摘录　王金南等　第44册

大力发展节能省地型住宅　汪光焘　第44册

中华人民共和国建设部关于加强民用建筑工程项目建筑节能审查工作的通知　建科[2004]174号　建设部　第44册

国务院关于做好建设节约型社会近期重点工作的通知　国务院　第45册

建设部关于新建居住建筑严格执行节能设计标准的通知　建设部　第45册

建设部关于认真做好《公共建筑节能设计标准》宣贯、实施及监督工作的通知　建设部　第45册

建设部关于发展节能省地型住宅和公共建筑的指导意见　建设部　第45册

上海市建筑节能管理办法　上海市人民政府　第45册

山西省人民政府关于加强建筑节能工作的意见　山西省人民政府　第45册

应对能源资源环境挑战　共同促进可持续发展　汪光焘　第45册

建筑节能　刻不容缓　郑一军　第45册

建筑节能形势与政策建议　涂逢祥　第45册

3　建筑环境与节能

环境、气候与建筑节能　吴硕贤　第33册

夏热冬冷地区住宅热环境设计研究　柳孝图　第33册

夏热冬暖地区住宅建筑热环境分析　孟庆林等　第33册

夏热冬暖地区空调室内空气品质的改善与节能　聂玉强等　第34册

从舒适性空调建筑围护结构热工性能看建筑节能　聂玉强等　第35册

深圳市居室热环境的优化设计　马晓雯等　第37册

夏热冬暖地区空调室内空气品质的改善与节能　聂玉强等　第37册

建筑节能与建筑气候基础数据建设　李建成　第41册

关于夏热冬暖地区热舒适指标的探讨　李建成　第41册

深圳市夏季自然通风条件下室内人体感受舒适的温湿度变化区域　刘俊跃等　第41册

建筑环境的评价方法与技术　潘秋林等　第43册
节能建筑冬季采暖临界温度　唐鸣放等　第43册
重庆居住建筑热工性能及其热环境　唐鸣放等　第45册
西安建筑科技大学图书馆夏季热环境分析　葛翠玉等　第45册

4 建筑节能标准
北京市标准《新建集中供暖住宅分户热计量设计技术规程》简介　张锡虎等　第33册
安徽省民用建筑节能设计标准与编制概况　王俊贤等　第34册
加强建筑节能标准化，为建筑节能工作服务　徐金泉　第36册
《夏热冬冷地区居住建筑节能设计标准》简介　郎四维等　第36册
《夏热冬冷地区居住建筑节能设计标准》编制背景　涂逢祥　第36册
《夏热冬冷地区居住建筑节能设计标准》暖通空调条文简介　郎四维　第36册
《采暖居住建筑节能检验标准》实施与工程节能验收　徐选才　第36册
关于《既有采暖居住建筑节能改造技术规程》的编制　陈圣奎　第36册
夏热冬冷地区节能建筑外围护结构热惰性指标D的取值研究　许锦峰　第37册
夏热冬暖地区居住建筑围护结构能耗分析及节能设计指标的建议　杨仕超　第38册
建筑围护结构总传热指标OTTV研究与应用　任俊　第38册
《夏热冬冷地区居住建筑节能设计标准》中窗墙面积比的确定　冯雅等　第39册
我国居住建筑节能设计标准的现况与进展　郎四维　第40册
以性能为本的建筑节能标准的发展　许俊民　第40册
《采暖居住建筑节能检验标准》内容介绍　徐选才　第40册
《夏热冬暖地区居住建筑节能设计标准》编制背景　涂逢祥　第41册
加快实施节能65%标准的步伐　祝根立等　第41册
上海市《住宅建筑围护结构节能应用技术规程》简介　杨星虎　第41册
上海地区《公共建筑节能设计标准》的编制和应用　徐吉浣等　第42册
2004年北京市《居住建筑节能设计标准》介绍　曹越等　第43册
居住建筑节能设计EHTV法研究　任俊等　第43册
上海市公共建筑节能设计规程管道绝热编制介绍　寿炜炜　第43册
上海住宅建筑节能检测评估标准介绍　刘明明等　第44册
贯彻北京市《公共建筑节能设计标准》的几个要点　陶驷骥　第45册

5 供热体制改革
城市供热改革的情况与政策　杨鲁豫　第33册
建筑采暖计量收费体制改革　涂逢祥　第35册
北京市当前建筑采暖节能中的两个问题　方展和　第35册
采暖体制改革若干问题的研究与思考　王真新　第35册
城市采暖供热价格制定管理　刘应宗等　第35册
城市采暖供热价格执行管理　刘应宗等　第36册

我国供热体制改革的基本思路　王天锡　第37册
天津市供热体制改革的实践经验　崔志强等　第37册
对城市住宅供热采暖收费制度改革中一些问题的思考　徐晨辉等　第37册
对我国推行分户计量收费的几点分析　辛坦　第39册
城镇供热方式与计量收费　曾享麟　第41册
天津市供热体制改革的探索与实践　崔志强等　第41册
一部制热量价格与两部制热费　辛坦　第41册
关于印发《关于城镇供热体制改革试点工作的指导意见》的通知　建设部等八部委　第42册
当前供热体制改革与要求——在供热体制改革会议上的讲话（摘要）　仇保兴　第42册
供热体制改革的意义和重点　刘北川　第42册
供热计量技术与收费方案讨论　陆伯祥　第42册
天津供热体制改革工作的回顾与展望　高顺庆　第43册

6　建筑节能技术经济分析

减少建筑能耗的途径　王荣光　第33册
怎样在中国建设高舒适度低能耗的住宅建筑　田原等　第33册
广州地区民用建筑节能技术研究与应用进展　冀兆良等　第33册
夏热冬暖地区的建筑节能　任俊　第33册
夏热冬冷地区节能住宅经济效益研究　李申彦等　第41册
节能住宅投资分析　葛关金　第42册
哈尔滨地区第三阶段建筑物耗热量指标分析　方修睦等　第43册
成都地区节能建筑示范工程技术经济指标分析　冯雅等　第43册
地温水源热泵经济性分析　石永刚　第43册
中国1980~2002年能源生产、消费及结构　第43册
中国1949年~2002年能源产量和消费量居世界位次　第43册
2002年世界一次能源消费及结构　第43册
2002年世界一次能源储量、产量和消费量　第43册
中国2002年关键能源与经济指标的国际比较　第43册
中国2000~2020年一次能源需求预测　第43册
广州地区居住建筑几种节能措施的节能效果分析　马晓雯　第45册

7　节能试点建筑

人和名苑建筑节能综合措施分析　赵立华　第37册
锦绣大地公寓——高舒适度低能耗健康住宅的实践　陈亚君　第37册
北京世纪财富中心建筑能源优化方案　高沛峻等　第42册
广州大学城广州大学行政办公楼外围护结构方案设计分析　毛洪伟等　第42册
山东诸城市龙海花园节能住宅与太阳能利用　王崇杰等　第42册
唐山玉田县玉花园（二期）节能住宅工程　玉田县建设局　第42册
济南泉景·四季花园节能住宅小区　万成粮等　第42册
建设部建筑节能试点示范工程（小区）管理办法　第43册
建筑节能技术在清华大学超低能耗示范楼的综合应用　薛志峰等　第43册

科技部节能示范楼　科技部节能示范楼　第 45 册
锋尚新型节能技术的构成与分析　史　勇　第 45 册
Moma 国际公寓探索中国绿色建筑之路　陈　音　第 45 册
安亭新镇建筑节能技术　李　漫　第 45 册

8　建筑围护结构节能

外围护结构节能设计浅析　王薇薇等　第 34 册
关于夏热冬冷地区住宅楼体形系数的比较与分析　王　炎　第 34 册
浅谈采暖居住建筑保温节能设计原则　周滨北　第 35 册
夏热冬冷地区建筑围护结构节能措施　付祥钊　第 36 册
采暖分户计量后内墙是否加做保温　江　亿　第 36 册
吸湿相变材料在建筑围护结构中的应用　冯　雅等　第 37 册
综合节能在建筑设计中的应用　史建伟等　第 40 册
建筑保温在实施计量供热中的作用　伍小亭　第 40 册
外墙内保温设计应注意的问题　王殿池等　第 40 册
保温承重装饰空心砌块及其应用　杜文英　第 40 册
保温砌模现浇承重墙体系　冯葆纯　第 42 册
广州地区建筑围护结构节能设计分析　任　俊　第 43 册
深圳市居住建筑节能设计实践　马晓雯等　第 45 册
西安市住宅围护结构节能状况分析　朱玉梅等　第 45 册
黄土高原绿色窑洞民居建筑研究　刘加平等　第 45 册

9　外墙外保温技术

无机矿物外墙外保温系统　管云涛　第 34 册
采用 ZL 聚苯颗粒保温材料体系解决保温墙面裂缝问题　黄振利等　第 34 册
外墙外保温防护面层材料　邱占英　第 34 册
用于外墙和屋面的上海永成 EIFS 建筑外保温系统　周　强等　第 34 册
"可呼吸"的外墙　杨　红等　第 34 册
现浇混凝土外墙与外保温板整体浇筑体系　顾同曾　第 35 册
既有建筑节能改造外保温墙体保温设计　赵立华等　第 35 册
当前外墙外保温技术发展中的几个问题　王美君　第 38 册
GKP 外墙外保温技术指南　第 38 册
ZL 胶粉聚苯颗粒外墙外保温技术指南　第 38 册
聚氨酯外墙外保温技术　第 38 册
易而富 EIFS 外墙外保温体统与干式抹灰　丽美顺涂料树脂公司　第 40 册
SB 板外墙外保温技术指南　第 41 册
外墙外保温在上海市节能住宅中的应用　俞力航等　第 41 册
外墙外保温理事会关于发布外墙外保温指导价的公告　第 42 册
膨胀聚苯板薄抹灰外墙外保温形体及其性能简述　李晓明　第 42 册
高层建筑外墙外保温饰面层粘贴面砖系统　黄振利等　第 42 册
后贴聚苯外保温做法的连结安全和瓷砖饰面的可行性　钱选青等　第 42 册

北京地区建筑墙体保温技术及产品的发展　游广才　第43册
成都地区节能住宅外围护结构保温隔热指标的确定　韦延年　第43册
外保温墙体保温隔热性能的优势　杨善勤　第43册
建筑节能65%与硬泡聚氨酯喷涂外墙外保温技术　张永增等　第43册
外墙外保温技术与分析　钱美丽　第45册
锋尚新型组合外保温隔热技术的应用　史　勇　第45册
欧文斯科宁保温隔热系统在建筑围护结构中的应用分析　张赢洲等　第45册
连续使用重型结构建筑外保温和内保温动态热性能分析　王嘉琪等　第45册
BT型密实混凝土外墙外保温（装饰）板　赵一兴　第45册

10　节能窗技术

对建筑物的窗墙比和窗户节能问题的探讨　吴　雁等　第35册
聚氨酯泡沫复合物节能门窗安装密封胶　范有臣　第35册
试论建筑外窗的夏季节能　石民祥　第36册
南方炎热地区玻璃幕墙与门窗的节能问题　杨仕超　第36册
铝质门窗的若干节能技术问题　班广生　第36册
建筑镀膜玻璃及其复合产品的节能性能　许武毅　第36册
正确选用中空玻璃　徐桂芝等　第36册
建筑镀膜玻璃及其复合产品的节能性能　许武毅　第36册
节能窗对室内得热和冷负荷影响的计算机模拟分析　赵士怀等　第38册
节能窗对夏季室内热环境影响的计算机模拟分析　赵士怀等　第39册
炎热地区窗户传热系数的计算问题　董子忠等　第39册
炎热地区窗户的太阳辐射得热　董子忠等　第39册
夏热冬冷地区的室内过热与建筑遮阳　柳孝图　第39册
玻璃系统的遮阳性能研究　董子忠等　第39册
铝合金门窗发展趋势分析　王　春　第39册
节能塑料门窗在南方炎热地区的应用　王　民等　第39册
对夏热冬暖地区建筑门窗的几点看法　蔡贤慈　第39册
合理配置建筑门窗　刘　军　第40册
我国节能窗户性能指标体系探讨　郎四维　第43册
节能外窗性能分析　杨善勤　第43册
夏热冬冷地区外窗保温隔热性能对居住建筑采暖空调能耗和节能影响的分析　赵士怀等　第43册
节能塑料门窗的发展　闫雷光等　第43册
高性能中空玻璃与超级间隔条　王铁华　第43册
深圳地区不同朝向窗户玻璃的优化选择　李雨桐等　第43册
双层立面研究初探　蒋　骞等　第43册
窗遮阳系数的检测方法研究　李雨桐等　第43册
太阳热能及其应用——欧洲相关建筑法规规范介绍　柯　特（意）等　第43册
第三步建筑节能对发展节能窗的机遇与挑战　方展和　第44册

谈谈节能建筑中的窗　沈天行　第44册
窗户——节能建筑的关键部位　白胜芳　第44册
北京市建筑外窗调研报告　段　恺等　第44册
提高建筑门窗保温性能的途径　张家猷　第44册
节能塑窗在我国的发展趋势　胡六平　第44册
上海安亭新镇节能建筑高档塑料门窗的选用　陈　祺等　第44册
实德新70系列平开塑料窗　程先胜　第44册
铝合金——聚氨酯组合隔热窗框的制成分类和应用　张晨曦　第44册
我国中空玻璃加工业的回顾与展望　张佰恒等　第44册
提高中空玻璃节能特性的若干技术问题　刘　军　第44册
改善中空玻璃的密封寿命　王铁华　第44册
硅酮/聚异丁烯双道密封结构浅析　戴海林　第44册
铝合金断热窗的改进设计与节能分析　曾晓武　第45册
节能65%后建筑外窗的配置建议　崔希骏等　第45册
论幕墙设计　谢士涛等　第45册
门窗幕墙节能任重道远　谢士涛　第45册
铝门窗幕墙行业的竞争力分析与对策　谢士涛　第45册

11　节能屋面技术

用挤塑聚苯板作倒置屋面保温层　王美君　第34册
生态型节能屋面的研究　白雪莲等　第34册
屋面被动蒸发隔热技术分析　刘才丰等　第34册
屋面绝热板的改进与应用研究　杨星虎等　第34册
把既有建筑的节能改造与"平改坡"相结合引向市场　方展和　第41册

12　采暖空调节能技术

热量表产业化的若干理论和技术问题　王树铎　第33册
采用地板热辐射采暖、热表计量,促进建筑节能全面发展　池基哲　第33册
集中供热/冷系统中的能量计量　喻李葵等　第35册
对集中供暖住宅分户计量若干难点的再思考　张锡虎等　第35册
计量供热系统设计探讨　王　敬　第35册
单户燃气供热相关问题探讨　许海峰等　第35册
住宅供热计量综论　孙恺尧　第37册
集中供热按表计量收费室内系统的设计方法　高顺庆等　第37册
热网调节设备和热计量方式的选用　狄洪发等　第37册
从生理卫生和舒适的角度论述地板辐射供暖的特点　杨文帅等　第37册
太阳能、地热利用与地板辐射供暖　王荣光等　第37册
采暖热计量收费方法的试验分析　方修睦等　第39册
寒冷地区用空气源热泵的试验研究　马国远等　第39册
浦东国际机场大型离心水泵节能改造　曹　静　第39册
改善供热系统,节能建筑用能　曾享麟　第40册

中国城镇供热系统节能技术措施　中国城镇供热协会技术委员会　第40册
推进建筑耗能计量收费，保障可持续发展　孙恺尧　第40册
地下水源热泵系统运行能耗动态模拟分析　丁力行等　第40册
上海市建科大厦空调系统节能改造　刘传聚等　第40册
城市污水在建筑上的利用　沈天行等　第40册
关于电热采暖的多角度思考　张锡虎等　第41册
武汉市中央空调节能对策的探讨　李汉章等　第41册
光伏建筑一体化对建筑节能影响的理论研究　何伟等　第41册
华北地区大中型城市建筑采暖方式分析　江亿　第42册
新型的建筑物能源系统　徐建中等　第42册
藏东南地区冬季采暖方案初探　徐明等　第42册
西藏地区太阳能采暖的利用　冯雅　第42册
温度法采暖热计量系统　陈贻谅等　第43册
中央空调节能问题及对策刍议　龚明启等　第43册
燃气热源供暖系统综合经济分析　刘亚　第43册

13　建筑节能检测

绝热材料及其构件绝热性能测试方法回顾　周景德等　第35册
建筑幕墙门窗保温性能检测装置　刘月莉等　第35册
天津市龙潭路节能示范住宅检测　杜家林等　第35册
深圳市居住建筑夏季降温方式实测与分析　范园园等　第37册
防护热箱法测试试验装置的设计与建设　聂玉强等　第38册
南京地区采用热泵——地板采暖住宅建筑的能耗与热舒适性实测研究　王子介　第39册
热流计法对采暖建筑节能检测热损失的计算　冯雅等　第40册
重庆天奇花园节能测试总结报告　唐鸣放等　第40册
蓄水覆土种植屋面传热系数测试分析　唐鸣放等　第40册
建筑材料、外围护结构及建筑物的绝热性能检测方法　钱美丽　第41册
耐候性试验方法与检测分析评价　魏铁群等　第41册
夏热冬冷地区住宅建筑热环境测试及评价　彭昌海等　第41册
混凝土承重空心小砌块住宅建筑节能设计与测试　杜春礼等　第41册
广州市汇景新城墙体构造热阻现场测试　王珍吾等　第41册
广州市汇景新城住宅屋顶隔热性能实测　高云飞等　第41册
《四川省住宅节能建筑检测验收标准》简介　冯雅　第42册
墙体传热系数现场检测及热工缺陷红外热像仪诊断技术研究　杨红等　第42册
对建筑物节能评测的几点认识　梁苏军　第43册
全国建筑节能检测验收与计算软件研讨会纪要　建筑节能专业委员会　第44册
对当前我国节能建筑验收检测的意见　涂逢祥　第44册
关于居住建筑的节能检测问题　林海燕　第44册
墙体保温工程验收与检测宜采取综合评定方法　王庆生　第44册
关于节能保温工程施工质量的过程控制和现场检测　金鸿祥　第44册

关于采暖居住建筑节能评价问题　方修睦等　第44册
建筑围护结构的热工性能检测分析　王云新等　第44册
RX-Ⅱ型传热系数检测仪在工程检测中的应用　赵文海等　第44册
用气压法检测房屋气密性　刘凤香　第44册
示踪气体法检测房间气密性　赵文海等　第44册
利用导热仪和热流计方法对墙体和外门窗检测系统测量准确性的验证　陈　炼等　第44册
通道式玻璃幕墙遮阳性能测试　李雨桐　第44册
房屋节能检测中的抽样方案　赵　鸣等　第44册
空调冷水机组COP值现场测试方法　鄢　涛等　第44册

14 建筑节能软件

采暖地区居住建筑的节能设计达标评审——DECDC能耗计算软件简介　曲　南等　第40册
居住建筑设计节能能耗分析计算软件　年秀泉等　第40册
建筑节能评估系统软件开发与研究　丁力行等　第40册
夏热冬冷地区建筑节能综合评价指标体系研究　丁力行等　第40册
应用DOE-2程序分析计算建筑能耗　林海燕　第41册
采暖居住建筑节能评价软件的研究与开发　方修睦等　第41册
建筑节能计算机评估体系研究　黄俊鹏等　第41册
围护结构隔热性评价及计算机算法　刘明明等　第41册
气象资料模拟软件在建筑节能标准制定中的应用　余　庄　第41册
夏热冬暖地区居住建筑节能设计综合评价软件介绍　杨仕超等　第44册
居住建筑节能设计与审查软件的研究　马晓雯等　第44册
节能建筑能耗评估软件的开发　赵立华等　第44册

15 建筑能耗

广州地区住宅建筑能耗现状调查与分析　何俊毅等　第34册
夏热冬冷地区建筑能耗的模拟研究　侯余波等　第34册
上海住宅建筑节能潜力分析　倪德良　第37册
建立我国的建筑能耗评估体系　江　亿　第38册
广州地区居住建筑空调全年能耗及节能潜力分析　冀兆良等　第38册
广州市住宅空调能耗分析与研究　任　俊等　第41册
广州地区居住建筑空调能耗分析　周孝清等　第41册
公共建筑的节能判定参数的确定　李峥嵘等　第44册
北京市锅炉供热基础情况调查分析　北京市市政管理委员会供热办公室等　第45册

16 国外建筑节能

英国建筑规范中的节能要求　乔治·韩德生　第36册
欧盟国家推行分户热计量收费现状分析　辛　坦　第36册
加拿大的能耗统计调查方法与实践　建设部考察团　第37册
英、法、德三国建筑节能标准近期进展　涂逢祥等　第37册

英、法、德三国建筑节能技术考察　顾同曾等　第37册
欧洲的三幢节能示范建筑　白胜芳等　第37册
德国室内采暖节能政策　Paul H·Suding　第37册
瑞典节能建筑现场测试与数据分析方法　周景德等　第38册
美国20世纪80年代初热费改革情况介绍　李立波等　第39册
丹麦区域供热收费体系　丹麦区域供热委员会　第45册